HISTOIRE CONTEMPORAINE

DE

STRASBOURG ET DE L'ALSACE

(1853-1872)

Ce volume n'est tiré qu'à 300 exemplaires

numérotés de 1 à 300.

HISTOIRE

CONTEMPORAINE

DE STRASBOURG ET DE L'ALSACE

PAR

CHARLES STÆHLING

Ancien Membre
du Conseil municipal et de la Chambre de commerce de Strasbourg

---

DEUXIÈME PARTIE

1853-1872

NANCY

IMPRIMERIE BERGER-LEVRAULT ET Cie

11, RUE JEAN-LAMOUR, 11

1887

—

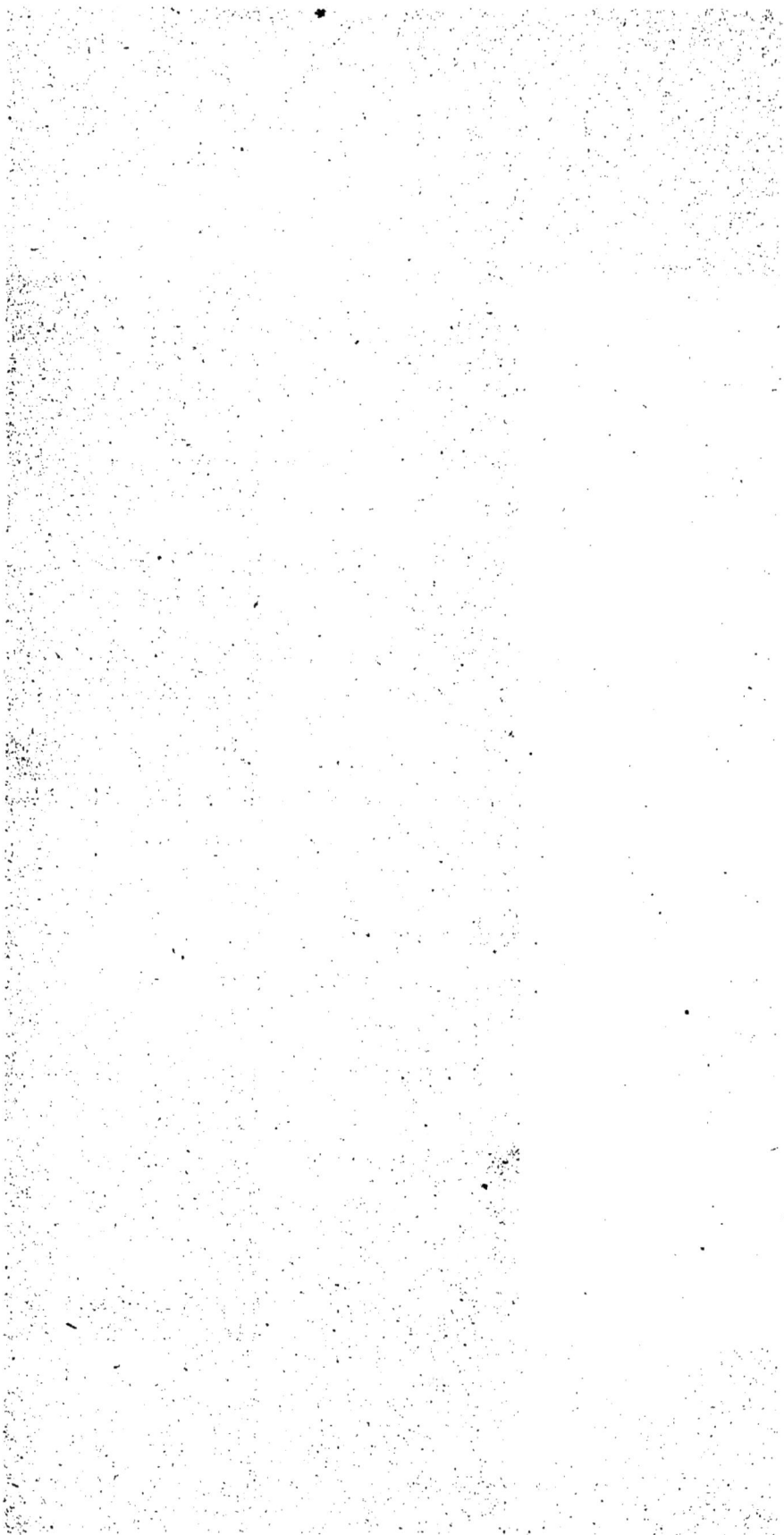

AVANT-PROPOS.

Ce second volume fait suite à mon Histoire de Strasbourg et de l'Alsace, de 1830-1852. Je m'arrête à la date fatale du 1er octobre 1872, dernier jour fixé par le traité de Francfort pour l'option. Des plumes mieux exercées ont décrit les événements que longtemps encore on appellera, en France, l'année terrible. De nombreuses brochures ont été publiées sur le bombardement de Strasbourg, sur la capitulation et sur les jours sombres qui l'ont suivie ; mais ces documents épars, souvent s'égarent. Les réunir et transmettre ainsi à nos arrière-petits-fils un récit fidèle de cette époque tristement mémorable, tel est le but principal de ce second volume.

Si, comme précédemment, je dépasse parfois l'horizon limité de notre province, c'est que les événements relatés, qu'ils aient eu lieu en Crimée ou au Mexique, que ce soient les batailles de Solferino ou de Sadowa, ont été cause, au moins indirectement, de la catastrophe de 1870 et des maux qui ont fondu sur Strasbourg par le bombardement, et sur l'Alsace entière par sa séparation violente de la France.

Mais notre patrie restreinte n'a pas été la seule victime. L'Europe entière est frappée. L'effet moral de cinquante années de paix se trouve anéanti. La haine entre les nations qui allait *s'éteindre est ravivée, et vers la fin de ce* XIXe *siècle, si fécond en magnifiques inventions tendant à rapprocher les peuples, le vieux monde offre l'écœurant spectacle de millions d'hommes exercés journellement à s'entr'égorger. Si cet état de choses est dû en partie à l'Allemagne par l'idée qu'elle a eue d'enlever à la France l'Alsace-Lorraine et de créer ainsi une pomme de discorde entre les deux grandes nations, il faut cependant en attribuer la cause principale à la race des Bonaparte et aux actes de violence et d'iniquité qu'elle a fait trop longtemps prévaloir ; aussi n'ai-je pas cru pouvoir assez souvent signaler l'influence funeste de cette famille.*

*Les magnifiques conquêtes de 1789 ont été en partie anéanties par le génie malfaisant du premier Bonaparte, et au nom seul de Napoléon III la haine contre l'*Erbfeind *s'est réveillée chez nos voisins. La déclaration de guerre de 1870 n'a que trop prouvé le bien-fondé des appréhensions de l'Allemagne. Mais, après ses victoires, celle-ci s'est également laissée aller trop loin. La République, consciente de la leçon que la France impérialiste avait méritée, aurait oublié et les milliards et les batailles perdues ; elle n'oubliera pas les provinces qui lui ont été enlevées.*

L'Alsace-Lorraine *est devenue la pomme de discorde qui, seule, est la cause de la situation anormale de l'*Europe entière. *Les convoitises russes, anglaises, italiennes, etc., ne peuvent se produire qu'à l'ombre de la mésintelligence entre l'Allemagne et la France. Ces deux puissances d'accord, la paix de l'Europe ne pourrait plus être sérieusement troublée.*

Si l'on considère que les États-Unis d'Amérique *n'ont que*

25,000 soldats pour un territoire presque aussi vaste que celui de l'Europe, et que cette dernière en a continuellement 5 millions sous les armes, on se demande, avec anxiété, où cela peut définitivement aboutir. Le résultat immédiat d'un pareil état de choses est facile à prévoir. La prospérité du Nouveau-Monde se développera dans des proportions colossales, tandis que celle de la vieille Europe ira en décroissant! *Que ne pourrait faire l'Allemagne si une paix* réelle *l'unissait à la France? Concentrer ses forces sur la marine, favoriser l'émigration au lieu de l'enrayer pour avoir des soldats et, par les fonds qu'une entente avec la France lui procurerait, faciliter au trop-plein de sa population la fondation de colonies lointaines qui assureraient des débouchés nouveaux à l'industrie et au commerce de la métropole. Bref, l'Allemagne, étant donnée la disposition de ses habitants à l'émigration, serait bientôt une puissance immense! Elle aurait trouvé l'unique solution raisonnable de la question sociale.*

L'union des flottes allemande, française, américaine et des États secondaires, mettrait un terme à cette prépondérance écrasante de l'Angleterre que les guerres ruineuses dont, depuis des siècles, le continent européen est le théâtre, lui ont permis d'acquérir, en même temps que ses colossales richesses.

Mais la funeste idée de l'Allemagne de reprendre l'Alsace et la Lorraine après leur réunion deux fois séculaire avec la France a créé ce malaise général qui, si on le laisse durer, pourra avoir pour l'Allemagne elle-même des conséquences dont nul encore ne peut prévoir la gravité.

Strasbourg, février 1887.   **C. S.**

ERRATA

Page 10, ligne 14 lisez : fût consultée
—   49, note (1) 5   —   se souvenait plus
—   —   7   —   avait été fait à Paris
—   84, ligne 13   —   il eût pompeusement
—   108,   —   29   —   de Heeckeren
—   163, note (3) 1   —   aujourd'hui
—   249, ligne 29   —   doit avoir dit plus tard
—   291,   —   30   —   adjoints
—   374,   —   11   —   par son fils aîné,
—   422 à 424   —   Aufsetz au lieu de Aufsess

HISTOIRE CONTEMPORAINE

DE

STRASBOURG ET DE L'ALSACE

(1853-1872)

1853

SOMMAIRE

Première année de l'Empire. Mariage de Napoléon III. — Rôle prépondérant de la police; rigueurs contre la presse en France, — en Allemagne. — Pression exercée sur la Suisse. — Réformes économiques; création de cités ouvrières à Mulhouse. — Chemin de fer direct de Paris à Mulhouse. — Appel du préfet West pour l'érection d'un monument à Lézay-Marnésia à Strasbourg; percement de rues; M. Haussmann à Paris, M. Coulaux à Strasbourg; emprunt municipal de 1,200,000 fr. — Le général Reibell remplace M. Waldner de Freundstein dans le commandement de la 6ᵉ division militaire. — Mort de Haynau, jugement porté sur lui par M. Nefftzer. — La danse des tables. — Commencement de la guerre de Crimée.

C'est une triste histoire que celle de l'Alsace à partir de 1853. Il est vrai que, sauf en 1870, la prospérité matérielle de notre province eut peu à souffrir pendant le règne de Napoléon III ; les premières années furent, au contraire, relativement favorables au commerce et à l'industrie. Les manufacturiers avaient obtenu ce *lendemain* demandé par

M. Isaac Kœchlin, de Willer, à Louis Napoléon lors de
son voyage en Alsace en août 1850 (1). Mais il n'en fut
pas de même de la vie politique.

Sous ce rapport, depuis le 2 décembre, la France se
trouvait plongée dans un état de marasme dont elle ne se
réveilla complètement qu'au bruit du canon prussien, en
1870.

Le Haut et le Bas-Rhin n'étaient pas mieux partagés
que les autres départements. Les maires, les conseils municipaux républicains avaient été ou révoqués ou suspendus ; les journaux avancés supprimés et le reste de la
presse baillonnée. De nombreux commissariats de police
furent créés, et dans le mécanisme administratif la police
eut certainement, à cette époque, le rôle prépondérant.

En janvier 1853, les journaux annoncèrent le mariage
de Napoléon III avec M\ll{}e de Montijo, comtesse de Téba.
La cérémonie fut célébrée le 30 janvier 1853. A cette occasion, le maire de Strasbourg, M. Coulaux, fit afficher
une proclamation, où il disait entre autres :

« La capitale voit célébrer aujourd'hui une solennité
« qui classera le 30 janvier 1853 parmi les beaux jours
« de l'histoire nationale. La ville de Strasbourg prendra
« sa part de l'allégresse que cet heureux événement ré-
« pand sur la France entière, etc., etc. »

Naturellement les édifices publics furent pavoisés et
illuminés ; mais d'allégresse, aucune trace. Le guet-apens
du 2 décembre était de trop fraîche date, l'air trop chargé
d'arbitraire. Huit jours à peine après ces fêtes, le 6 février, de nombreuses arrestations de membres du parti
légitimiste eurent lieu à Paris. En Alsace, ce furent les
républicains que l'on traqua. Les légitimistes n'étaient

---

(1) **Voir** mon *Histoire de Strasbourg et de l'Alsace de* 1830-1852,
page 370.

pas à craindre et le parti clérical s'était complètement rallié à l'Empire. A Strasbourg, l'évêque Mgr Raess, le préfet M. West et le maire, M. Coulaux, marchaient la main dans la main. Leur fanatisme impérialiste-clérical fut encore excité, si besoin en avait été, par le journal de la préfecture, *l'Alsacien*, rédigé par le sieur Ed. Huder(1). Ce furent eux qui évoquèrent, comme on le verra plus loin, l'affaire dite de Saint-Thomas et qui ainsi soulevèrent les passions religieuses dans nos départements du Rhin, d'ordinaire si paisibles en cette matière. L'occasion paraissait favorable ; le Gouvernement, fidèle au vieil adage : « *le trône s'appuyant sur l'autel* », flatta de toutes les manières le clergé. Un décret du 10 janvier 1853 conféra la décoration de la Légion d'honneur à Mgr Raess, et le *Courrier du Bas-Rhin*, bien qu'il connût le caractère du personnage, lui dédia un article élogieux, finissant par ces mots :

« Mgr Raess se distingue par un esprit de charité et « de bienveillance apostolique auquel l'Alsace entière « s'empresse de rendre hommage. »

Encouragée comme elle l'était, la réaction régnait en maîtresse absolue. Les maires prenaient les arrêtés les plus vexatoires, toujours sûrs d'obtenir l'approbation de l'autorité supérieure.

Pour empêcher les manifestations de l'opinion républicaine, même aux enterrements, le ministre de la police, M. de Maupas, enjoignit aux préfets « de prévenir ces « manifestations, en empêchant une trop grande réunion « à la maison mortuaire, de dissiper toute réunion qui « aurait le caractère d'un attroupement, d'empêcher l'en-

(1) Ancien notaire, frère du capitaine en retraite Huder, mort à Strasbourg en 1884. Ce dernier était aussi libéral que l'ex-notaire était réactionnaire.

« trée au cimetière d'un trop *grand nombre* de personnes
« et *d'interdire toute espèce de discours* » (1).

Dans d'autres pays de l'Europe, la réaction fut encore
plus grande. En Allemagne, elle battait en brèche les
lois dont l'origine avait le tort de dater de 1848 et elle
n'épargna ni les hommes ni les institutions trop populaires. Les saisies de journaux, les procès de presse s'y succédèrent avec rapidité ; le savant professeur de Heidelberg, M. Gervinus, fut condamné à deux mois de prison
pour la publication de son *Introduction à l'Histoire du* XIXe
siècle (2).

L'Autriche demanda impérieusement à la Suisse
d'expulser les patriotes italiens qui avaient trouvé un refuge dans ce pays ; en outre, elle exigea la rentrée sur le
territoire suisse, ou tout au moins une forte pension, pour
les capucins renvoyés du Tessin. Mais, le Conseil fédéral
n'obtempéra pas à ces injonctions et l'affaire n'eut pas
d'autres suites. Enfin, chez nous, on essaya de traquer
les réfugiés allemands, venus en Alsace pour se soustraire
aux poursuites et aux condamnations prononcées contre
eux après les événements de 1848 et de 1849. Plusieurs
partirent pour l'Amérique ; d'autres ne furent pas inquié-
tés, grâce aux démarches des familles qui leur avaient
accordé l'hospitalité. Ils restèrent, pour ainsi dire, citoyens de Strasbourg jusqu'en 1870. Après Sedan, ils

(1) Circulaire du 15 mars 1853 aux préfets.

(2) *Einleitung in die Geschichte des neunzehnten Jahrhunderts*
von G. G. Gervinus. Leipzig, Verlag von Engelmann, 1853. Gervinus
était né à Darmstadt le 20 mai 1804. Il est mort à Heidelberg le
18 mars 1871. Ce fut un des meilleurs patriotes de l'Allemagne. En
1848, il fit partie du Parlement convoqué à Francfort et quand, après
1849, la réaction régna en maîtresse absolue, il resta fidèle à ses principes libéraux ; c'est là probablement ce qui lui valut sa condamnation.

n'eurent pas honte de montrer la plus noire ingratitude en se tournant contre leurs anciens bienfaiteurs.

Bien que l'avènement de Napoléon III eût fait renaître les insinuations perfides à l'égard de la France dans quelques journaux gallophobes de l'Allemagne, la *Gazette d'Augsbourg*, par exemple, et la *Nouvelle Gazette de Prusse*, — organes d'un parti qui ne rêvait rien moins qu'une croisade contre ce qu'il appelait les principes français, — les deux nations continuèrent à rester en très bons termes, au point qu'un comité, formé à Weimar pour l'érection, dans cette ville, de monuments en l'honneur de Schiller, de Goethe et de Wieland, après avoir invité toute l'Allemagne à souscrire, n'hésita pas à faire un appel à quelques pays étrangers, parmi lesquels figuraient la France, l'Angleterre, la Suisse et les États-Unis (1).

Pour éloigner les esprits de la politique, on souleva les questions économiques. En matière de douane, Napoléon III était libéral. Un décret du 14 septembre 1853 réduisit les droits de divers articles ; celui sur les bœufs fut abaissé de 55 fr. à 3 fr. par tête (plus tard, il fut même réduit à 25 centimes), celui de la viande salée de 33 fr. à 10 fr. les 100 kilogrammes.

M. Jean Dollfus, l'infatigable champion pour la levée des prohibitions, soumit à la *Société industrielle* de Mulhouse des propositions relatives à certaines réformes dans le système douanier, mais, après une longue discussion, la Société, par 41 voix contre 14, passa à l'ordre du jour sans se prononcer sur le fond (2).

M. Dollfus fut plus heureux dans la question des cités ouvrières dont la création est due, en grande partie,

---

(1) *Courrier du Bas-Rhin* du 3 juillet 1853.
(2) Extrait du procès-verbal de la séance du 19 janvier 1853.

à son énergique initiative. Déjà, dans la séance du 24 septembre 1851, M. Jean Zuber avait appelé l'attention de la *Société industrielle* sur les cités ouvrières créées en Angleterre, et, à la séance du 30 juin 1852, le docteur Pénot, dans un rapport lu à la même *Société*, avait émis le vœu de voir quelques citoyens généreux se réunir pour élever à leurs risques des maisons modèles. Enfin, au mois de mai 1853, M. Jean Dollfus adressa un appel à plusieurs manufacturiers et, le 10 juin suivant, la *Société mulhousienne des cités ouvrières* était créée (1).

Le Gouvernement, de son côté, poussa vivement la question des intérêts matériels. Un décret du 18 août 1853 organisa sur des bases nouvelles la caisse des retraites de la vieillesse. Une exposition universelle fut décidée pour 1855 et immédiatement l'on commença la construction du palais, qui existe encore aux Champs-Élysées. On agita même, à cette époque déjà, la création d'un canal à travers l'isthme de Darien (Panama). Le 29 mars 1853, Napoléon III donna audience à la députation d'une compagnie anglaise, pour la jonction des océans Atlantique et Pacifique. L'empereur répondit qu'il appréciait, depuis longtemps, la réunion des deux mers et que, lors de son séjour en Angleterre, il avait tâché d'attirer sur ce sujet l'attention des hommes de science, etc.

Ce projet n'eut pas de suites alors, sans doute parce que des événements d'une nature très grave venaient de surgir.

Sous prétexte de conseiller à la Porte la modération envers ses sujets chrétiens, le czar Nicolas avait envoyé le prince Menchikoff en mission à Constantinople. L'ambassadeur russe y arriva le 28 février 1853.

(1) *Courrier du Bas-Rhin* du 4 août 1853.

Le 2 mars, il se rendit à la Porte, en simple habit et non en uniforme, suivant le cérémonial d'usage. Il parla sur un ton si dédaigneux et fit connaître les exigences de son maître, le czar, avec tant d'arrogance, que la Porte invoqua immédiatement la protection de l'Angleterre et de la France. Tels furent les préludes de la guerre de Crimée.

En Alsace, une vigoureuse impulsion fut donnée à la construction de nouveaux chemins de fer. La Compagnie de Paris à Strasbourg, qui prit à cette époque le nom de *Compagnie des chemins de fer de l'Est,* avait obtenu la concession de la ligne de Mulhouse et cette ville allait être reliée bientôt à Paris par une voie directe. Dans le Bas-Rhin, une enquête fut ouverte pour le chemin de Wissembourg, auquel se souderait celui de Niederbronn, et une commission fut nommée pour faire procéder aux études préliminaires d'un chemin de fer de Strasbourg à Barr, à Rothau et à Wasselonne.

Mais ce fut surtout la légende napoléonienne que l'administration s'efforçait de faire revivre. Le préfet du Bas-Rhin, M. West, adressa, en novembre 1853, une circulaire aux maires du département pour les inviter à ouvrir des souscriptions à l'effet d'élever un monument à M. Lézay-Marnésia, ancien préfet du département du Bas-Rhin. « Élever ce monument, dit, entre autres, la circulaire, c'est nous rattacher à ce qu'il y eut de grand, de beau, de patriotique dans l'administration de l'ère impériale, etc., etc. »

Il est vrai que Lézay-Marnésia avait laissé dans notre département d'excellents souvenirs. Dans la *Société des sciences, agriculture et arts du Bas-Rhin* (séance du 26 décembre 1848), M. Louis Spach, archiviste du département, membre de ladite Société, avait fait ressortir l'influence de Lézay-Marnésia (1) sur l'agriculture du Bas-Rhin. Si M. West s'était borné à des manifestations de ce genre, il n'y aurait eu rien à dire. Mais, on s'ingénia à écarter tout ce qui datait de la République et de la monarchie de Juillet. Partout, on mit des N ou des aigles. Entre autres, deux immenses aigles, en pierre, furent érigés sur la porte des Pêcheurs, disparue aujourd'hui, par suite de l'agrandissement de la ville.

Dans le Haut-Rhin, le nouveau préfet, M. de Cambacérès, adressa, en décembre 1853, aux maires du département, une circulaire pour réclamer leur concours en vue d'assurer la sécurité et d'augmenter l'aisance du dé-

(1) *Lézay-Marnésia.* Discours par M. Louis Spach, Strasbourg, imprimerie F. C. Heitz, 1848.

Voici quelques fragments de son remarquable discours: « Lézay-Marnésia fut nommé au poste de préfet du Bas-Rhin en mars 1810. A peine installé à Strasbourg, une circonstance toute spéciale amena sous ses yeux l'élite de la population rurale et lui inspira pour elle un intérêt passionné, qui n'a fait que grandir jusqu'au jour de sa mort précoce.

La fiancée de Napoléon, l'archiduchesse Marie-Louise, allait traverser Strasbourg; on eut l'idée de lui montrer les métiers strasbourgeois, avec leurs attributs, et les habitants des campagnes dans leur costume traditionnel.

Le défilé de ce cortège eut lieu par la terrasse du château. Les bandes de villageois, de leurs femmes, de leurs filles, se succédèrent pendant plus d'une heure sans interruption, et si Marie-Louise, fatiguée de son voyage et peu enthousiaste de sa nature, ne témoigna qu'une satisfaction de commande, le jeune préfet, au contraire, fut touché au vif par les acclamations naïves des paysans alsaciens. Il se promit à lui-même que l'émotion bienfaisante qu'il venait d'éprouver, ne serait point passagère et qu'elle tournerait au profit de ses administrés.

En effet, à partir de là, il fit des tournées fréquentes dans le département. Routes départementales, chemins vicinaux, culture du tabac, viticulture, vaccination des enfants, tout avait reçu une impulsion extraordinaire, lorsque l'invasion de 1814 vint paralyser ses efforts. Il mourut le 9 octobre à Strasbourg, à la suite d'un accident de voiture, arrivé dans l'une de ses tournées.

partement confié à son administration. « Sa Majesté, ajoutait la circulaire, a indiqué elle-même les améliorations
qui restent à réaliser dans ce beau pays ; sa haute sollicitude n'a point oublié le sort des ouvriers des campagnes
et des villes. La population se distingue par son attachement à la religion et par un respect traditionnel au principe d'autorité qui s'est montré plus vivant que jamais
sous l'influence du nom glorieux de *Napoléon*, etc., etc. »

A cette époque, on commençait à parler des projets
de M. Haussmann de faire disparaître le fouillis de ruelles
étroites, insalubres, qui se trouvaient dans tous les quartiers de Paris, pour les remplacer par des rues larges, de
beaux boulevards, des squares, etc. Les lauriers que le
préfet de la Seine allait cueillir par ses plans gigantes-
ques, troublaient-ils le sommeil du maire de Strasbourg,
ou fut-il influencé par quelque autre motif ? Quoi qu'il en
soit, M. Coulaux présenta au conseil municipal, dans sa
séance du 10 novembre 1853, la proposition d'un emprunt
de 1,200,000 fr., applicable à des travaux publics, en
même temps qu'un grand projet de percement de rues,
soit pour rendre plus faciles les abords de la gare, soit
pour éviter les encombrements qui se produiraient par le
mouvement considérable auquel donnerait lieu l'ouverture des nouvelles lignes de chemin de fer.

Le conseil municipal, soucieux des intérêts de la
ville, n'accepta que l'établissement de la rue de la Gare.
Il ajourna les autres plans dont l'un projetait le percement d'une rue, en continuation de celle des Grandes-
Arcades, aboutissant provisoirement au quai pour, plus
tard, franchir le canal et conduire à un nouveau quartier,
qui serait créé entre le faubourg de Pierres et la Gare. Le

conseil, au lieu de 1,200,000 fr., ne vota qu'un emprunt de 600,000 fr., attendu, dit le rapport, « que l'état des finances de la ville ne permettrait pas, sans de graves dangers, de décréter l'exécution immédiate de tous ces travaux, » et — pour éviter à la ville tout embarras financier, — le conseil n'autorise cet emprunt de 600,000 fr. qu'à la condition *qu'il serait remboursable en douze annuités dont la première ne deviendra exigible qu'en* 1860 !

Nos honorables devanciers ne se doutaient certainement pas que vingt ans plus tard — le conseil municipal dissous et le maire révoqué — un administrateur, nommé à Berlin, concentrant en sa personne les attributions et du maire et du conseil, achèterait de l'Empire allemand, au nom de la ville, et sans que celle-ci soit consultée, 188 hectares de terrains, provenant des anciens glacis et fortifications, pour le prix d'environ vingt millions de francs, payables en quinze annuités, à partir du 1er janvier 1879, chacune de un million de marcs, soit 1,250,000 fr., jusqu'en 1892, celle de 1893 devant comprendre le solde entier restant à payer.

Le *Courrier du Bas-Rhin,* dans son numéro du 11 décembre 1853, publia le remarquable rapport que M. Rau, professeur à la Faculté de droit, avait fait au nom de la Commission chargée par le conseil municipal de l'examen de la question de l'emprunt et des percements de rues. Mal en prit au pauvre journal. En vertu du décret sur la presse, du 17 février 1852, il reçut sous la date du 20 décembre un premier avertissement, pour avoir publié ce rapport sans autorisation. Deux avertissements entraînant de droit, suivant le Code bonapartiste, la suspension d'un journal, le *Courrier* qui, depuis le coup d'État déjà, était d'une réserve extrême, observa à partir de là un mutisme absolu sur tout ce qui, de près ou de loin, pouvait ne pas plaire au Gouvernement.

Dans le courant de 1853, le général Waldner de Freundstein, qui avait commandé la 6ᵉ division pendant le coup d'État, et qui s'était montré (1) bien moins féroce envers les républicains que le préfet West, nous quitta. Son remplaçant, le général de Rilliet, étant décédé peu après son arrivée à Strasbourg, le général Reibell lui succéda. Ce dernier commandait à Paris au 2 décembre 1851 et n'avait pas peu contribué au succès du coup d'État. Ce n'était pas précisément auprès des Strasbourgeois une recommandation pour le brave général, mais ayant, comme Alsacien de naissance, de nombreux amis à Strasbourg et étant au fond d'un abord facile, on accueillit sa nomination avec sympathie.

L'année 1853 fut aussi celle de la mort du général autrichien Haynau, le bourreau des patriotes hongrois et italiens, dont j'ai déjà parlé dans mon premier volume, page 373. Voici l'oraison funèbre qu'en fit la *Presse*, sous la signature de M. Nefftzer (2), notre compatriote, devenu

(1) Voir mon *Histoire de Strasbourg et de l'Alsace de* 1830-1852, page 388.

(2) Nefftzer, Auguste, naquit à Colmar le 3 février 1820. Vers 1840, il vint à Strasbourg étudier la théologie; mais, se sentant plus de vocation pour le journalisme, il entra, en 1844, dans la rédaction de la *Presse*, alors le journal de M. Émile de Girardin. En 1861, il quitta la *Presse* et fonda le *Temps* qui, sous sa direction, prit bientôt la place distinguée qu'il occupe encore aujourd'hui. En 1867, la mort lui enleva son fils unique, qu'il avait fait élever à Strasbourg et sur lequel il était en droit de fonder de grandes espérances. Le vide

le collaborateur de M. de Girardin, propriétaire dudit journal :

« Cette illustration sinistre, cette personnification de la répression sanglante, appartient maintenant à l'histoire et son nom est dévolu au tribunal inflexible. de la postérité, qui juge les hommes publics et qui est impitoyable pour ceux qui n'ont pas connu la pitié. »

Était-ce parce qu'à cette époque la vie politique se trouvait éteinte en Europe, qu'il n'y avait plus de discussions publiques, que la presse était partout bâillonnée, ou était-ce simplement parce que la nature humaine s'attache volontiers au merveilleux? Le fait est qu'en 1853 on importa d'Amérique, où cependant la vie politique était restée entière, ce prétendu phénomène surnaturel : la *Danse des Tables*. Ce n'était autre chose qu'une folie nouvelle ajoutée à toutes celles qui avaient déjà cours ; mais elle trouva de nombreux adhérents. Les journaux (1), faute de pouvoir parler politique, s'emparèrent du fait ; des expériences furent tentées dans les cercles, dans les

cruel qu'il en éprouva, la guerre de 1870, avec son cortège de misères, le bombardement de Strasbourg et, par-dessus tout, la perte de sa chère Alsace, tous ces malheurs réunis le déterminèrent à quitter son journal. Vers la fin de 1873, il vint demeurer à Bâle, d'où il pouvait tendre la main à ses compatriotes et où sa fille unique, qui dans l'intervalle s'était mariée avec un de nos concitoyens les plus honorables, pouvait aller le voir facilement.

C'est à Bâle, où je m'étais fixé, pour conserver à mon fils cadet la nationalité française, que je fis la connaissance intime de M. Nefftzer. A côté des qualités brillantes de son esprit, il avait, sous un dehors un peu froid, un cœur d'or ; trop sensible, hélas ! pour résister aux rudes coups de la destinée. La rupture d'un anévrisme l'enleva, à notre affection, le 20 août 1876.

(1) *Courrier du Bas-Rhin* du 21 avril 1853.

réunions de famille et déjà l'on croyait avoir trouvé une nouvelle démonstration des forces magnétiques. Au bout de quelques mois, la fièvre cessa pour faire place à des idées plus sérieuses ; la guerre de Crimée allait éclater.

La Turquie s'étant obstinée à ne pas faire droit aux demandes arrogantes du czar, celui-ci fit franchir le Pruth à ses troupes (juillet 1853). En décembre, une partie de la flotte ottomane se laissa surprendre et détruire à Sinope par l'amiral Nachimoff, qui sortit à l'improviste du port de Sébastopol, opposé à Sinope. La Turquie se trouva près de sa perte. Mais l'Angleterre et la France ne crurent pas pouvoir admettre que le czar fût maître à la fois de Saint-Pétersbourg et de Constantinople. Elles se préparèrent à la guerre, non par sympathie pour les Turcs, mais en vue de maintenir ce que l'on appelait alors l'équilibre européen.

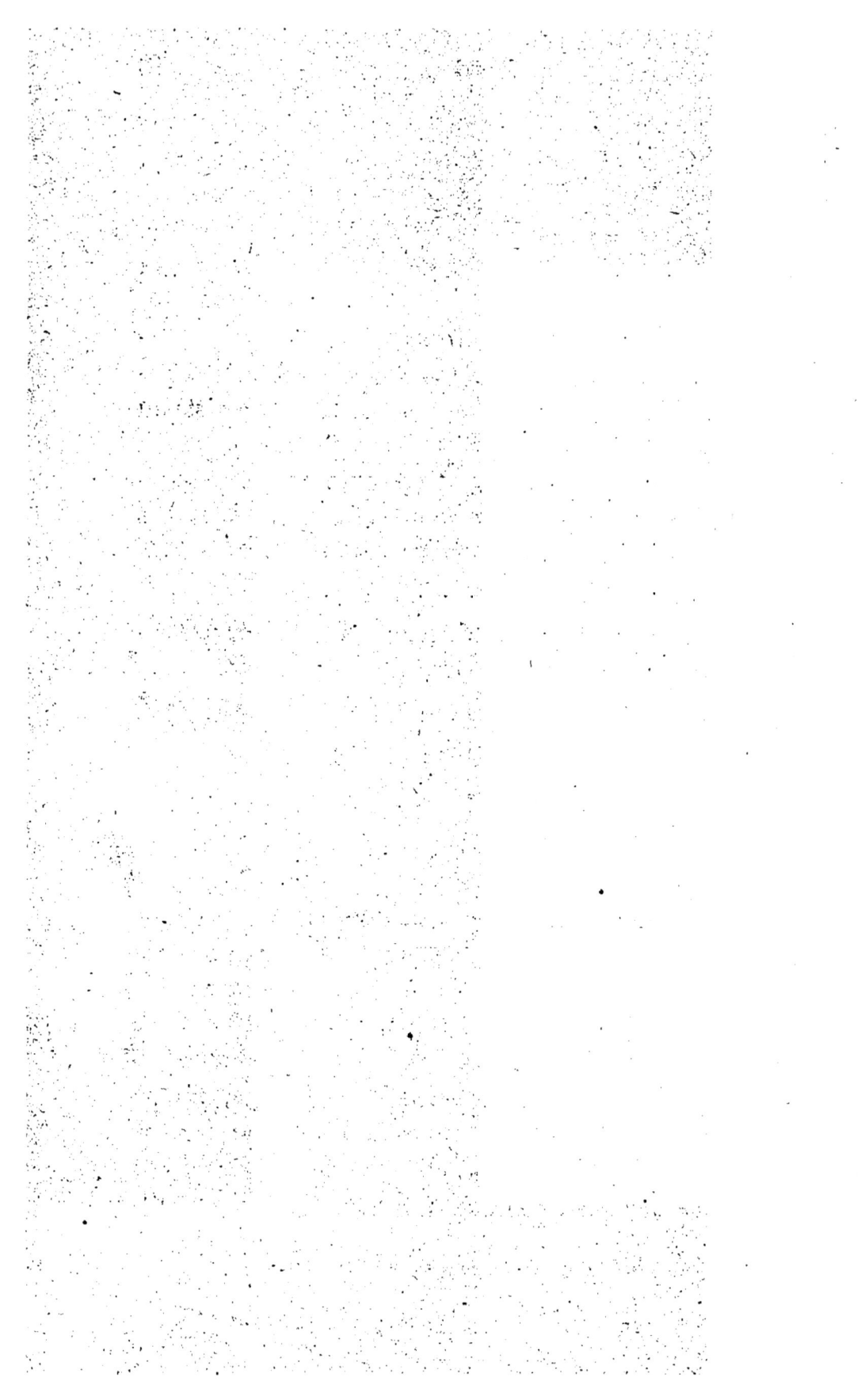

1854

Les bruits de guerre continuaient. En février, le *Moniteur* (alors feuille officielle) publia une lettre adressée, le
29 janvier, par Napoléon III, à son *bon ami* (1) le czar
Nicolas. Elle tendait à expliquer la conduite de la France
dans le conflit turco-russe ; elle faisait un dernier et solennel appel à la conciliation, et se terminait par des protestations d'amitié, d'amour de la paix, etc.

La réponse fut telle qu'on pouvait s'y attendre ; le 18
février, le *Moniteur* annonça que l'empereur Nicolas n'acceptait pas les termes proposés pour un accommodement.
La demande russe n'était pas en effet une improvisation,
une idée subite, imprévue de l'autocrate. En 1805 déjà, la
Russie avait fait remettre, au Divan, une note dans laquelle elle demandait que tous les sujets de l'empire turc
professant la religion grecque fussent placés sous la protection de la Russie. Le sultan Sélim avait repoussé ces
propositions avec indignation. Cinquante ans plus tard,

(1) Taxile Delord, *Hist. du 2e Empire*, vol. I, page 558.

Abdul-Medjid rejeta, avec non moins d'indignation, ces demandes, reproduites par le prince Menchikoff.

Dans la séance de la Chambre des communes, du 17 février, le ministère anglais déclara qu'un traité d'alliance entre la France, l'Angleterre et la Turquie allait être signé. En mars, la Chambre des députés française vota un emprunt de 250 millions, à réaliser par voie de souscription publique, et une loi du 18 avril porta le contingent militaire de 80,000 à 140,000 hommes.

Cette loi intéressait à un haut degré l'Alsace qui fournissait à l'armée un grand nombre d'engagés volontaires et surtout de remplaçants. La prime que l'on payait à ces derniers et qui variait entre 1,000 et 1,500 fr., dut être doublée, triplée même.

La diplomatie, de son côté, n'était pas restée oisive. La Russie aurait voulu entraîner la Prusse et l'Autriche dans une coalition contre la France, mais elle n'y réussit pas. On se rappela qu'après l'assistance que la Russie, en 1849, avait prêtée à l'Autriche contre la Hongrie, le prince de Schwartzenberg, cet homme d'État autrichien, doué de vues si justes, avait dit que *l'Autriche étonnerait un jour le monde par l'immensité de son ingratitude envers la Russie.*

Les Polonais également s'agitèrent. Ceux qui, martyrs de leur noble cause, erraient dans l'exil, offrirent au Sultan de former une légion spéciale pour combattre la Russie. Ils sentaient renaître en eux l'espoir de voir leur patrie se reconstituer; malheureusement, il devait être de nouveau déçu.

Le 27 mars, le Corps législatif à Paris fut officiellement informé que la guerre avec la Russie était déclarée. Le même jour, le ministère anglais lut aux Chambres un message de la reine, commençant par ces mots : « Bien qu'aucun effort n'ait été épargné, de sa part, pour conserver la paix, son attente a été trompée, etc. »

Un événement de cette nature ne pouvait manquer d'avoir un grand retentissement à Strasbourg, ville de garnison et de frontière. Un registre d'enrôlement volontaire fut ouvert. Une compagnie du 15e régiment d'artillerie (pontonniers) reçut l'ordre de se tenir sur le pied de guerre, pour faire partie de l'armée d'Orient. On réorganisa l'artillerie et une distribution de nouveaux étendards eut lieu. Il fallut, suivant l'habitude, la bénédiction du clergé : Le 10 mai, à 11 heures du matin, des détachements des 4e, 6e et 11e régiments d'artillerie, se rendirent à la cathédrale. M. Achon, vicaire général du diocèse, revêtu de ses habits sacerdotaux, procéda dans le chœur à la cérémonie.

Les colonels Fiéreck, Borgella et Pradal prirent les étendards, les déployèrent sur une table couverte de velours, disposée à cet effet, devant le maître-autel. Après les prières du rituel, M. Achon aspergea et encensa les drapeaux ; les colonels les relevèrent, les rendirent aux porte-étendards pendant que le clergé entonnait le *Te Deum*. La cérémonie terminée, on se rendit au Broglie où les trois régiments avaient été rangés en bataille. Le général Reibell se plaça en face des porte-étendards et, chapeau bas, prononça d'une voix énergique une allocution militaire qui fut accueillie par le cri de : « Vive l'Empereur (1) ! »

La perspective d'une guerre n'empêcha ni les Bonapartistes ni les cléricaux de continuer leur marche enva-

(1) *Courrier du Bas-Rhin* du 11 mai 1854.

hissante. On a vu que vers la fin de 1853 notre conseil municipal s'était trouvé en désaccord avec le maire, M. Coulaux, au sujet de l'établissement de nouvelles rues et d'un emprunt de 1,200,000 fr., qui en aurait été la condition première. En émettant son vote, le conseil n'avait peut-être pas eu des vues assez larges, et probablement, après une nouvelle discussion il aurait accepté une autre partie des projets de M. Coulaux. Mais celui-ci entendait se défaire, à la façon napoléonienne, de toute résistance. Un décret impérial du 12 janvier 1854 prononce la dissolution du conseil municipal de Strasbourg, et à sa place, un arrêté du préfet West, du 27 janvier, institue une commission municipale, composée de MM. Coulaux, maire, président de la commission ; Delaporte, Lacombe, Frédéric Strohl, Traut, adjoints au maire ; Caillot, Eugène, propriétaire ; Coumes, ingénieur en chef ; Destrais, professeur de droit ; Ehrmann, Maurice, propriétaire ; Hasenclever, Louis, négociant ; Hecht, Eugène, négociant ; Hirsch, directeur du Comptoir d'escompte ; Jundt, Eugène, directeur d'assurances ; Laugel, Victor, entrepreneur ; Lippmann, propriétaire ; Marchal, professeur à la Faculté de médecine ; Mühl, Charles, négociant ; Oppermann, directeur de l'École de pharmacie, et Stoltz, professeur à la Faculté de médecine.

L'installation de la commission se fit le lendemain, 28 janvier, et sa première séance eut lieu le 1er février. Le maire y donna lecture de lettres de MM. Hecht et Jundt, par lesquelles ils déclaraient ne pas accepter les fonctions de membres de la commission. M. Coulaux se trouva dès lors maître de la situation. C'est avec son concours et celui du préfet West qu'une coterie fanatique commença, contre les fondations de Saint-Thomas, l'attaque violente que probablement elle avait méditée depuis que Napoléon III, pour s'assurer le concours du clergé, lui faisait toutes les concessions possibles.

Avant cette époque, les protestants d'Alsace n'avaient que peu de sympathie pour l'œuvre Saint-Thomas. Administrée par une dizaine de professeurs, elle confiait les détails de la gestion à quelques employés laïques, mais tout se traitait, pour ainsi dire, à huis clos. Il y avait bien un contrôle : les budgets des fondations passaient sous les yeux du Directoire et de la Préfecture, mais la masse des laïques était systématiquement tenue dans l'ignorance de ce qui se passait à Saint-Thomas.

Nos pères nous disaient que les biens des fondations avaient échappé à la tourmente révolutionnaire parce qu'on avait déclaré à la Convention que les revenus en servaient à l'enseignement supérieur et au traitement des professeurs du Gymnase protestant. Mais, pendant que MM. les chanoines jouissaient de belles prébendes, les professeurs du Gymnase (1) étaient si faiblement rétribués que presque tous se voyaient obligés de chercher, à côté de leur professorat, un emploi quelconque.

Le professeur de zoologie, M. Stoltz, était en même temps pasteur dans le village de Fürdenheim ; le professeur d'arithmétique, M. Aufschlager, était chef de division à la mairie ; le professeur d'histoire, M. Engelhardt, donnait des leçons dans les pensionnats ; MM. Schweighaeuser et Boegner, professeurs de la sixième et de la septième, avaient commencé des salles de répétition, etc., etc. Nos maîtres étaient assurément très instruits, aimés, respectés, mais aucun d'eux n'avait fait ses études à Paris ; aucun d'eux, par un séjour prolongé dans l'intérieur, ne s'était défait de cet accent alsacien, si souvent

---

(1) Il est question ici de la période de 1820 à 1830 à peu près ; à partir de là, il y a eu progrès pour le choix des professeurs.

le point de mire des faiseurs d'esprit de la capitale (1). Il était impossible dès lors que leurs élèves apprissent à parler un français pur.

Lorsque des citoyens élevaient la voix pour demander à MM. de Saint-Thomas d'engager, pour le Gymnase, quelques professeurs formés à Paris, ils se heurtaient soit contre la routine (2), soit contre la prétendue insuffisance des revenus. Mais on sait que de temps immémorial les chanoines occupaient, *chacun à lui seul*, un grand immeuble, bien exposé, au centre de la ville, avec cour et jardin, et que l'on reconstruisait les maisons, quand besoin en était, à grands frais, de nouveau *pour un professeur seul!* Si des laïques, des gens d'affaires avaient eu voix au chapitre, ils auraient exigé la construction d'immeubles de rapport, à trois ou quatre étages, dont le revenu, tout en réservant un beau logement au chanoine titulaire, aurait largement suffi au traitement de professeurs distingués.

L'attaque violente dirigée contre Saint-Thomas valut néanmoins aux fondations un regain de popularité. On sentait que l'existence même du protestantisme en France était visée. Partout on s'agita pour repousser une agression aussi inique, et beaucoup de catholiques joignirent leurs voix à celles des protestants pour déplorer la scission et les haines que pourrait produire dans les rela-

---

(1) Comme exemple, je citerai une anecdote sur M. Humann : « En 1835, alors qu'il était ministre des finances et, s'occupant de réaliser son projet de réduction de la rente française de 5 p. 100 à 4 1/2 p. 100, il avait établi son budget pour 1836, en se basant sur les millions qu'il économiserait de la sorte. La Chambre, sachant que le roi Louis-Philippe, possesseur de beaucoup de rentes, était contre la réduction, rejeta les propositions de M. Humann qui, dans un moment d'humeur, se serait alors écrié : « Tous mes brochets (*projets*) sont des truites (*détruits*). »

(2) Voir le feuilleton Éd. Mars, cité pages 140, 141 de mon *Histoire de Strasbourg et d'Alsace,* 1830-1852.

tions paisibles, même parfois fraternelles, existant entre les divers cultes, cette violente attaque fomentée par quelques fanatiques.

Le nouveau plan était habilement conçu. Tout d'abord il fallut se débarrasser du conseil municipal. Composé, par moitié de catholiques éclairés, tolérants, on ne pouvait compter sur son concours, bien que, pour réussir plus facilement, on mît le maire en demeure de revendiquer ces biens comme appartenant à la ville. La commission municipale se montra naturellement plus docile.

Déjà vers la fin de 1852, à l'approche des élections municipales, une brochure, en langue allemande, avait invité le peuple à nommer un conseil municipal qui réclamât ces biens comme ayant de tout temps appartenu à la ville, et que l'auteur estimait valoir 15 millions. Une seconde brochure, en langue allemande, tendait à prouver les prétendus droits de la ville.

Comme pour multiplier les sommations au maire et lui forcer en quelque sorte la main, il parut, dans le même esprit, trois brochures en langue française. L'auteur évaluait les revenus annuels de Saint-Thomas, à 300,000 fr. et terminait ainsi :

« Ces chiffres ne suffiront-ils pas pour ouvrir les yeux à nos autorités, pour leur faire sentir la nécessité de surveiller l'emploi de revenus aussi considérables ? Ne pourrait-on pas en faire, dans un cas donné, un usage dangereux pour la tranquillité du pays, *et même pour l'intégrité du territoire, etc., etc.* (1) ? »

(1) Voir : *Les Biens protestants*, note par Théodore Braun, président du Consistoire supérieur, etc. Paris, Meyrueis et Cie, 1854.

Dans cette note, M. Braun indique le total des revenus, approximativement à 130,000 fr. ; les fermages étant payables en blé, le revenu varie suivant le prix des céréales. Les dépenses sont évaluées, pour la fondation de Saint-Thomas, à 92,700 fr., dont 63,000 fr., traitements

En 1854, on ouvrit directement le feu par une pétition, datée du 22 février, demandant à l'administration municipale de revendiquer, par la voie judiciaire, les fondations comme étant la propriété de la ville. Dans son rapport à la commission, le maire exposa qu'à la suite de la pétition et après avoir pris l'avis de jurisconsultes distingués, il avait demandé au conseil de préfecture l'autorisation, pour la ville, d'ester en justice. Après un minutieux examen, le conseil avait refusé cette autorisation. Le maire priait donc la commission municipale de l'autoriser à aller en appel devant le Conseil d'État. Dans sa séance du 14 octobre 1854, la commission donna cette autorisation, mais déjà avant cette séance, le maire avait eu recours à une mesure inouïe. Dès le mois de juin 1854, il avait fait signifier aux fermiers de Saint-Thomas (1), de ne plus payer leurs fermages à cette institution, s'ils ne voulaient pas s'exposer à payer deux fois.

On conçoit l'indignation que provoquèrent de pareils actes; elle fut d'autant plus grande que, depuis près d'un siècle, le silence s'était fait sur cette question.

Le chapitre commença par s'adresser à des jurisconsultes d'une notoriété incontestée. Une consultation (2), signée Dupin et Paillet, anciens bâtonniers, Paul Fabre, avocat au Conseil d'État, et Treitt, avocat à la Cour impériale; puis deux consultations (3) de M. Ignace Chauffour,

des dix professeurs, de trois pasteurs, trois instituteurs et entretien des maisons comprises dans la fondation ; 10,000 fr., frais d'administration, pensions à des veuves de professeurs et de pasteurs ; 10,000 fr., subvention au Gymnase ; 9000 fr., contributions.

(1) Théodore Braun. Note déjà citée.

(2) Brochure de 126 pages. Paris, Meyrueis et Cie, 1855.

(3) Réponses aux observations, publiées par M. Émile Detroyes, membre de la commission municipale de Strasbourg. Brochure de 156 pages. Deuxième réponse, 570 pages. Colmar, imprimerie Decker,

l'avocat si distingué de Colmar, répondaient victorieuse-
ment aux arguties accumulées, par la partie adverse, dans
ses brochures et notes publiées en français et en allemand (1). Elle disposait, en outre, de quelques feuilles
chères à l'administration, notamment de l'*Alsacien*, le journal de M. Huder, si hostile à tout ce qui portait une teinte
libérale. Le *Courrier du Bas-Rhin*, par contre, très réservé,
depuis le coup d'État, était devenu, par suite de l'avertissement du 20 décembre 1853, à peu près muet en toute
matière qui eût pu déplaire aux autorités. A défaut de
journaux pour éclairer l'opinion publique, Saint-Thomas
et ses défenseurs eurent également recours à des brochures (2). Entre autres, je citerai : *Lettre sur les fondations*

1856 et 1857. Dans cette réponse, M. Ignace Chauffour, p. 9 et 10,
rappelle à M. Detroyes qu'en avril 1854, il lui fit l'honneur de vouloir
l'associer à la croisade municipale, proposition qu'il rejeta malgré
ses inclinations personnelles vers la ville de Strasbourg qui, vingt ans
auparavant, avait confié à sa jeune expérience un procès important
(forêt du Hohwald). Voir *Hist.* de 1830-1852, page 91.

(1) En dehors des brochures déjà citées :
Observations à l'appui de la demande d'autorisation, etc., trois
brochures par M. Émile Detroyes. Strasbourg, imprimerie Huder,
1856.

Notes sur d'anciennes fondations de Strasbourg, par le baron de
Schauenburg, recueillies aux archives de la ville.

*Revendication, par le maire de Strasbourg, des fondations de
Saint-Thomas, retenues indûment par le séminaire protestant.* En
français et en allemand, chez Huder, imprimeur, rue des Veaux, à
Strasbourg, 1856, par E. Frignet, avocat au Conseil d'État et à la Cour
de cassation. (Voir *Consultation* de MM. Dupin et Cie, page 26.)

(2) *Notice sur les fondations administrées par le séminaire
protestant de Strasbourg.* Strasbourg, chez F. C. Heitz, imprimeur-
libraire, 1854.

Qu'en est-il des affaires de Saint-Thomas ? Simple exposé par
Th. Kugler, avocat, membre du Consistoire de Saint-Nicolas. Strasbourg, imprimerie Silbermann, 1854.

Le même traduit en allemand.

**Les Biens protestants de la Confession d'Augsbourg et les attaques
dont ils sont l'objet,** note par Th. Braun, président du Consistoire

de Saint-Thomas, adressée à M. Coulaux, maire de Strasbourg et député de Saverne, par le baron Alfred Renouard de
Bussierre, député de Strasbourg, président du tribunal de commerce et membre du Consistoire supérieur de la Confession
d'Augsbourg (1). Dans cette lettre, M. de Bussierre, tout en
traitant M. Coulaux de cher collègue, lui adresse des vérités aussi dures que méritées.

Se référant à une conversation qu'ils avaient eue à
Paris et où M. Coulaux avait exprimé le désir d'être renseigné, M. de Bussierre dit : « Au lieu de suivre cette ligne,
votre retour en Alsace devint le signal de procédés inouïs,
incroyables, dans une cause aussi sérieuse, aussi vitale,
pour les institutions de vos administrés protestants.....
Pourquoi faire naître une agitation pareille dans notre
paisible cité et vous préparer, à vous-même, le rôle difficile, insoutenable, de devoir satisfaire tous les appétits
éveillés ou encouragés par votre mesure ? »

Puis, parlant des deux adjoints et des membres protestants de la commission municipale, M. de Bussierre dit:
« Ils sont restés en place afin de prouver au Gouvernement
que, si nous avons à souffrir de la part d'administrateurs,
qui devraient nous protéger avec impartialité, nous avons
pleine confiance dans l'autorité centrale et supérieure ;
qu'en un mot nous voulons absolument éviter de passer

---

supérieur et du Directoire de l'Église de la Confession d'Augsbourg.
Paris, Meyrueis et Cⁱᵉ, 1854.

*Mémoire, fait en 1686, par un R. P. Jésuite, pour la conversion
de la ville de Strasbourg.* Paris, Meyrueis et Cⁱᵉ, 1854.

*Observations du séminaire protestant sur la demande portée,
par M. le maire de Strasbourg, devant le conseil de préfecture du
Bas-Rhin, à l'effet de plaider contre ledit séminaire, pour revendiquer, au nom de la ville, les biens connus sous les dénominations de
Fondations de Saint-Thomas et du corps des pensions, et avis des
avocats consultés par le séminaire.* Paris, Meyrueis et Cⁱᵉ, 1855.

(1) Paris, imprimerie Meyrueis et Cⁱᵃ, 1854.

pour agitateurs. Et nous le voulons parce que nos ennemis n'ont pas rougi de nous calomnier dans l'ombre, de
nous représenter comme autant de factieux, jusqu'à ce
qu'ils puissent nous frapper ouvertement..... »

Si je relève surtout ce dernier passage, c'est que —
ainsi qu'on le verra plus loin — seize ans après, pendant
le siège, alors que les bombes prussiennes pleuvaient sur
notre malheureuse ville, un autre fanatique, M. de Malartic, conseiller de préfecture, n'a pas rougi non plus
d'accuser les protestants de pactiser avec l'ennemi !

M. de Bussierre, en écrivant et en publiant sa lettre,
rendit un service éminent aux fondations de Saint-Thomas ; mais les meneurs n'abandonnèrent pas l'affaire.
Elle traîna encore pendant dix-huit mois environ. Dans
l'intervalle, une délégation (1) du chapitre s'était rendue
à Paris ; elle obtint une audience de l'empereur, ainsi
que des ministres compétents, et c'est à la suite de ces
démarches et de celles de quelques personnages influents
que l'ordre vint de Paris de laisser tomber l'affaire. Le
préfet, M. West, fut envoyé à Toulouse et remplacé par
M. Migneret, homme tolérant et conciliant, qui paraît
avoir été nommé avec la mission spéciale d'apaiser les
esprits et de ramener la paix et la concorde, si violemment troublées.

Du reste, vers la fin de 1854, la guerre avec la Russie
occupait l'esprit public plus que les querelles religieuses.
L'armée alliée (anglo-française), forte, disait-on, de
80,000 hommes, avait débarqué en Crimée, au commencement de septembre. On s'attendait à la nouvelle d'une
bataille, quand les journaux du 1er octobre publièrent
une dépêche de Vienne, du 30 septembre, qui, sur la foi

(1) M. le professeur Jung et M. Rau, avocat, membres du Directoire protestant.

d'un télégramme, parvenu à l'ambassade ottomane à Vienne, annonçait la prise de Sébastopol, avec tout son matériel de guerre, la flotte et la garnison.

Napoléon III, sans doute pour imiter son oncle, inspectait à ce moment, à Boulogne, le corps d'armée destiné à opérer dans le nord de la Russie. A l'issue de la messe célébrée au camp, il annonça cette brillante victoire à l'armée, qui l'accueillit avec des cris, mille fois répétés, de *Vive l'Empereur, Vive l'Impératrice!* LL. MM. retournèrent le soir même à Paris où les théâtres et beaucoup de maisons particulières avaient illuminé.

L'Alsace aussi s'était mise en fête; à Mulhouse, à Colmar et à Strasbourg, les stations du chemin de fer furent illuminées et beaucoup de maisons avaient sorti les drapeaux. On était si heureux de voir cette guerre si promptement terminée! « Sébastopol est pris, 18,000 Russes ont été tués et 22,000 faits prisonniers », telle était la nouvelle qu'avait apportée le *Tartare*, arrivé de Constantinople (1).

Malheureusement, l'illusion ne fut pas longue; le 5 octobre on afficha à Paris la dépêche suivante :

« Le récit du *Tartare* est démenti; c'était la bataille de l'Alma amplifiée », etc., etc. (2).

Alors seulement commença la vraie guerre de Crimée, avec toutes les conséquences qu'elle devait entraîner : d'abord des sacrifices immenses en hommes, en argent, et, seize ans plus tard, la perte de l'Alsace et de la Lorraine. Si la Russie de 1870 n'a pas voulu se venger du mal énorme que Napoléon III lui avait fait en 1854, il est certain qu'elle s'en souvint et ne se sentit nullement disposée à intervenir entre la France et la Prusse.

(1) *Courrier du Bas-Rhin* des 2 et 3 octobre 1854.
(2) *Courrier du Bas-Rhin* du 8 octobre 1854.

Chez nous, les affaires communales et départementales suivirent la direction qu'elles avaient reçue. La commission municipale de Strasbourg se hâta de voter les 140,000 fr. demandés par le maire, pour ce qu'il appelait « la convenance impérieuse d'une restauration complète de l'intérieur de la salle de spectacle ». Avec non moins d'empressement, elle autorisa un emprunt de 1,200,000 fr. pour faire face aux divers travaux qu'on allait entreprendre, et parmi lesquels figuraient la construction de deux églises à la Robertsau.

Pour réchauffer la légende napoléonienne, M. West avait adressé une nouvelle circulaire aux maires, pour l'érection du monument de Lézay-Marnésia. Celle de 1853 n'ayant pas trouvé d'écho, il parla cette fois de pieuse reconnaissance ! C'était un peu osé de sa part de faire, à quarante années de distance, appel à la reconnaissance, don si rare chez les hommes, qui d'habitude oublient vite les bienfaits reçus.

Il mit l'insuccès de son premier appel au compte de la mauvaise récolte. (Par suite de fortes pluies, elle avait été médiocre en 1853.)

« Aujourd'hui, disait-il, la situation est devenue meilleure ; grâces en soient rendues à la divine Providence », etc. Mais sa voix ne fut guère mieux écoutée et il fallut d'autres efforts encore pour réunir la somme nécessaire à l'érection du monument.

Dans le Haut-Rhin, le préfet, M. Cambacérès, ne fut pas moins actif. Pour complaire au clergé, il convoqua, le 30 mai (1), une réunion, dans la salle de l'hôtel de ville de Colmar, à l'effet de recevoir communication d'un projet de statuts d'une association pour l'observation du

(1) *Courrier du Bas-Rhin* du 6 juin 1854.

dimanche. Pour flatter les manufacturiers, il se fit proposer à la Société industrielle de Mulhouse comme membre correspondant. Dans la séance du 22 février, il fut élu, en cette qualité, à l'unanimité (1).

Quelques mois plus tard, les journaux annoncèrent que M. Cambacérès ayant témoigné le désir de voir créer, à Mulhouse, un cours public et gratuit de physique et de chimie, le maire s'était empressé de donner suite à cette idée (2).

Enfin, M. Cambacérès poussa à l'érection, à Huningue, d'un monument à la mémoire du général Abbatucci (3).

Cette manifestation était inutile, car Abbatucci avait déjà son monument. On le voit avant d'entrer dans Huningue, en venant de Saint-Louis; il porte les inscriptions suivantes :

AU GÉNÉRAL ABBATUCCI,

MORT POUR LA PATRIE.
A PEINE AGÉ DE 26 ANS
ET DÉJA L'ÉMULE DES PLUS
ILLUSTRES CAPITAINES,
IL TERMINA SA CARRIÈRE
LE 2 DÉCEMBRE 1796,
EN DÉFENDANT LA TÊTE DU PONT
D'HUNINGUE.
CE MONUMENT, ÉLEVÉ
EN 1801
PAR LE GÉNÉRAL MOREAU,
AU NOM DE L'ARMÉE DU RHIN ET DE LA MOSELLE,
AVAIT ÉTÉ DÉTRUIT EN 1815.
LA RECONNAISSANCE PUBLIQUE
L'A RÉTABLI EN 1828.

(1) *Courrier du Bas-Rhin* du 1er mars 1854.
(2) *Industriel alsacien* du 30 mai 1854.
(3) *Courrier du Bas-Rhin* du 9 février 1854.

Ce monument existe encore, mais — étrange ironie du sort ! — les Prussiens campent aujourd'hui dans la petite ville qui fut le théâtre de faits si glorieux pour l'armée française : d'abord, la défense d'Huningue, sous Moreau, en 1796, où l'armée autrichienne voulut forcer le passage du pont du Rhin ; puis le siège que soutint, en 1815, après Waterloo, le général Barbenègre, avec 500 hommes, contre 25,000 Autrichiens, commandés par l'archiduc Jean. Après quatre semaines de bombardement, la petite ville n'étant plus qu'un monceau de ruines, Barbenègre consentit à traiter et obtint le droit de sortir avec tous les honneurs de la guerre et de rejoindre l'armée française qui s'était retirée derrière la Loire.

Le 27 août, au matin, l'armée autrichienne, ainsi que la population de Bâle et des villages suisses des environs, se trouvaient sur les glacis d'Huningue pour assister au départ de Barbenègre et de sa troupe. Deux tambours ouvraient la marche, puis venait un peloton d'infanterie, le général avec quelques officiers, deux pelotons de canonniers et cinq gendarmes, en tout 50 hommes !

A la vue de ce faible détachement, des cris d'admiration sortirent des rangs ennemis, et l'archiduc Jean, s'approchant de Barbenègre, lui témoigna, en l'embrassant, toute l'estime que lui inspirait sa résistance. Mais, avec le général, admirons les soldats et la population, dont le courage et le dévouement héroïque permirent à Barbenègre de léguer à la France ce magnifique exemple de patriotisme.

Ce fut d'ailleurs le journal *le Siècle* qui avait pris l'initiative du monument Abbatucci, mais l'Empire ne pouvait abandonner aux républicains une manifestation quelconque ; il voulait avoir l'honneur de tout. Depuis des années fonctionnait une institution éminemment utile à la classe peu aisée : celle des salles d'asile, lorsqu'un décret impérial du 16 mai s'en empara et plaça les salles d'asile sous la protection de l'impératrice, et nomma un comité central de patronage, composé de S. E. Mᵍʳ le cardinal Morlot, archevêque de Tours, et d'une série de dames du grand monde bonapartiste.

En tout cela, il n'y aurait pas eu grand mal, si nos préfets n'avaient pas déployé leur activité à faire la chasse aux hommes de 1848, ou du moins à tous ceux qui avaient assez de caractère pour ne pas se prosterner devant le nouveau pouvoir.

A la campagne, la police avait la haute main : maires, juges de paix, gardes champêtres même, furent révoqués pour n'avoir pas su se plier. En ville, la situation n'était pas meilleure. Le commissaire central, presque l'égal du préfet, agissait en vrai pacha. La presse était bâillonnée. « Que les bons citoyens se rassurent, disaient les feuilles du Gouvernement, et que les mauvais tremblent. » Les mauvais, c'étaient les braves gens qui trouvaient indignes d'aduler le triste héros de Strasbourg et de Boulogne. On avait un double but : d'abord, de ramener tout à l'ère napoléonienne, puis, et surtout, de mettre la main au profit de l'Empire sur le suffrage universel. On n'y réussit que trop bien. Dans les villages, le maire, le curé, le gendarme et le garde champêtre faisaient les élections, et malheur au pauvre paysan qui eût voulu se montrer récalcitrant ! Les villes firent bien quelque opposition, mais leurs votes furent noyés dans ceux de la campagne ; on obtint ainsi ces chambres serviles, qui menèrent la France à Sedan. .

1855

SOMMAIRE

Coup d'œil rétrospectif sur le commerce de Strasbourg; effet de l'établissement des chemins de fer sur la branche « Transit »; tarifs différentiels; protestation de la chambre de commerce; envoi de délégués à Paris; insuccès de leurs démarches; nouvelles protestations appuyées par le préfet et le maire de Strasbourg. — M. Coulaux obtient une audience de l'empereur pour trois délégués du commerce et de l'industrie du Bas-Rhin; leurs efforts échouent devant l'omnipotence des chemins de fer; le commerce d'expédition de Strasbourg intente un procès à la Compagnie de l'Est; troisième envoi de délégués, nouvel insuccès. — Le préfet du Bas-Rhin, M. West, est remplacé par M. Migneret; fin de la commission municipale de Strasbourg. — Élection d'un nouveau conseil. — Mort du czar Nicolas; continuation de la guerre de Crimée; prise de Sébastopol; fêtes célébrées à cette occasion à Strasbourg, à Mulhouse, à Colmar. — Emprunt de 750 millions. — Première Exposition universelle.

Dans le grand mouvement industriel qui, à partir de 1815, était devenu pour l'Alsace, notamment pour le Haut-Rhin, une riche source de prospérité, Strasbourg n'eut aucune part. Son industrie principale, le commerce et la fabrication des tabacs, avait reçu un coup mortel par le décret du 29 décembre 1810, qui avait introduit le monopole, sans aucune indemnité pour les dépossédés (1). La loi des finances de 1816, pour tempérer ce que le dé-

(1) D'après la brochure de M. Auguste Schmitter (Strasbourg, imprimerie Fischbach, 1877), on comptait à Strasbourg en 1787, 37 fabriques de tabac à priser et 16 fabriques de tabac à fumer.

cret napoléonien avait de brutal et d'excessif, permit de nouveau la culture et le commerce du tabac pour l'exportation, mais ce ne fut là qu'une faible compensation aux pertes éprouvées par cette branche florissante. Quelques établissements furent transférés à Bâle, d'autres dans le pays de Bade, le plus grand nombre fut fermé et leurs propriétaires se virent obligés d'entreprendre quelque autre commerce ou industrie. La plupart choisirent la branche « expédition ».

Depuis de longues années, Strasbourg servait d'intermédiaire pour le transport des marchandises allant du Nord au Sud, de l'Est à l'Ouest, et *vice versâ*. Les grands bateaux portant les denrées coloniales dirigées par la Hollande sur la Suisse, ne pouvant alors remonter le Rhin au delà de Mayence, nos bateliers y cherchèrent les marchandises pour les conduire jusqu'à Strasbourg, d'où elles furent transportées à Bâle par le roulage, la navigation sur le Rhin supérieur étant presque impraticable.

La batellerie du Rhin ayant succombé sous la concurrence des bateaux à vapeur et, plus tard, sous celle des chemins de fer (1), les expéditeurs ne servaient plus que d'intermédiaire aux marchandises allant d'Allemagne en France, et réciproquement.

———

Le commerce d'expédition avait atteint son apogée de prospérité vers 1813. Par suite du blocus continental et de la fermeture presque absolue des ports, Strasbourg était devenu la grande artère du transit des marchandises que la France tirait de l'étranger ou qu'elle y envoyait.

(1) Voir *Histoire de Strasbourg et d'Alsace,* 1830-1852, page 51.

Au dire de nos aïeux, l'encombrement était parfois tel que, la halle commerciale et la douane se trouvant beaucoup trop petites, les balles de coton, les tonneaux de vin, gisaient le long de la rue du Vieux-Marché-aux-Poissons, jusqu'à la hauteur de la place Gutenberg, alors marché aux herbes.

La chute de l'Empire et les lois prohibitives de 1815 et de 1816 portèrent un rude coup à cette prospérité. Néanmoins, la partie de l'expédition resta encore assez belle, et beaucoup de mes lecteurs se souviendront peut-être de ces longues files de voitures, conduites par des rouliers franc-comtois ou vosgiens, qui nous amenaient les vins de Bourgogne, du Midi, de la Champagne, et d'autres marchandises destinées à l'Allemagne, et que venaient charger à Strasbourg les voituriers allemands, après nous avoir apporté les marchandises de la Saxe, de Nuremberg, d'Augsbourg, de Stuttgard, etc. L'établissement successif des voies ferrées réduisit peu à peu le roulage. L'ouverture de la ligne de Paris à Strasbourg, en 1852-1853, l'acheva. Le mouvement commercial se concentrant aux environs de la gare (1), la chambre de commerce proposa à la ville de reprendre le bâtiment de la halle commerciale et de la douane, situé le long de la rue de la Douane (2), et d'affecter, par contre, la halle aux blés, située à côté de la gare, au commerce et à la douane.

Après de longues négociations, l'échange se fit dans le courant de 1854. Strasbourg, comme ville frontière,

(1) Il n'est pas question, bien entendu, de la nouvelle et grandiose gare actuelle, mais de l'ancienne gare, construite par la Compagnie de l'Est et convertie aujourd'hui en marché.

(2) La ville en ce moment en a loué une partie à l'intendance allemande, une autre partie à des marchands de tabac.

étant devenu un point de jonction des lignes françaises et
allemandes, obligatoire pour le passage par les douanes,
notre commerce espéra reprendre une partie de son ancienne prospérité, lorsqu'on apprit que la Compagnie
de l'Est (Paris-Strasbourg) établirait des tarifs directs
différentiels, en vertu desquels elle taxerait les marchandises destinées à l'Allemagne, à 5 fr. par 100 kilogr., de
Paris à Strasbourg, alors que les articles similaires,
adressés à une maison de Strasbourg, continueraient à
payer le plein tarif de 7 fr. et de 9 fr. par 100 kilogr. Seul,
l'agent que la Compagnie installerait à la frontière, pour
le passage en douane, jouirait de ces tarifs réduits. Les
expéditeurs, se voyant spécialement menacés, recoururent à la chambre de commerce. Celle-ci, à la date du
15 février 1854, adresse une pétition au ministre du
commerce et des travaux publics; elle demande, en résumé, « que les taxes soient perçues par kilomètre, sans
distinction entre les diverses fractions de la ligne, ou
entre marchandises, soit de provenance française ou étrangère », et pour donner plus de poids à sa démarche, elle
communique sa pétition aux chambres de commerce de
Mulhouse, de Metz et de Nancy, avec invitation de péti-
tionner à leur tour. Comme les réclamations arrivaient
de divers côtés, elles firent de l'effet. Le 10 mai, sur l'invitation de M. le ministre, la chambre de commerce
envoya deux de ses membres, MM. Jules Sengenwald et
Ch. Staehling (l'auteur de ces mémoires) à Paris, où
ils se rencontrèrent avec des délégués de Metz et de
Nancy.

Après de longs débats au sein du comité consultatif
des chemins de fer avec les délégués de la Compagnie de
l'Est, on obtint un semblant de satisfaction en ce sens que
le chemin de fer consentit à admettre les houblons et les

laines (1) au prix de 5 fr. par 100 kilogr. au lieu de 9 fr.,
toutes autres marchandises restant exclues de cette faveur, mais en même temps, le ministre, qui ne voyait pas
d'un bon œil cette sorte de coalition entre les chambres
de commerce, leur enjoignit de ne plus correspondre
entre elles, en ajoutant qu'à l'avenir ce serait à lui seul
qu'elles auraient à s'adresser. En présence de cette injonc-
tion toute dictatoriale, notre chambre de commerce se
refusa, bien malgré moi, à toute nouvelle démarche.

Le maire, M. Coulaux, et le préfet, M. West, ayant appris cet insuccès, prirent alors l'affaire en main, probablement dans l'idée de regagner quelque popularité. En janvier 1855, le préfet convoque les industriels et principaux
négociants du Bas-Rhin, à l'effet de signer une pétition à
l'empereur contre les agissements de la Compagnie de l'Est.
La réunion eut lieu à la préfecture, et elle nomma comme
délégués MM. G. Bergmann, Ch. Stachling, membres de
la chambre de commerce, et J. Seltz, juge au tribunal de
commerce.

M. Coulaux demanda à l'empereur une audience qui
lui fut accordée le 13 février au palais des Tuileries. Les
délégués, après avoir entretenu Napoléon III de leurs
plaintes, contre l'omnipotence des compagnies, lui remi-
rent leur pétition ; l'empereur répondit que, dans sa pensée, l'établissement de la ligne directe de Paris à Strasbourg devait ouvrir une nouvelle ère de prospérité à la
ville de Strasbourg et au département du Bas-Rhin, et
qu'il ferait examiner nos plaintes avec toute l'attention
que méritaient les intérêts que nous défendions.

Je dois dire que l'empereur tint parole ; lorsque le
surlendemain nous nous présentâmes, M. Coulaux et

(1) Dans la pétition, on avait cité le houblon et la laine à titre
d'exemple.

moi (1), chez M. Rouher, alors ministre du commerce et des travaux publics, celui-ci avait déjà reçu notre pétition et, comme elle était venue d'en haut, il l'avait si bien étudiée qu'il nous répétait de mémoire, presque mot à mot, son contenu. M. Coulaux s'était également donné beaucoup de peine en cette affaire, mais tous nos efforts échouèrent devant l'omnipotence des compagnies. Ne pouvant rester indéfiniment à Paris, nous chargeâmes M. Ed. Martin, notre ancien député, des démarches ultérieures et, d'après son conseil, nous finîmes par intenter à la Compagnie de l'Est un procès en restitution du dommage qu'elle nous causait en nous appliquant le tarif de 9 fr. pour des marchandises qu'elle transportait à 5 fr. les 100 kilogr., quand elles lui venaient directement d'Allemagne, et *vice versâ*.

Après des remises innombrables, notre affaire parut en février 1857 devant le tribunal de commerce de la Seine, présidé par M. George. Une troisième fois je fus délégué à Paris ; cette fois avec M. Gustave Hummel (2), négociant à Strasbourg. Nous avions pour avocat M. Dutard, qui avait exposé nos griefs dans un mémoire fort bien rédigé. Son plaidoyer fut excellent, mais nous fûmes déboutés. Quelques mois plus tard, M. George était

(1) Les autres délégués étant retournés à Strasbourg le lendemain de l'audience.

(2) Fils de M. J. Hummel, consul de Bade et de Bavière, décédé à Strasbourg, en 1845. Celui-ci, Badois de naissance, s'était marié et établi à Strasbourg vers 1820 et y avait formé une florissante maison de commerce, à l'abri de ces bonnes lois françaises qui accordaient aux étrangers tous les avantages désirables, en les dispensant, en outre, du service militaire (Loi de 1831). Beaucoup d'Allemands profitèrent largement de ces avantages ; mais en 1870, ils oublièrent vite et se montrèrent généralement des ennemis acharnés de cette pauvre France qui avait été si généreuse pour eux.

nommé membre du conseil d'administration des chemins de fer de l'Est !

De petites et faibles qu'elles étaient au début, les compagnies avaient grandi ; elles étaient devenues de véritables puissances dans l'État. Ce pouvoir, elles l'exercent encore, mais bien plus au profit de leurs actionnaires qu'au bien du pays. L'opposition, sous Louis-Philippe, avait été mal inspirée quand, en 1842, elle combattit la construction et l'exploitation des lignes par l'État. Elle pensait qu'il trouverait dans ce monopole un nouveau moyen de corruption par les emplois nombreux dont il disposerait. Elle ne prévoyait certainement pas que les actions de 500 fr. acquerraient une valeur de 1,200 fr. en moyenne, et que, pour assurer aux heureux possesseurs de ces titres une rente de 5 p. 100, sur ce pied de 1,200 fr., la France serait mise en coupe réglée pendant 99 ans. En Belgique, en Allemagne, les chemins de fer, exploités par l'État, ne rapportent que de 3 à 4 p. 100, mais le pays tout entier en profite.

Dans le courant de mai, nous fûmes enfin débarrassés de notre préfet. Un décret du 24 avril envoya M. West à la préfecture de Toulouse, et le préfet de la Haute-Garonne, M. Migneret, fut nommé à celle du Bas-Rhin. On eût été très content de ce changement si l'on n'avait perdu, en même temps, le général Reibell, commandant de la 6e division militaire, qui, par décret du 23 avril, fut appelé au commandement de la 18e division à Tours, et remplacé à Strasbourg par le général Grouchy. Une querelle personnelle avec M. West avait été la cause de ce changement simultané. Le général et le préfet étant éga-

lement dévoués à l'empereur, le Gouvernement, pour ne
pas être taxé de partialité, déplaça les deux fonctionnaires.
Le général nous revint en 1856, tandis que M. West nous
quitta pour toujours.

L'arrivée de M. Migneret mit fin aux agissements de
la commission municipale que M. West avait nommée en
janvier 1854. Avant de se séparer, elle avait voté la création d'un Conservatoire de musique dont les frais seraient
prélevés sur les intérêts de la dotation Apffel. « Cette institution, disait l'arrêté du maire, due à la libéralité de
M. Apffel, ne pourra porter que d'heureux fruits, en ré-
pandant, parmi nos populations alsaciennes, le goût de la
musique et en ouvrant à une foule de jeunes gens, qui s'y
formeront, une carrière artistique honorable et souvent
brillante. »

A ce point de vue, la création du Conservatoire avait
son bon côté ; mais il est certain qu'elle était en contradiction flagrante avec le testament de M. Apffel qui, en
léguant deux millions au théâtre, disait dans son testament que *le but principal de sa dotation était la perfectibilité
et un plus ample développement de l'art dramatique* (1).

Un décret impérial du 14 juin confirma M. Coulaux
comme maire, MM. de Laporte, Strohl et Traut comme
adjoints, et nomma, à la place de M. Lacombe, démissionnaire, M. Raphaël Lippmann comme 4e adjoint.

Enfin, le 12 août eurent lieu les élections municipales. Presque tous les anciens membres furent réélus.

(1) Voir *Histoire de* 1830-1852, p. 287-295.

Le 2 mars de cette année, nous fûmes surpris par la nouvelle du décès, après quelques jours de maladie, du Czar Nicolas. Lui aussi avait été atteint par la Némésis. Après le rôle considérable, mais néfaste, qu'il avait joué, depuis trente ans, dans l'histoire des peuples ; après l'anéantissement complet de la malheureuse Pologne, après le pouvoir sans limite qu'il avait toujours exercé aux dépens de la liberté, son amour-propre a dû souffrir cruellement en se voyant attaqué dans ce Sébastopol d'où il pensait n'avoir qu'à étendre la main pour prendre Constantinople.

On espérait que cet événement inattendu mettrait un terme à la guerre ; il n'en fut rien. Les Russes, sous l'impulsion du général Todtleben, opposèrent une résistance contre laquelle vint se briser toute la bravoure des alliés. Les balles et les maladies avaient déjà tué plus de cent mille braves soldats, menés à la boucherie par la volonté, l'ambition de quelques têtes couronnées. Les commandants de l'armée anglo-française, lord Raglan et le maréchal Saint-Arnaud, avaient succombé à la maladie ; le maréchal Canrobert, nommé à la place de ce dernier, avait demandé à être relevé de son commandement. Il fut remplacé par le maréchal Pélissier sous l'impulsion duquel eut lieu, le 8 septembre, la prise de cette fameuse tour Malakoff, où le général Mac-Mahon (1) doit avoir dit la parole légendaire: « J'y suis, j'y reste ! » La prise de la tour Malakoff entraîna la chute de Sébastopol. C'était assurément un brillant fait d'armes, mais que de victimes ! Le rapport du général Pélissier du 11 septembre dit: « le nombre de nos blessés, dans la dernière affaire, s'élève à 4,500, dont 240 officiers. » Le feu contre Sébastopol ayant

(1) Le général Mac-Mahon n'était arrivé en Crimée que le 24 août. (*Moniteur* du 26 août 1855.)

été ouvert le 17 octobre 1854, et la ville ayant été prise
le 8 septembre 1855, on l'avait canonnée pendant 322
jours (1) !

La joie fut grande en France. Paris illumina. A Strasbourg, à Colmar, à Mulhouse, et même dans les petites
villes et villages, on chanta des *Te Deum* pour remercier,
disent les circulaires préfectorales, « celui qui, disposant
de la victoire et de la puissance, a permis le triomphe de
nos armes, etc., etc. Un pieux souvenir sera consacré à
ceux dont la mort héroïque a préparé la victoire... »

Fort bien, mais ce souvenir ne sécha pas les larmes
des parents qui avaient perdu leurs enfants, soutiens de
leurs vieux jours! Si la Providence, qu'on invoque à tout
propos, avait voulu être juste, elle aurait évité cette boucherie humaine en inspirant au czar Nicolas un esprit
conciliant.

Colmar, sous l'impulsion de son nouveau maire,
M. de Peyerimhoff, et peut-être parce que l'amiral Bruat,
commandant en chef, était un enfant de Colmar, surpassa
Strasbourg et Mulhouse dans les manifestations. Lundi,
le 10 septembre, à dix heures du soir, le maire parcourut,
avec la musique des pompiers, les principales rues de la
ville pour annoncer cette victoire. Le cortège s'arrêta à
l'hôtel de la préfecture, brillamment illuminé. Le lendemain, M. de Peyerimhoff adressa à ses concitoyens une
proclamation (2), où il dit, entre autres : « Nos aigles,
habituées à la victoire, planent aujourd'hui triomphantes
sur les remparts du *despotisme moscovite*... Je vais au-devant de vos désirs en vous invitant à vous associer à ces
manifestations solennelles que provoque partout ce *grand
triomphe de la civilisation*. La ville fera illuminer ce soir

---

(1) *Courrier du Bas-Rhin* du 14 septembre 1855.
(2) *Courrier du Bas-Rhin* du 14 septembre 1855.

tous les édifices publics ; je désire que les habitants de Colmar suivent cet exemple, etc. »

Il fallait avoir de l'audace pour appeler ces hécatombes humaines, cette destruction d'une ville florissante, et ses habitants livrés à la ruine, un « triomphe de la civilisation », ou de parler « de despotisme moscovite », alors que la France, avide de la liberté, était courbée sous le despotisme napoléonien. C'était surtout téméraire de la part de M. de Peyerimhoff, qui avait remplacé le maire, M. Chappui, révoqué brutalement par arrêté du préfet Cambacérès, du 26 mai 1855, « pour, disait le communiqué aux journaux, être resté dans l'inaction pendant le temps qu'ont duré les manifestations au sujet de la mise en activité du nouveau service des pompes funèbres », etc. (1).

M. Chappui était ce maire de Colmar qui, le 22 septembre 1848, lors des fêtes de l'anniversaire séculaire de la réunion de l'Alsace à la France, avait prononcé le toast patriotique : « *A l'union des peuples* (2) ! » La réaction profita de l'occasion pour remplacer un maire républicain par un bonapartiste.

Les 250 millions de l'emprunt de 1854 étant depuis longtemps absorbés, on eut recours, en 1855, à un nouvel emprunt de 750 millions, soit un *milliard* englouti dans le gouffre de Sébastopol. En outre, on ouvrit des souscriptions sous le titre de *Dons à l'armée d'Orient ;* celle du Bas-Rhin s'élevait, au 12 mai 1855, à 20,720 fr., plus une quantité de dons en nature, tels que linge, charpies, bandes, etc.

Pendant que nos braves soldats se battaient en Crimée, on était en fête à Paris. Au mois de mai, l'empereur avait

(1) *Journal du Haut-Rhin* du 23 mai 1855.
(2) Voir *Histoire de* 1830-1852, page 328.

ouvert la première Exposition universelle organisée en France. L'Alsace y était dignement représentée. Le comité départemental du Haut-Rhin avait été subdivisé en deux sous-comités, l'un agricole, sous la présidence de M. Struch, l'autre, industriel, sous celle de M. Émile Dollfus. 159 exposants, dont 7 pour l'agriculture et les objets d'art, et 152 pour les produits industriels, avaient envoyé des produits. Le Bas-Rhin était représenté par 90 exposants de l'industrie et 21 de l'agriculture.

1856

En janvier, on apprit qu'un courrier de cabinet, por-
teur de propositions de paix, se rendant de Vienne à Paris,
avait passé par Strasbourg; la nouvelle était vraie. Le
jeune empereur de Russie, Alexandre II, doué de plus
généreux sentiments que son père Nicolas, avait résolu
de faire la paix. Elle fut signée, à Paris, le 30 mars, et
les ratifications eurent lieu, en grande pompe, le 27 avril
1856 (1).

Bien que le rembarquement des troupes commençât
de suite, ce ne fut que samedi, le 7 juin, que la première
colonne du 31e de ligne fit son entrée à Strasbourg. Elle
reçut un accueil si sympathique que M. de Maudhuy, le
colonel du régiment, écrivit au maire une lettre de remerciements dont j'extrais les passages suivants :

« La réception si cordiale, l'accueil si sympathique

(1) *La Patrie* du 28 avril 1856.

fait hier au bataillon de guerre du 31ᵉ par la population de Strasbourg, nous a tous profondément touchés..... Ne pouvant remercier moi-même, au nom du 31ᵉ, l'excellente population strasbourgeoise, permettez-moi de déposer ici l'expression de la profonde gratitude que nous éprouvons et de vous assurer qu'il existe aujourd'hui, entre elle et nous, un lien que rien ne pourra rompre (1). »

L'accueil que reçurent les troupes, à leur passage à Colmar, ne fut pas moins chaleureux. Un détachement du corps des pompiers, musique en tête, s'était rendu sur la route de Rouffach, pour les y attendre. A leur arrivée, M. Belin, commandant des pompiers, leur souhaita la bienvenue, puis tout le cortège fit une sorte d'entrée triomphale à Colmar, sous une pluie de bouquets et de couronnes (2).

Au commencement de juillet arriva un bataillon de chasseurs et, quelques jours plus tard, les détachements d'artillerie et de pontonniers, que la garnison de Strasbourg avait fournis à l'armée de Crimée. Non seulement ce fut partout le même accueil, mais on ajouta aux fleurs, du tabac, des cigares, des cervelas, etc., toutes choses auxquelles les troupiers se montrèrent plus sensibles encore qu'aux bouquets.

La conclusion de la paix fut saluée avec joie par la France entière ; par le monde des affaires surtout. Le mouvement commercial, que les préoccupations causées par la guerre avaient enrayé depuis deux ans, reprit un essor extraordinaire. A partir du 30 mars 1856, jusque vers la

(1) *Courrier du Bas-Rhin* du 10 juin 1856.
(2) *Journal du Haut-Rhin* du 6 juin 1856.

fin de 1857, toutes les valeurs de Bourse et les marchandises se prêtant à la spéculation, furent en hausse constante.

La confiance s'accrut encore lorsque, le dimanche 16 mars, l'impératrice Eugénie eut accouché d'un fils. Le baptême eut lieu, en grande pompe, le 14 juin. Tous les archevêques, les évêques et les maires des chefs-lieux de préfecture y furent invités (1).

La cérémonie dut être belle. Le cortège, racontent les journaux de Paris, se composa de douze voitures, resplendissantes de dorures. Le petit prince avait déjà la sienne ; il s'y trouvait avec la gouvernante des enfants de France, mesdames les sous-gouvernantes et la nourrice. Dans le transept de Notre-Dame, on avait élevé un autel spécial, sur une estrade haute de six pieds ; derrière cet autel, se tenait sur un trône le légat du pape ; à ses côtés les cardinaux français, l'archevêque de Paris et son chapitre et, à la suite, tous les archevêques et évêques (2). Pie IX était le parrain ; la reine de Suède, représentée par la grande-duchesse Stéphanie de Bade, était la marraine. La cérémonie se termina par les cris, trois fois répétés de : *Vive le prince impérial!* et pendant ce temps « l'auguste mère », tenant son enfant dans ses bras, l'éleva en l'air ! !

C'était le petit Louis, pour lequel M\ᵐᵉ Eugénie voulut depuis avoir «sa guerre à elle» (3). L'enfant reçut un second

(1) *Moniteur* du 29 mai 1856.
(2) Mᵍʳ Raess, évêque de Strasbourg, fut du nombre. (*Courrier du Bas-Rhin* du 14 juin 1856.)
(3) M. Arsène Houssaye, un grand ami de l'Empire, écrit :

« L'impératrice a voulu la guerre pour que son fils reçût le baptême du feu, *mais surtout pour être saluée fille aînée de l'Église!* Elle a voulu la guerre malgré l'empereur, malgré Persigny, malgré Thiers, malgré tout le monde, hormis Girardin. » (Arsène Houssaye, *Confessions,* vol. IV, page 242.)

baptême le 4 août 1870, devant Sarrebrück ; celui du feu, comme s'exprimaient les nobles parents du jeune prince et les courtisans de l'époque (1). Heureusement pour la République française qu'en 1879 les Zoulous, défendant leur pays contre d'injustes agresseurs, la débarrassaient de ce prétendant, qui menaçait de devenir un danger pour elle ; car, pour ressaisir le trône, le jeune Louis, conseillé comme il l'était, n'aurait pas hésité sans doute à imiter son père, qui n'avait reculé, ni devant la spoliation des d'Orléans, ses bienfaiteurs, ni devant le massacre des républicains qui, en 1848, lui avaient si généreusement rouvert les portes de la France.

A peine la mort du jeune Louis-Napoléon fut-elle connue qu'on entendit des voix, s'apitoyer sur la pauvre mère, l'ex-impératrice. Certes, la douleur de la mère, qui avait fondé de si grandes espérances sur son fils unique était légitime, mais cette mère ne méritait pas qu'on s'apitoyât sur elle. Avait-elle pleuré les 250,000 à 300,000 familles, allemandes ou françaises, dont elle avait fait tuer les fils, pour se donner sa guerre à elle ? Avait-elle pleuré sur la France désolée, sur Strasbourg bombardé, brûlé, ruiné, sur les 1,500,000 Alsaciens-Lorrains, séparés violemment de leur patrie et annexés à l'Allemagne ? Pense-t-elle seulement aux nombreuses mères que le rescrit du 28 août 1884, du feld-maréchal de Manteuffel, alors gouverneur d'Alsace, plonge dans une cruelle inquiétude ; ce rescrit qui défend aux jeunes Alsaciens-Lorrains de

---

(1) Dépêche particulière adressée par Napoléon III à l'impératrice (le 2 août 1870 après la petite affaire de Sarrebrück) : « Louis vient de recevoir le *baptême du feu ;* il a été admirable de sang-froid, et n'a nullement été impressionné. . . . . Louis a conservé une balle qui est tombée tout auprès de lui, etc., etc., etc. » (Jules Claretie, *Histoire de la Révolution de* 1870-1871, page 127.)

séjourner plus de trois semaines sur la terre natale quand, après l'avoir quittée légalement, avant l'âge de 17 ans, avec un permis d'émigration, et après avoir acquis une nouvelle nationalité, ils s'avisent de venir revoir leurs familles?...

Mais revenons au baptême du prince impérial.

L'Alsace officielle fut naturellement en fête. Le dimanche, 15 juin, des revues eurent lieu à Strasbourg et à Colmar ; les édifices publics furent illuminés partout et notre cathédrale éclairée par des lanternes-réflecteurs. Mais la plus belle partie de la fête fut, à Strasbourg, la distribution aux pauvres, d'après un vote du conseil municipal, de 4,620 pains de 1 kilogr. et demi chacun, par les soins du bureau de bienfaisance (1).

———————

Le 13 mai, passa par nos murs le prince Maximilien d'Autriche, invité par Napoléon III. L'empereur avait envoyé à Strasbourg, pour le recevoir en son nom, le duc de Tarente, chambellan, et le comte de Cadore, officier d'ordonnance. Ils étaient allés à la rencontre du prince jusqu'au pont du Rhin, accompagnés des généraux Reibell et Batbedat, du préfet, des sous-préfets du Bas-Rhin, du maire de Strasbourg, etc., enfin de l'inévitable commissaire central. En vue de la porte d'Austerlitz, une salve de 21 coups de canon annonça l'entrée du cortège en ville. Toute la garnison était sous les armes ; ce fut en un mot une réception toute princière. Le 14 eurent lieu les visites d'usage : Cathédrale, Saint-Thomas, arsenal, etc., etc., puis Maximilien examina avec attention les pro-

(1) *Courrier du Bas-Rhin* du 15 juin 1856.

duits de l'industrie du Bas-Rhin, réunis en une exposition, improvisée dans les salons de la préfecture.

Comme de coutume, il y eut force harangues, entre autres celles de Mgr Raess, en allemand, qui se terminait par les paroles suivantes : « Le souvenir de la présence de Votre Altesse Impériale et Royale dans cette enceinte sacrée ne s'effacera jamais ni de nos esprits ni de nos cœurs. Nos prières ferventes et nos vœux les plus chers suivront tous les pas de Votre Altesse Impériale et Royale et sans cesse Dieu entendra nos ardentes supplications », etc. (1).

Le 15 mai, Maximilien partit pour Paris, par un train spécial. Le prince fut mal inspiré en se rendant auprès de Napoléon. Il est fort possible que la connaissance personnelle, presque intime qui en résulta donna à l'empereur l'idée de proposer, huit ans plus tard, le trône du Mexique à Maximilien. Quoi qu'il en soit, le Dieu de Mgr Raess n'écouta pas ses prières, puisqu'il permit à Juarez, le lutteur infatigable pour l'indépendance de sa patrie, de faire fusiller le pauvre souverain, que Napoléon III avait si malencontreusement poussé sur le trône éphémère du Mexique.

———

Après les cérémonies officielles, Strasbourg eut une fête populaire : *Le grand festival de la première réunion des chanteurs alsaciens.* Quarante-cinq sociétés y prirent part : trois de Strasbourg (la *Chorale*, l'*Union musicale* et l'*Harmonie*), douze de Paris ; onze allemandes et suisses ; sept du Haut-Rhin ; onze du Bas-Rhin et une de Metz. Toutes

(1) *Courrier du Bas-Rhin* du 15 mai 1856.

ces sociétés chantèrent sous la direction de M. Louis Liebe, professeur de musique à Strasbourg (1).

Les fêtes durèrent trois jours. Elles commencèrent le samedi, 31 mai, par la réception des sociétés du dehors. Dès le matin, le comité central s'était installé à la mairie pour y accueillir celles que les commissaires spéciaux avaient reçues à leur entrée en ville.

A midi, huit omnibus amenèrent dans la cour de la mairie les associations de Paris. Tel était, alors encore, l'esprit de fraternité qui régnait entre les chanteurs français et allemands, qu'à peine débarqués, ceux de Paris prirent la route de Kehl, pour aller à la rencontre des chanteurs d'outre-Rhin. Vers six heures du soir arrivèrent deux sociétés de Mayence, 54 membres. Le *Liederkranz* de Friedberg, 58 membres. Cinq sociétés du pays de Bade, ensemble 90 membres. Parmi ces derniers se trouvait le *Singverein* de Lahr, 30 membres, sous la présidence d'un M. Schauenburg. Était-ce le même qui en 1870, dès que Strasbourg, après six semaines de bombardement, se fut rendu, fit l'acquisition du *Courrier du Bas-Rhin* et déversa dans ses colonnes des flots d'injures sur la France et qui aujourd'hui encore, dans son *Messager de Lahr*, nomme les Français des brigands, des pirates, des incendiaires (2)?

(1) M. Liebe est un de ces nombreux Allemands qui, expulsés de leur patrie par la réaction de 1849 à 1850, cherchèrent et trouvèrent un asile à Strasbourg. Lui aussi montra en 1871, par des compositions gallophobes, entre autres une *Wacht an den Vogesen*, qu'il ne se souvint plus de l'hospitalité strasbourgeoise, dont il avait joui pendant 15 années, ainsi que du bon accueil qui lui fut fait à Paris, où il s'était rendu, en 1866, avec des recommandations de ses amis d'ici. Cependant il eut le tact de ne pas revenir à Strasbourg et de ne pas imiter certains autres réfugiés, qui paient les bontés dont ils ont été l'objet, par des démonstrations politiques haineuses contre leurs anciens bienfaiteurs.

(2) Voir : *Des Lahrer hinkenden Boten neuer politischer Kalen-*

Colmar était représenté par 32 et Mulhouse par 52 membres ; Barr, Bouxwiller, Mutzig, Wissembourg, etc., avaient aussi fourni leur contingent. Les derniers arrivants, mais non les moins choyés, furent les chanteurs de Zurich et de Bâle ; ceux-ci sous la présidence du brave D' Brenner (1).

La première journée se termina, au jardin Lips, par un feu d'artifice ; au milieu des flammes de Bengale rouges, parut tout à coup le bateau des Zurichois apportant, en 1576, à Strasbourg, la bouillie de mil traditionnelle.

La matinée de la deuxième journée (dimanche) servit aux répétitions des morceaux d'ensemble. Entre midi et une heure, on se réunit place d'Austerlitz, pour de là se rendre en cortège devant le perron de la mairie, au Broglie, où les sociétés furent reçues par les autorités. De là on se rendit, en cortège et sous les acclamations les plus chaleureuses de la population, à la salle du manège de la caserne Saint-Nicolas où fut donné, à trois heures, le premier concert. Le programme se composait de chœurs d'ensemble et de morceaux isolés, chantés par les diverses sociétés. Parmi les premiers figuraient la *Prière* et l'*Halléluia,* compositions de nos compatriotes Georges Kastner et Philippe Hoerter.

A six heures du soir, on se rendit en cortège à la halle couverte, rue des Petites-Boucheries, convertie en une élégante salle de banquet. Une estrade, placée vis-à-vis de l'entrée, était destinée aux orateurs ; à ses pieds, de-

der für den Bürger und Landmann, pour 1885, page 45-46, imprimerie Moritz Schauenburg.

(1) Le D' Brenner, né à Bâle en 1815, mort à Bâle en 1883. Le parti démocratique a perdu en lui un de ses plus zélés défenseurs et la colonie alsacienne-française, réfugiée à Bâle après 1870, un de ses amis les plus dévoués.

vant le buste de l'empereur, s'étendait la table réservée
aux autorités et aux présidents des comités. M. le général
Reibell, le préfet, M. Migneret, et l'adjoint faisant fonctions de maire, M. de Laporte, y prirent place. Le président du Comité central, M. le Dr Strohl, ouvrit la série
des toasts en portant la première santé à l'empereur Napoléon III, le protecteur des arts, et aux autorités militaires et civiles, qui avaient prêté leur appui à la fête.....

Ce toast fut suivi par un speech humoristique, en
allemand, de M. Liebe, dans lequel, comparant le tournoi
artistique à une grande bataille dont les chanteurs sont
sortis victorieux, il remercia les sociétés allemandes et
suisses d'être venues au secours de leurs confrères alsaciens.

Le vice-président du Comité, M. Victor Noetinger,
but, en fort bons termes, à la santé des sociétés chorales
françaises. « Nous venons de porter, dit-il en terminant,
un toast à l'Allemagne et à la Suisse, il reste encore à
notre courtoisie, à notre reconnaissance, un autre tribut
à payer : Levez donc vos verres, messieurs, et buvons à
la santé de nos compatriotes, *aux Sociétés chorales de la
France !* »

D'unanimes acclamations, trois fois répétées, accueillirent ce toast. Après beaucoup d'autres, M. Keller,
directeur de l'*Harmonie* de Zurich, prend la parole et, dans
un discours éloquent et énergique, rappelle l'antique alliance de Zurich et de Strasbourg, alliance qui s'est
maintenue à travers les temps et qui vient de se renouer
dans le champ artistique. « Nos pères, dit-il, vous ont
apporté une bouillie de mil, toute chaude, comme témoignage de la chaleur de leur dévouement, les fils vous
offrent une coupe pour boire à leur amitié et à leur souvenir. »

Aussitôt M. Keller présente la coupe d'argent que
les Zurichois offraient aux sociétés de Strasbourg. Élé-
gamment ciselée, supportée par deux statuettes finement
travaillées, elle porte les armes de Strasbourg et de Zurich, avec une inscription commémorative et les dates de
1456, 1576 et 1856. Ce don était accompagné d'un acte
qui constitua la Société *la Chorale* de Strasbourg, dépo-
sitaire de la coupe, à charge, si elle venait à se dissoudre, d'indiquer la Société de chant qui en recevrait
le dépôt.

Dans la matinée du lundi, 2 juin, on s'assembla en
comité au jardin Lips, pour discuter un programme commun, contenant entre autres clauses celle de réunir pério-
diquement les sociétés dans une des principales localités
des deux départements du Rhin. Pendant ce temps, les
chanteurs étrangers, à qui Strasbourg avait ouvert la porte
de tous ses monuments publics, visitèrent les curiosités
de la ville et imprimèrent à la circulation des rues une
grande animation, favorisée par un soleil radieux.

A deux heures, les portes du manège se rouvrirent
pour le second concert donné par les sociétés de Strasbourg seules, chargées d'interpréter les *Quatre Saisons* de
Haydn. Le succès fut complet, et aux applaudissements
du public vinrent se joindre ceux des sept cents chanteurs étrangers, qui assistaient en simples auditeurs à
l'exécution de ce chef-d'œuvre.

A huit heures du soir, les portes du théâtre s'ouvrirent pour un bal destiné à clore les fêtes. En avant du
péristyle, sur la place de la Comédie, on avait établi un
jardin ; au foyer, se trouvaient appendues, autour de la
galerie supérieure, les bannières des différentes sociétés
de chant. Au centre de la salle, sur un piédestal et au-
dessus d'un massif de fleurs, on avait eu l'idée de placer

le vase en fer ayant servi aux Zurichois de 1576 (1), tandis qu'en face, au-dessus de la cheminée du foyer, brillait la coupe d'argent offerte par les Zurichois de 1856.

La salle de bal resplendissait de lumières, l'orchestre, placé au fond, se composait de cinquante musiciens. L'animation était des plus vives et les danses se prolongèrent joyeusement fort avant dans la nuit (2).

Ce furent assurément de belles fêtes, bien réussies sous tous les rapports, grâce à l'esprit organisateur de la plupart des membres du Comité central et au concours intelligent que lui avaient prêté les commissaires qu'il s'était adjoints. Mais il y manquait ce souffle vivifiant de la liberté, qui avait fait le charme des fêtes de Gutenberg en 1840, et surtout de celles de 1848, organisées dans le but de célébrer, dans toute l'Alsace, par des manifestations éclatantes, le bonheur que nous éprouvions de faire partie de la grande famille française, alors surtout qu'elle se trouvait en République.

En 1856, bien que le préfet, M. Migneret, y mît beaucoup de bonne volonté, l'atmosphère était trop chargée de despotisme napoléonien. On sentait partout la main de la police et le commissaire central n'avait même accordé l'autorisation pour la fête qu'après avoir acquis la conviction que les paroles des différents morceaux de chant, dont beaucoup étaient en allemand, ne contenaient rien de subversif.....

Pour nos voisins de l'autre côté du Rhin, un toast à l'empereur n'avait rien d'extraordinaire ; une longue soumission à leurs princes, grands et petits, les avait habi-

---

(1) Ce vase avait été conservé à la bibliothèque de la ville, brûlée en 1870.

(2) *Courrier du Bas-Rhin* des 31 mai, 1, 2 et 3 juin 1856.

tués à ces manifestations. Mais, que devaient penser les vaillants républicains de Zurich et de Bâle et le président de ces derniers, le brave Dr Brenner, l'ami intime de Charras pendant son séjour à Bâle, quand le premier toast fut à l'adresse de Napoléon III, *le protecteur des arts*, etc., alors qu'ils avaient pour l'homme de Décembre le plus profond et le plus légitime mépris ?

Trois mois plus tard, le dimanche 31 août, Colmar se mit en fête pour l'inauguration du monument du général Rapp. Autant le festival des chanteurs avait encore une teinte populaire, autant les fêtes de Colmar portaient le cachet officiel. Du moment qu'elles avaient ce caractère, le Gouvernement, tout hostile qu'il était aux manifestations publiques, les provoquait volontiers, surtout lorsqu'elles servaient, en même temps, à faire revivre la légende napoléonienne.

Pour le Bas-Rhin, on avait, dans ce but, en vue le monument de Lézay-Marnésia. Dans le Haut-Rhin, une statue à Rapp s'y prêtait admirablement. Le président du comité était le général comte Schramm. Le maréchal Magnan, le bras droit de Louis-Napoléon dans son guet-apens du 2 décembre, avait été nommé président honoraire. Afin de remémorer aux campagnards les gloires de l'Empire, on avait adjoint à la fête de Rapp l'exposition annuelle du Comice agricole. Une foule immense se pressait ainsi dans les rues de Colmar et au Champ de Mars. La cérémonie commença à deux heures de l'après-midi, naturellement en présence du monde officiel, généraux, députés, préfet et sous-préfets, état-major de la place, gendarmes à cheval et à pied, escadrons de dragons, dé-

tachements de pompiers de tout le département, etc. Sur
un signal du maire de Colmar, M. de Peyerimhoff, le
voile de la statue tomba et le bronze de Rapp parut au
milieu du Champ de Mars, pendant que les tambours battaient aux champs, que les fanfares sonnaient et qu'une
immense acclamation saluait l'image du vaillant enfant
de Colmar. Après un chant de circonstance exécuté par
les orphéonistes, vinrent les discours officiels ; le premier
de M. de Peyerimhoff. Après lui, parlèrent le préfet,
M. Cambacérès, le général Schramm, le colonel Marnier,
ancien aide de camp de Rapp, etc., etc. La cérémonie fut
terminée vers cinq heures. Dans la soirée, un dîner officiel eut lieu à la préfecture.

La première journée du samedi, 30 août, avait été
remplie par la réception des invités et par des visites à
l'exposition agricole. La troisième journée (lundi, 1er septembre), eurent lieu des réjouissances publiques qui atti-
rèrent la foule au Champ de Mars : mâts de cocagne,
courses en sacs, etc., puis un brillant carrousel, organisé
par les officiers du 12e dragons, suivi d'une distribution
de prix aux vainqueurs, par Mme Cambacérès. Enfin, les
fêtes se terminèrent par un bal splendide, offert par Colmar dans la grande salle du théâtre.

Napoléon III tenta à cette époque un nouvel essai
pour la levée des prohibitions. Bien qu'il fît proposer des
droits d'entrée très élevés, bien que M. Jean Dollfus es-
sayât de prouver, dans le *Journal des Débats,* que ces droits
étaient encore trop élevés, le projet ne trouva point grâce
devant les principaux manufacturiers du Haut-Rhin, qui
prétextèrent que leur industrie serait perdue par la levée

des prohibitions. Ces industriels furent naturellement soutenus par leurs collègues de Rouen, d'Elbeuf, de Louviers, etc. On organisa une ligue, sous le titre pompeux de *Ligue pour la défense du travail national* et l'agitation fut telle que l'empereur céda. Le *Moniteur* du 22 juin annonça que la levée des prohibitions ne commencerait qu'en 1861.

Pour empêcher qu'on ne se mêlât de politique, le Gouvernement affectait de s'occuper de questions relatives aux intérêts matériels. De ce nombre fut celle du drainage. Le drainage paraît avoir été pratiqué, avec quelque succès, dans certaines contrées humides de l'Angleterre et surtout de l'Irlande. Le gouvernement de Napoléon III ne pouvait rester en arrière; il soumit au Corps législatif un projet de loi, accordant cent millions de subvention aux propriétaires qui amélioreraient leurs terres par le drainage, sur lequel l'exposé des motifs donne la définition suivante : « C'est l'assèchement des terres humides et qui conservent l'eau, au moyen de tuyaux de poterie qui, placés au fond de rigoles ou de tranchées souterraines, communiquent les unes avec les autres et favorisent l'écoulement des eaux qu'ils ont recueillies sur leur parcours. »

Quelques essais furent tentés en Alsace. Durant deux années, les journaux ne firent que parler des merveilleux effets de ce système. Ceux du Gouvernement ne tarirent pas en louanges sur la sollicitude de Sa Majesté pour les intérêts de l'agriculture et pour ceux des 6 à 7 millions d'électeurs campagnards. Enfin quand le sujet fut usé, on fit le silence sur le drainage, sauf à trouver quelque autre question pour amuser le public.

Ce fut notre voisine, la Suisse, qui la fournit. En vertu du traité de Vienne de 1815, le roi de Prusse était devenu souverain de la principauté de Neuchâtel ; mais, par une bizarre contradiction, le pays avait été incorporé à la Suisse, à titre de canton. Cette situation se maintint tant bien que mal jusqu'en 1848. A cette époque de commotion universelle, une insurrection renversa l'autorité prussienne à Neuchâtel et rendit le petit pays souverain et indépendant de toute domination étrangère, sur le même pied que les autres cantons de la Suisse. Pendant quelques années, le roi de Prusse se résigna. Mais vers 1853 il s'adressa aux grandes puissances, et par un protocole, celles-ci constatèrent les droits sur Neuchâtel, que la Prusse tenait des traités de 1815. Cette question, par suite de la guerre de Crimée, fut provisoirement négligée ; cependant le parti royaliste de Neuchâtel, numériquement faible, mais puissant par la fortune, ne s'endormit pas. Le 3 septembre 1856, il s'empara par surprise, à deux heures du matin, du château de Neuchâtel, arrêta les membres du Conseil d'État et arbora le drapeau prussien (1). Mais les habitants de la montagne, surtout ceux du Locle et de la Chaux-de-Fonds, étaient des républicains fortement trempés (2). Le 5 septembre, ils attaquèrent les royalistes à Neuchâtel. Après une heure de com-

(1) *Nouvelliste de Bâle* du 3 septembre 1856.

(2) Les royalistes n'étaient pas à leur coup d'essai ; déjà le 2 septembre, vers trois heures du matin, les habitants du Locle furent éveillés par les cris de *Vive le Roi ! A bas la République !* A leur tête se trouvait l'ex-colonel de Pourtalès, en uniforme prussien. La colonne s'était emparée de l'Hôtel de Ville et de la préfecture et avait arrêté le préfet et le président du tribunal. En même temps, une proclamation fut affichée, disant que le prince légitime de Prusse est rétabli, que toute personne qui ferait de l'opposition serait punie sévèrement et que tout détenteur d'armes avait à les rapporter à la

bat, toutes les positions furent enlevées. Les royalistes
eurent quinze tués et une trentaine de blessés. Trois cents
des leurs, parmi lesquels M. de Pourtalès, restèrent prisonniers du gouvernement républicain immédiatement
rétabli (1). La Prusse renouvela alors, auprès de la Confédération suisse, les réserves faites antérieurement au
sujet des droits de souveraineté de son roi sur le canton
de Neuchâtel. Suivant le *Journal des Débats,* qui s'occupa
spécialement de cette question, Frédéric-Guillaume IV
aurait demandé tout d'abord l'élargissement des personnes
qui, en leur qualité de sujets du roi, avaient fait une tentative pour rétablir l'autorité royale. Il aurait en outre
demandé que les puissances qui avaient reconnu les droits
de la Prusse sur Neuchâtel, fissent connaître comment
elles entendaient agir pour obtenir le respect des traités
de 1815.

Accorder la première demande, c'était presque, de la
part des autorités fédérale, une reconnaissance de ces
droits. Elles refusèrent. Aussitôt menaces de la Prusse
d'occuper militairement le canton récalcitrant. Mais, comment y arriver ? Le *Journal des Débats* avança que la Prusse
s'était déjà adressée aux gouvernements de Bade, de Bavière et du Wurtemberg, pour obtenir le passage de son
armée, et une dépêche de Berlin, publiée dans le *Courrier du Bas-Rhin* du 23 décembre, annonça qu'une armée
de 135,000 hommes, sous le commandement du général

mairie dans un délai de trois heures. Cette proclamation était signée
Pourtalès.
  En réponse, un immense cri de *Vive la République! Aux armes!*
retentit; les royalistes prirent la fuite et le drapeau de la Suisse
remplaça de nouveau le drapeau prussien, qui déjà avait été arboré.
(*National suisse* du 4 septembre 1856.)

  (1) *National suisse* du 5 septembre 1856.

Groeben, se mettrait en marche vers la Suisse, en janvier.

Vraies ou fausses, ces nouvelles causèrent une grande préoccupation en Alsace, la plus proche voisine de la Suisse, à laquelle l'attachait une vieille et solide amitié. La Confédération se mit en devoir de fortifier les frontières vers Schaffhouse et Bâle. A vingt minutes de distance de cette dernière ville, près de la route d'Esch, on construisit deux bâtiments destinés à servir de poudrières. Ils existent encore aujourd'hui.

Vers la fin de l'année, la situation était devenue très aiguë. Le général en chef de l'armée suisse, M. Dufour, s'était rendu auprès de Napoléon III, qui avait offert ses bons offices, mais qui ne réussit pas à aplanir les difficultés. La Prusse persista à demander avant tout l'élargissement des prisonniers. La Suisse ne voulait l'accorder que si on lui garantissait que toute revendication de la Prusse sur Neuchâtel cesserait.

Le 27 décembre, l'Assemblée fédérale se réunit en session extraordinaire. La séance s'ouvre par un discours du président d'âge, M. Martin. « En présence du danger de la patrie, dit-il dans sa péroraison, oublions nos divisions..... Soyons unis et nous serons forts. Montrons à l'étranger ce que peut une nation petite, mais soutenue par l'amour de la liberté, de la patrie, et par l'union de tous ses enfants. Prenons des décisions empreintes de l'énergie républicaine ; nous sommes arrivés à une de ces crises où il s'agit, pour la Suisse, de son existence nationale. Ne reculons devant aucun sacrifice ; c'est le plus sûr moyen de garantir notre liberté, de sauver la patrie. »

Vers le 15 juin 1856, plusieurs départements avoisinant la Loire subirent de grands dégâts par les débordements du fleuve et la rupture des digues. L'empereur s'y rendit en personne et accorda un premier secours de 600,000 fr. sur sa cassette particulière (1). Des souscriptions furent partout ouvertes.

Fidèle à ses traditions, l'Alsace y prit une large part; le Bas-Rhin envoya près de 20,000 fr. (2) au comité formé à Paris, pour centraliser les fonds.

(1) *Moniteur* du 12 juin 1856.
(2) *Courrier du Bas-Rhin* du 7 septembre 1856.

1857

SOMMAIRE

En janvier, on apprit (1) que les négociations au sujet du conflit prusso-suisse étaient entrées dans une voie pacifique ; l'arrangement définitif ne fut cependant conclu qu'à la fin du mois de mai. La Prusse avait fixé au 15 janvier le terme fatal pour l'emploi de mesures coercitives. La Suisse, sous la pression de ces menaces, et cédant aux sages conseils de Napoléon III, s'était résignée à élargir, sans conditions, les prisonniers neuchâtelois-prussiens.

A la même époque, une seconde conférence des grandes puissances se trouvait réunie à Paris pour le règlement de quelques points litigieux dans la question orientale. Napoléon III en profita pour soumettre à l'avis des plénipotentiaires de la Russie, de l'Angleterre et de

---

(1) *Journal des Débats* du 9 janvier 1857.

l'Autriche le conflit entre la Prusse et la Suisse. Cette
dernière ayant fait le premier pas en donnant la liberté
aux prisonniers, on se mit d'accord pour engager la
Prusse à reconnaître l'indépendance de Neuchâtel. De
nouvelles difficultés surgirent. La Prusse avait exigé une
amnistie complète pour délits d'insurrection ou de presse
commis jusqu'au 6 septembre 1856; la Suisse consentit,
mais en demandant le remboursement des dépenses de
l'occupation du canton de Neuchâtel par les troupes fédérales. La Prusse, au contraire, exigea elle-même une
indemnité de deux millions pour la cession de ses droits.
La Confédération se résigna à supporter les frais d'occupation, mais elle refusa péremptoirement toute indemnité pécuniaire.

Enfin, après bien des tiraillements, Napoléon III
envoya, dans les premiers jours de mai, son cousin, le
prince Napoléon, à Berlin. Il y fut reçu avec beaucoup de
cordialité, et l'on doit supposer que sa mission eut un
bon résultat, car le 27 mai, le *Moniteur* annonça que le
traité réglant définitivement la renonciation du roi de
Prusse à la souveraineté de Neuchâtel avait été signé la
veille (1). Il est certain que la solution pacifique de ce conflit était due en grande partie à Napoléon III. Hélas !
pourquoi ne s'est-il pas laissé guider par les mêmes principes quand il s'agissait de la France elle-même ? Un
demi-million de morts ou d'estropiés, des milliards dépensés inutilement, auraient été épargnés, et l'Alsace-
Lorraine n'eût pas éprouvé l'immense malheur d'être
arrachée à la mère-patrie !

(1) *Le Moniteur* du 20 juin 1857 le publia *in extenso*.

Des élections au Corps législatif eurent lieu dans le courant du mois de juin. Un décret impérial fixa à quatre le nombre des députés du Bas-Rhin, et à trois celui du Haut-Rhin. D'autres décrets taillèrent les circonscriptions électorales de telle façon que le parti libéral, qui dans les grands centres avait la majorité, fût dans l'impossibilité matérielle de triompher. Ainsi furent accolés à Strasbourg les cantons de Geispolsheim, de Haguenau, de Molsheim et de Schiltigheim ; à Saverne, les cantons de Brumath et de Wasselonne, faisant partie de l'arrondissement de Strasbourg ; — à Wissembourg, le canton de Bischwiller, qui appartenait également à l'arrondissement de Strasbourg. Les villes, fatiguées du despotisme impérial, montrent de l'opposition ; il faut la noyer dans les ruraux. La tactique réussit parfaitement : MM. de Bussierre (Strasbourg), Coulaux (Saverne), Hallez-Claparède (Schlestadt) et de Coehorn (Wissembourg) furent élus avec des majorités considérables.

Le Haut-Rhin élut MM. Lefébure, de Reinach et Migeon, tous candidats agréables au Gouvernement, sauf le dernier qui, ayant montré dans la précédente législature quelque velléité d'indépendance, n'avait pas été patronné officiellement.

L'opposition républicaine ne parvint à faire élire dans toute la France que six de ses candidats. A Paris, MM. Carnot, Cavaignac, Darimon, Ollivier et Goudchaux ; à Lyon, M. Hénon. MM. Goudchaux et Carnot ayant refusé le serment, furent remplacés par MM. Jules Favre et Ernest Picard. Ils formèrent ainsi le groupe des *cinq* dont la place, comme protestation de Paris contre l'Empire, est marquée dans l'histoire, le général Cavaignac n'ayant plus eu la satisfaction de refuser le serment. L'illustre chef du pouvoir exécutif de 1848 mou-

rut subitement d'une maladie de cœur, le 28 octobre
1857 (1).

Du reste, tout souriait alors à l'Empire. La reine
d'Angleterre avait fait une visite au couple impérial qui
la lui rendit à Osbornehouse, résidence d'été de la reine.
L'empereur de Russie, Alexandre II, émit le désir de
s'entretenir avec son impérial frère ; une entrevue fut pré-
parée à Stuttgard.

Pour s'attacher de plus en plus le clergé, le Gouvernement rétablit la grande aumônerie ; Mᵍʳ Morlot,
archevêque de Paris, fut nommé grand-aumônier de
France (2).

Le *Moniteur* publia, dans deux colonnes, les nombreux détails du bref du pape rétablissant cette institution surannée. Au grand-aumônier, ou archichapelain de
la chapelle impériale, étaient adjoints un autre évêque
chargé de le suppléer, et environ deux douzaines de prêtres. « Il exercera, dit le bref, la juridiction ordinaire sur
toutes les personnes, de tout rang, de toute condition et
de tout sexe, qui vivent dans les palais impériaux de
Paris, dans les châteaux impériaux de Pau, de Biarritz,
de *Strasbourg* (3).

Une douzaine de fonctionnaires, chapelain, bibliothécaire, architecte, etc., étaient arrivés à se nicher dans
les dépendances de notre château, et c'est à ce titre que

(1) Il était né à Paris le 15 octobre 1802.
Godefroy Cavaignac, le martyr républicain sous Louis-Philippe,
avait été son frère aîné. Leur père était le conventionnel Jean-Baptiste Cavaignac.
(2) *Moniteur* du 14 août 1857.
(3) On se rappelle qu'en décembre 1852, le conseil municipal de
Strasbourg, sur la proposition du maire, M. Coulaux, offrit le château
à Napoléon III. (*Histoire d'Alsace et de Strasbourg de 1830 à 1852*,
page 404.)

je parle de cette kyrielle de conditions et que j'exhume
ces vestiges des temps passés. Du reste, je suis sûr que
ceux qui ont le bonheur aujourd'hui de vivre en république, croiront difficilement qu'à trente ans de distance
à peine, on ait pu ramener la France à des institutions
plusieurs fois balayées par ses grandes révolutions.

Aussitôt que le jour du départ de Napoléon III pour
Stuttgard fut fixé, une délégation, composée de MM. Coulaux, maire, Raphaël Lippmann, adjoint, Jules Sengenwald et Eugène Cailliot, membres de notre conseil municipal, se rendit au camp de Châlons où se trouvait alors
l'empereur, afin de l'inviter à s'arrêter à Strasbourg.

Voici le récit que donne de ce voyage le *Courrier du
Bas-Rhin* du 15 septembre 1857 :

« Les délégués furent informés, par le général Fleury,
que l'empereur les recevrait en audience dimanche, le 13
septembre, à 10 heures du matin. En même temps ils furent invités à déjeuner à la table impériale. Ils arrivèrent
au camp à 9 heures, au moment où la messe allait commencer, et ils purent assister à ce spectacle religieux.
Après la messe, ils se rendirent à la salle d'audience où
M. Coulaux exposa à l'empereur le but du voyage de la
députation strasbourgeoise. Napoléon III répondit que
son intention était de se rendre à Stuttgard, par Strasbourg, et qu'après la démarche du conseil municipal il
s'arrangerait à rester quelques heures dans nos murs. »

Le passage à Strasbourg était fixé au jeudi, 24 septembre. Le 22, M. Coulaux fit afficher une proclamation
aux habitants de Strasbourg, pour les inviter à pavoiser
et à illuminer. D'habitude, le maire nous appelait ses

administrés ; cette fois nous étions *ses chers concitoyens*.
« Les habitants de Strasbourg, dit-il en terminant, si dévoués à *l'homme de génie* qui préside aux destinées de la
France, s'empresseront de s'associer aux témoignages
d'allégresse, etc., etc. (1). »

La réception de l'empereur par la population de
Strasbourg fut froide. Le monde officiel seul se mit en
mouvement, mais il était nombreux. Au préfet, aux généraux et aux députés du Bas-Rhin, étaient venus se joindre le préfet et les députés du Haut-Rhin, les maires de
Mulhouse et de Colmar. En outre, on avait fait venir tous
les maires du Bas-Rhin. Le grand-duc de Bade avait d'a-
bord envoyé des délégués, pour inviter Napoléon III à
s'arrêter, en passant, à Bade, puis il vint lui-même à
6 heures rendre visite à l'empereur. Naturellement, toute
la garnison était sur pied. Arrivé à 3 heures, l'empereur
la passa presqu'aussitôt en revue. Vers 7 heures, il y eut
grand dîner à la préfecture (2) où Napoléon III était descendu, et à 9 heures il se rendit au théâtre. L'animation
parut ainsi grande ; le *Moniteur* du 26 septembre la transforma « en accueil des plus enthousiastes, fait à l'empereur ».

Ce fut la dernière fois que Napoléon traversa *officiellement* Strasbourg (3). Que de malheurs n'eussent pas été

(1) *Courrier du Bas-Rhin* du 22 septembre 1857.

(2) Le château n'était pas encore convenablement meublé. Louis-
Philippe, en rendant à la ville le château, avait fait transporter à
Bruxelles le splendide mobilier, pour le donner à sa fille, la reine
des Belges. — Voir page 42, *Hist. de* 1830-1852.

(3) Napoléon III passa encore trois fois par Strasbourg, mais
sans y séjourner : le 5 juin 1860 ; puis le 18 août 1865, en se rendant,
avec l'impératrice, au château d'Arenenberg, canton de Thurgovie, enfin, le 23 août 1867, à son retour d'une entrevue avec l'empereur
d'Autriche à Salzbourg.

Après 1815, lorsque les Bonaparte furent, à leur tour, exilés par

épargnés au monde, et en particulier à notre pauvre ville et à l'Alsace, si Louis-Philippe, au lieu de le mettre généreusement en liberté, l'avait mis à l'ombre après sa criminelle tentative de 1836, ou tout au moins après celle de 1840 (1).

Il avait fait du chemin dans ces vingt ans, le néfaste personnage, et, étant donnée la situation générale en 1857, il n'y avait dans les platitudes qu'on lui prodiguait, je le dis avec tristesse, rien d'excessif. Elles se répéteront, du reste, jusqu'à la fin des siècles, à moins que l'humanité ne fasse de grands progrès dans la saine raison.

Arrivé le lendemain, vendredi 25 septembre, à 10 heures à Bade, Napoléon se rendit au Nouveau-Château, où l'on servit, en son honneur, un déjeuner de quarante-deux couverts. Parmi les convives figuraient le beau-père du grand-duc, en 1857 encore le prince de Prusse, aujourd'hui l'empereur Guillaume, et M. de Bismarck-Schoenhausen, alors ministre de Prusse à la Diète de Francfort (2). A une heure et demie, l'empereur quitta Bade ; il arriva à Stuttgard dans la soirée et, après trois jours passés en fêtes, revues, etc., il rentra en France par Metz.

———

Durant les sept années, 1850-1856, il n'y eut pas un seul été sec ou du moins réellement chaud. En 1853 et 1854 surtout, les mois de juin et de juillet furent très

les Bourbons, la mère de Napoléon III — Hortense Beauharnais, l'ancienne reine de Hollande — se retira, sous le nom de duchesse de Saint-Leu, à Arenenberg, où elle fit l'éducation du triste personnage, cause de tant de malheurs !...

(1) *Histoire de Strasbourg et de l'Alsace*, 1830-1852, p. 94 et 175.

(2) *Gazette de Carlsruhe* du 26 septembre 1857.

pluvieux. Les céréales réussissaient mal ; la pourriture
s'était mise, en partie, dans les pommes de terre, et le vi-
gnoble se trouvait dans un triste état. Le raisin arrivait
difficilement à maturité, et l'oïdium avait fait irruption
dans beaucoup de vignes.

La pénurie des récoltes eut pour conséquence la
cherté des denrées alimentaires. Pour atténuer les souffrances des populations, Napoléon III avait fait une nouvelle et salutaire brèche aux droits de douanes : il avait
suspendu l'échelle mobile pour les céréales et décrété
leur entrée en franchise de droits ; il avait réduit à 25
centimes par 100 litres les droits sur les vins, et à 25 centimes par tête, l'ancien droit avait été de 55 fr. (1), celui
sur les bœufs. Dans les quatre années de 1853 à 1856, la
France importa ainsi, en franchise de droits, 22 millions
d'hectolitres de froment (2).

Les campagnards sensés espéraient toujours qu'après
les années maigres viendraient, sinon sept, du moins
quelques bonnes années ; mais le gros de la population
soutenait que les chemins de fer, ou plutôt la fumée des
locomotives et des autres cheminées des nombreux mo-
teurs à vapeur étaient la cause du mal.

Heureusement que l'été de 1857, ainsi que ceux des
quelques années suivantes furent magnifiques. En juillet
et août 1857, la chaleur était telle qu'on soupirait après
des orages qui rafraîchiraient l'atmosphère surchauffée.
A partir de là, les sottes rumeurs sur la cause des années
pluvieuses s'éteignirent. Par contre, l'appétit des protec-
tionnistes se réveilla ; après le retour du beau temps, ils
demandèrent le retour aux droits protecteurs. Mais, en
cette matière, je le répète, le Gouvernement était libéral ;

(1) Voir *Histoire de* 1830-1852, pages 31-38.
(2) *Courrier du Bas-Rhin* du 3 octobre 1857.

sans s'arrêter aux doléances des intéressés, le *Moniteur* du
10 octobre 1857 publia un décret qui prorogea jusqu'au
30 septembre 1858 les mesures relatives à la libre entrée
des denrées alimentaires.

Ce fut dans le courant de cette année que la Compagnie de l'Est fit commencer les travaux du pont du chemin de fer sur le Rhin, entre Strasbourg et Kehl. Certaines feuilles allemandes, celles de la Prusse surtout,
firent une vive opposition à l'établissement de ce pont
fixe, mais le Gouvernement badois y était favorable. Il
s'adressa à la Diète de Francfort qui donna son autorisation sous diverses conditions, entre autres celle des ponts
tournants, aux deux extrémités, que l'on voit encore,
quoique la Compagnie de l'Est ait dû, à la suite de nos
malheurs de 1870, arrêter sa gare-terminus à Avricourt,
et abandonner à l'Allemagne ses importants travaux en
Alsace.

Vers la fin de l'année, le Gouvernement, cédant aux
vœux des Mulhousiens, décréta le transfert de la sous-
préfecture d'Altkirch à Mulhouse. L'*Industriel Alsacien* des
17 et 18 novembre s'exprime à ce sujet comme suit :
« L'importante nouvelle que résume la dépêche télégra-
phique, publiée en tête de notre numéro de ce jour, a été
accueillie dans notre populeuse cité par un *sentiment unanime de reconnaissance envers l'empereur*. Mulhouse, la
trentième ville de France pour le nombre de ses habitants,
l'une des premières par l'importance de son industrie,

devait s'attendre d'un jour à l'autre à un changement dans sa position politique.

« Le moment est arrivé ; un pouvoir équitable élève la capitale industrielle de l'Alsace au rang qui lui était dû. »

Nos compatriotes du Haut-Rhin ne s'attendaient certainement pas alors à ce que treize ans plus tard tout serait bouleversé par la faute même de cet empereur, auquel s'adressaient leurs chaleureux remerciements.

1858

Sous la date du 22 juillet 1857, le *Moniteur* avait publié une note d'après laquelle la police aurait eu les preuves d'un complot, ourdi à Londres, contre la vie de l'empereur. Parmi les conjurés figurait, au dire de la police, Ledru-Rollin (1). Ce dernier, dans une lettre datée de Bruxelles, du 26 juillet, protesta avec indignation contre cette accusation qui, disait-il, était une manœuvre pour indisposer l'esprit public, en Angleterre, *contre les exilés.*

La police avait été sur une fausse piste, car le 14 janvier, à 8 heures et demie du soir, au moment où le couple impérial arrivait à l'Opéra, éclatait presque sous sa voiture, une espèce de machine infernale. Un des chevaux de la voiture fut tué; il y eut 156 personnes d'atteintes ; huit succombèrent à leurs blessures. C'était l'œuvre de conspirateurs italiens : le comte Orsini, Pieri, Charles de Rudio et Gomez. Ils voulaient débarrasser l'Italie de Napoléon III, qu'on y considérait comme le

(1) *Histoire de Strasbourg et de l'Alsace,* 1830-1852, p. 310, 319, 350.

principal obstacle à la régénération de leur patrie. En effet, alors qu'il n'était que Président de la République française, Napoléon, par l'expédition de Rome et l'ordre de détruire la jeune république italienne (1), s'était attiré la haine profonde des patriotes italiens. Ce sentiment ne fit que s'accroître lorsque, devenu empereur, il continua l'occupation de Rome, en soutenant le pouvoir temporel du pape et en permettant à celui-ci d'étouffer par les mesures les plus violentes la moindre aspiration libérale.

Cet attentat servit de prétexte à courber la France encore davantage sous le despotisme napoléonien. Le général Espinasse fut nommé ministre de l'intérieur, en remplacement de M. Billault, et pour justifier l'avènement d'un militaire à ces fonctions toutes civiles, il publia une circulaire se terminant par la phrase usuelle sous l'empire : « Il faut que les méchants tremblent et que les bons se rassurent. »

Un message impérial conféra la régence éventuellement à l'impératrice, en lui adjoignant un conseil de régence de six membres, à leur tête se trouva Mgr Morlot (2), archevêque de Paris. Un décret du 14 février 1858 créa cinq grands commandements militaires avec un maréchal à la tête de chacun. Le maréchal Canrobert eut celui de l'Est, et Nancy pour résidence ; peu après son installation il vint à Strasbourg inspecter la 6e division militaire. Naturellement on lui prépara une réception officielle brillante.

La mesure la plus grave fut la présentation du projet

(1) *Histoire de* 1830-1852, pages 350 et 351.
(2) Né en 1795, mort à Paris le 29 décembre 1862, nommé archevêque de Paris en 1857 comme successeur de Mgr Sibour, assassiné par le prêtre Vergès à l'église Saint-Étienne-du-Mont à Paris, le 3 janvier 1857.

de loi, dit de sûreté générale, dont un des articles (1) autorisa l'administration à interner, bannir ou transporter, suivant les circonstances, tous ceux que des faits graves signaleraient comme dangereux pour la sûreté publique. Une répugnance contre cette loi se manifesta même parmi des députés dévoués au Gouvernement, « mais, dit M. Taxile Delord dans son *Histoire du second empire* (2), un signe du maître suffit pour briser leur résistance. Comment ne lui auraient-ils pas obéi, eux qui n'étaient que ses créatures, ses serviteurs obéissants et tremblants, jusqu'à ne pas oser, sous l'œil du président de la Chambre, adresser la parole à un des cinq députés républicains.

« La loi fut discutée et votée en une seule séance, le 18 février 1858, par 126 voix contre 24. Le devoir de l'historien est de conserver les noms de ceux qui ont fait à leur pays et à la civilisation l'outrage de voter cette loi. »

Sur les sept députés de l'Alsace, MM. Alfred Renouard de Bussierre, Ed. Coulaux, de Coehorn, du Bas-Rhin ; Lefébure et de Reinach, du Haut-Rhin, votèrent pour. MM. Hallez-Claparède et Migeon étaient absents.

Dès que la loi fut votée, même avant sa promulgation, les persécutions commencèrent. L'Alsace ne fut pas épargnée. Quatre de nos concitoyens furent transportés : MM. J. J. Boersch, meunier ; Ch. Keller, négociant ; Théodore Wein, entrepreneur de couvertures en ardoises, et G^me Zabern, fabricant de bougies. M. Wein, à son retour d'Afrique, ne voulant vivre plus longtemps sous un

---

(1) L'article 7, il visait plus particulièrement les personnes déjà atteintes en 1851 ; mais l'administration ne se tint pas liée par cette restriction et agit avec un arbitraire des plus révoltants.

(2) Volume 2, page 381.

gouvernement capable d'actes aussi infâmes, se fixa à Bâle, où son établissement est depuis vingt-cinq ans en pleine prospérité et où, pendant la dernière guerre, il a rendu des services signalés aux Alsaciens ou aux soldats français réfugiés en Suisse.

Les journaux de l'époque étant complètement muets à l'égard de ces transportations, j'ai écrit à M. Wein pour le prier de me fournir quelques détails; je ne crois pouvoir mieux faire que de publier sa lettre dans sa touchante simplicité :

Bâle, 28 décembre 1884.

« Je m'empresse de vous donner les renseignements que vous avez bien voulu me demander au sujet de la transportation de 1858 :

« Les arrestations eurent toutes lieu *le 24 février,* à midi. Un commissaire de police et quelques agents en bourgeois, suivis d'une voiture de place, et quelques gendarmes à pied, se présentèrent chez chacun des quatre « prévenus », demandèrent à faire une visite domiciliaire, s'emparèrent de tous les papiers qui leur parurent suspects et firent monter les personnes arrêtées dans la voiture qui se dirigea en droite ligne à la maison d'arrêt. A 1 heure, tout était terminé et l'on se trouva réuni dans la pistole à côté du greffe. C'étaient MM. J. J. Boersch, Charles Keller, Guillaume Zabern et Georges Weyhl, qu'on avait arrêté par erreur à ma place, quoique je fusse présent au moment de l'arrestation. Après que le « secret » fut levé, j'allais les voir journellement avec une permission délivrée par le commissaire central.

« Le 18 mars, au matin, ils reçurent la visite de ce même commissaire, qui leur lut la formule par laquelle on leur signifiait que, par mesure administrative, ils seraient transportés en Afrique. C'est alors qu'on découvrit l'erreur me concernant. On me chercha dans toute la ville, pendant que j'étais en train de conférer, dans la prison, avec mon beau-frère Weyhl. J'aurais pu m'esquiver, mais de crainte qu'on ne prenne Weyhl à ma place, pour ne pas convenir de l'erreur commise, je suis resté en prison et, vers midi, le commissaire central aux abois fut très heureux de me trouver là où il me cherchait certainement le moins.

« Le 21 mars, à 10 heures du soir, on nous amena les deux compagnons d'infortune du Haut-Rhin. C'étaient MM. Joseph Bourquin de Charamattes, canton de Belfort, et Groelli, menuisier à Baerentzwiller, canton d'Altkirch. Le 22, à 4 heures du matin, nous fûmes embarqués deux par deux dans une voiture de place. De la prison à la gare, le gaz brûlait et toute la police était sur pied. Une voiture cellulaire nous attendait à la gare et nous partîmes à 5 heures par le train-omnibus de Paris. A Nancy, on détacha notre wagon et on nous dirigea sur Metz. Nous y prîmes MM. Vibrotte, Siebert et Garautié. Nous retournâmes à Nancy pour compléter la voiture avec MM. Baillière, Buotte et Lelièvre (1). Ce dernier est actuellement sénateur d'Alger.

« Nous sommes arrivés le 23 mars, à 5 heures du matin, à Paris, et la voiture avec son contenu fut conduite à la gare de Lyon. Nous y séjournâmes jusqu'à 3 heures de relevée. C'était une magnifique journée et empaquetés

---

(1) Né le 7 novembre 1799. Il avait donc près de 60 ans quand on lui fit subir cet ignoble traitement. Transporté en Afrique, il se fixa à Alger, y devint conseiller municipal, conseiller général et fut élu membre du Sénat le 30 janvier 1876, où il s'inscrivit au groupe de l'union républicaine.

comme nous l'étions, le manque d'air et la chaleur nous firent beaucoup souffrir.

« Les deux conducteurs de la voiture qui n'avaient pas l'habitude de voyager en pareille société, furent très convenables envers nous et firent de leur mieux pour adoucir les souffrances inévitables d'un pareil voyage. A tour de rôle, ils permirent à l'un de nous de séjourner dans le couloir, ce qui nous procura le grand avantage de pouvoir un peu allonger les membres. Les cellules avaient $0^m,80$ sur $0^m,60 = 0^m,48$ carrés et environ $1^m,50$ de haut.

« Nous arrivâmes à Marseille le 24 mars, à 6 heures du soir, rompus, moulus, *mais cela dans toute l'acception du mot.*

« Mon exil a duré du 22 mars au 30 octobre. Les autres trois sont rentrés chacun séparément quelques mois après. Il n'y a eu, comme vous avez pu le voir plus haut, aucun simulacre de jugement ; tout s'est passé entre le commissaire central et le préfet. Je ne connais pas le nom du commissaire central ; c'était un bellâtre d'environ 35 à 40 ans, brun, très mielleux avec nous et s'efforçant de nous persuader que ce n'était là qu'une « mesure » et qu'elle ne durerait pas.

« Le préfet Migneret n'a rien trouvé de mieux à faire, pour échapper aux obsessions des personnes s'intéressant à nous, que de partir pour Nancy, sous prétexte de faire visite à son fils, collégien au lycée de cette ville. Il ne s'est, autant que je sache (le préfet), jamais intéressé pour nous, sans quoi nous aurions été relâchés bien avant, j'en ai l'intime conviction. Les trois camarades de Metz, que le préfet vint voir jusque dans la voiture cellulaire, en leur promettant qu'il s'occuperait d'eux, furent libérés avant le second mois de leur séjour en Algérie.

Zabern fut relâché sur l'intercession de l'évêque, auquel son père, en désespoir de cause, s'était adressé. J'ignore qui s'était occupé des autres.

« Une fois la transportation en Algérie terminée, et *l'effet produit,* on était très embarrassé de nous et il suffisait qu'une personne un peu influente s'occupât de nous pour qu'on nous élargît sous tous les prétextes possibles.

« Nous retournâmes à nos frais ; la seule faveur qu'on nous fit, à Marseille, c'était de nous délivrer un passeport d'indigent, qui nous permettait de voyager à moitié prix, en troisième classe bien entendu. Le Gouvernement évita avec soin de faire rentrer plus d'un à la fois du même département. Les trois Messins ont tous été relâchés à huit jours de distance. Bourquin de Charamattes fut libéré le 6 juin, sur les instances de son sous-préfet. »

———

Pendant près de six mois, le général Espinasse occupa le ministère de l'intérieur en vrai pacha, mais, pour son malheur, il consentit à lancer une circulaire recommandant aux établissements charitables la conversion de leurs biens en rentes sur l'État. Napoléon Ier avait ainsi spolié les villes en 1813 ; sous son neveu on essaya de spolier les hôpitaux. Leurs administrateurs s'en émurent et le clergé se plaignit vivement. Le Gouvernement comprit qu'il avait fait fausse route. Le général Espinasse fut remercié et son portefeuille confié à M. Delangle, premier président de la cour d'appel de Paris.

Un grand festival choral fut donné à Colmar par ses sociétés de chants, l'*Harmonie* et l'*Orphéon*, le samedi 7, dimanche 8 et lundi 9 août.

Conformément au programme, il y eut une grande fête de nuit au Champ de Mars, offerte aux chanteurs pour leur arrivée, avec illumination, musiques militaires et retraite aux flambeaux.

Dimanche à 5 heures du matin, salve d'artillerie. A 1 heure, grand cortège de toutes les sociétés avec bannières et insignes, et avec le concours des musiques du 3e de cuirassiers, du 97e de ligne et des pompiers de Colmar. Réception officielle par les autorités. Vin d'honneur et chœur général « *die Eintracht* » de Mozart. A 3 heures, concert au manège du quartier de cavalerie, sous la direction du sieur Liebe. A 6 heures, banquet ; à 9 heures, feu d'artifice, etc.

Lundi, nouvelles salves d'artillerie, et à 2 heures, sous la direction de M. Gall, deuxième concert. Dans le programme figurait un grand air de *Norma*, et la valse de Venzano, chantés par Mlle A. W., aujourd'hui Mme R. W. de Strasbourg. C'étaient les deux morceaux capitaux du concert, car la belle voix de notre compatriote et sa manière de chanter exerçaient à cette époque un attrait irrésistible.

Parmi les autres morceaux, je remarque trois quatuors chantés par le « *Kirchenmusikverein* » de Mayence. Les Colmariens avaient réservé l'accueil le plus sympathique aux sociétés allemandes (1) venues pour prendre part au festin. Qui se serait douté alors que douze ans plus tard tout cela serait changé.

(1) Elles étaient au nombre de quatre ; trois du pays de Bade et la société de Mayence.

Le 21 décembre 1858 mourut à Paris M. Édouard Martin, notre patriotique député sous Louis-Philippe, et à la Constituante de 1848. Né en 1801, à Mulhouse, où son père était pharmacien, Martin étudia le droit à Strasbourg, s'y fixa comme avocat et acquit bientôt une place distinguée au barreau. Voici en quels termes le *Siècle* du 22 décembre annonça la mort de l'illustre patriote :

« Nous avons encore à déplorer une perte qui affligera vivement non seulement tous les amis de la démocratie, mais tous ceux qui, en France, s'intéressent à l'honneur, à la probité, à la sincérité et à la persistance dans les opinions. M. Martin de Strasbourg qui était si justement, si universellement estimé, vient de mourir...

« Les coreligionnaires de M. Martin perdent en lui le conciliateur le plus respecté : il dominait, on peut le dire, du haut de sa vertu et de sa pureté radicale, tous les petits ressentiments, toutes les petites querelles, qui n'existent pas seulement, hélas ! dans les partis vainqueurs..... La ville de Strasbourg, l'Alsace, porteront longtemps le deuil de leur ancien représentant. Nous nous associons sincèrement à tous leurs regrets et à ceux du barreau de Paris dont M. Martin de Strasbourg était une des gloires. »

Une autre illustration était descendue dans la tombe au commencement de l'année déjà. Le 3 janvier mourut à Cannes Mlle Rachel, la grande tragédienne. Elle était née le 24 mars 1820 à Mumpf, petit endroit du canton de Thurgovie (Suisse). Ses parents, israélites, originaires des environs d'Altkirch, étaient colporteurs et chargés d'une nombreuse famille. Fatigués de leur existence nomade, ils vinrent s'établir à Lyon, vers 1828. L'aînée des filles, Sarah, alla chanter dans les cafés avec la petite Rachel, qui l'accompagnait de la guitare et faisait la collecte. En 1830, la famille s'établit à Paris, où Sarah et Rachel continuèrent à chanter dans les cafés et dans les rues. Entendues par Choron, le fameux professeur de chant, elles furent admises gratuitement dans sa classe, et à sa mort, 1834, elles entrèrent au Conservatoire.

Ce n'est pas ici la place d'écrire l'histoire de Mlle Rachel; son magnifique talent de tragédienne est connu. Tous nous l'avons vue à Strasbourg dans quelques-uns de ses plus beaux rôles. En 1848, elle ajouta à son répertoire le chant de la Marseillaise. Voici ce que je trouve, à ce sujet, dans un volume de M. Imbert de Saint-Amand (1) :

« L'effet qu'elle produisit fut indicible. Quand la sublime Française, à genoux, s'enveloppant dans les plis du drapeau tricolore disait de sa voix incomparable, par sa bouche inspirée :

> Amour sacré de la patrie,
> Conduis, soutiens nos bras vengeurs !
> Liberté ! liberté chérie !
> Combats avec tes défenseurs !

« C'était plus qu'un hymne, c'était une prière ! »

« Mlle Sarah Félix, dit encore le même auteur, a recueilli religieusement dans son hôtel de l'avenue de l'Impératrice, comme dans un petit musée, tous les souvenirs que lui a laissés son illustre sœur...

« Au premier étage, on pénètre dans une petite pièce qui ressemble à un oratoire et qu'on pourrait appeler la

---

(1) M. Imbert de Saint-Amand, *Madame de Girardin*. Paris, Plon et Cie, 1875.

chambre des souvenirs. Au plafond est suspendue une lampe de cuivre, la lampe traditionnelle des Hébreux, celle qu'on trouve dans la plus modeste chaumière des israélites de l'Alsace, berceau de la famille de Mlle Rachel; de cette Alsace infortunée, dont la grande tragédienne, qui avait l'âme si française, aurait tant pleuré les douleurs! »

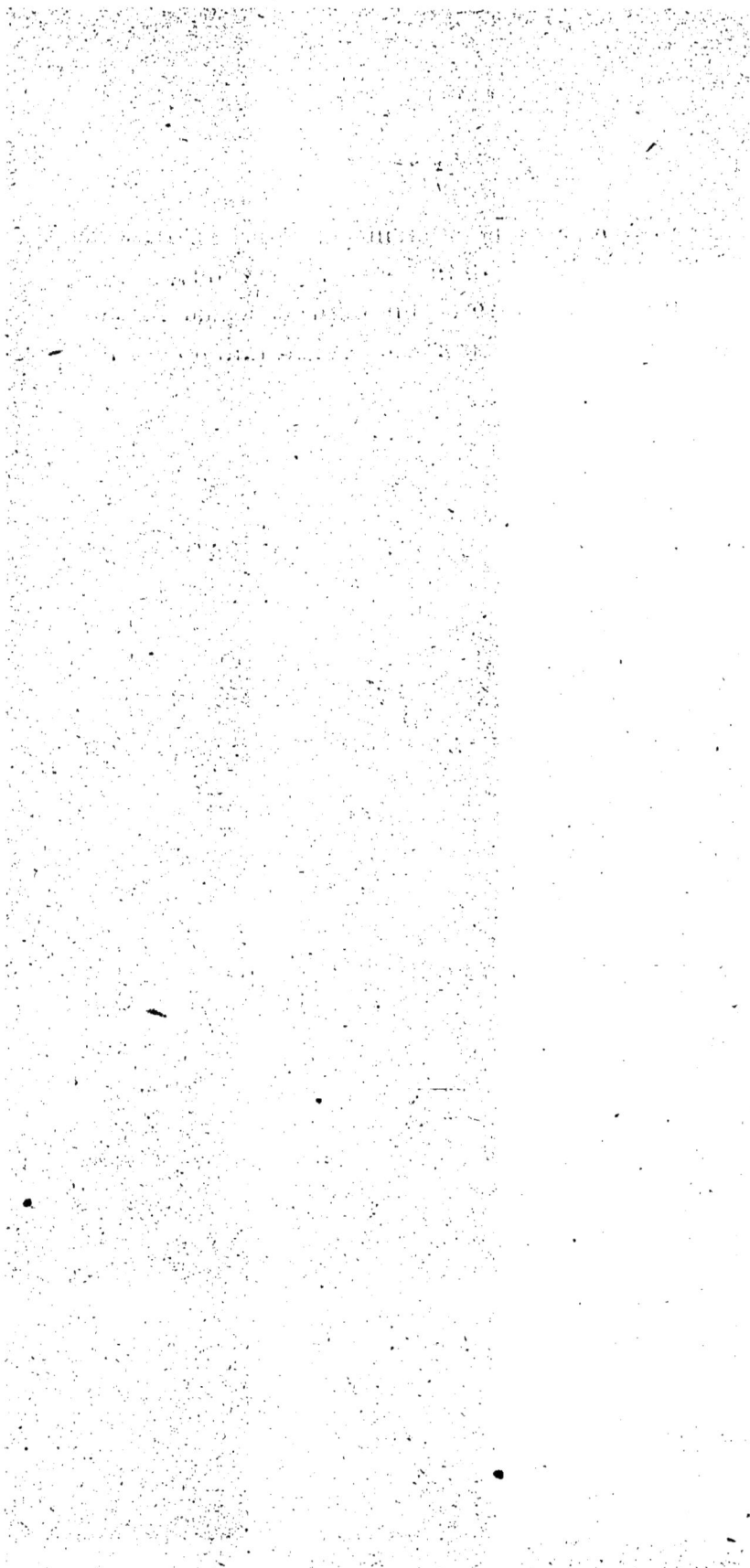

1859

SOMMAIRE

Campagne d'Italie. — Le comté de Nice et la Savoie cédés à la France. Plébiscites. — *Question d'Italie ;* manifestations. — Emprunt. — Prières publiques. — Concours régional à Strasbourg. — Inauguration de la statue de Pfeffel à Colmar.

L'Empire c'est la paix, avait dit Napoléon III à Bordeaux, en 1852, alors qu'il parcourait, comme Président de la République, la France entière pour la préparer, par ses discours, à la proclamation de l'Empire. Il savait que le pays désirait garder la paix ; il la lui promit sur tous les tons. A peine l'Empire est-il proclamé que la guerre de Crimée vient donner un premier démenti à cette fallacieuse promesse ; 1859 en fournit un deuxième.

Dès que l'on eut appris qu'à la réception du 1er janvier Napoléon III avait adressé quelques mots désobligeants à M. de Hübner, l'ambassadeur d'Autriche à Paris, on crut à la guerre. Les patriotes italiens ne reculaient devant aucun moyen pour arriver à l'unité de leur patrie ; le complot Orsini l'avait suffisamment prouvé. L'entretien que l'empereur avait eu à Plombières avec M. de Cavour, ministre du Piémont, ne fut un secret pour personne, et les vues patriotiques de l'éminent homme d'État italien étaient connues. Cependant une opposition assez vive se manifesta en France. Légitimistes et cléricaux de toutes nuances, y voyant un danger pour la papauté,

criaient à haute voix contre la guerre. Le commerce et
l'industrie la virent avec inquiétude ; dirigée contre l'Autriche, elle pourrait dégénérer en guerre contre l'Allemagne. Mais le Gouvernement coupa court à toute manifestation pacifique et les hostilités commencèrent en
effet au mois de mai.

La campagne, on le sait, se termina vite ; les Autrichiens furent battus à Montebello, à Palestro, à Turbigo,
à Magenta et à Solferino ; cependant cette dernière bataille ayant coûté énormément de monde aux deux armées,
Napoléon III se décida à faire la paix (1), en laissant à
l'Autriche toute la Vénétie, y compris Peschiera, Vérone,
Mantoue, bien qu'à son entrée en campagne il avait pompeusement annoncé que l'Italie serait libre jusqu'à l'Adriatique. Il avait également promis que la France, n'agissant
qu'en qualité d'alliée du roi Victor-Emmanuel (2), ne reti-
rerait aucun avantage de cette guerre, néanmoins il se fit
adjuger, en 1860, par l'Italie, le comté de Nice et la Savoie. Il convient cependant de rendre cette justice à Napoléon III, il ne voulait de l'annexion que si le peuple la
votait. Le plébiscite pour Nice fut fixé au 15 avril 1860 ;
sur 24,608 votants, 24,448 dirent *oui* ; 160 *non*. — En
Savoie, il eut lieu le 22 avril 1860, et, si possible, il fut
encore plus significatif. Sur 130,839 votants, il y eut
130,533 *oui* ; 235 *non* et 71 bulletins nuls. On prétend
encore aujourd'hui que le vote eut lieu sous une grande
pression administrative ; — c'est possible ; — cependant
chacun était libre d'écrire *non*.

(1) De Villafranca ; un peu plus tard confirmée à Zurich.
(2) Le prince Napoléon avait épousé la princesse Clotilde, fille de
Victor-Emmanuel, en février 1859. Bien que la dotation affectée aux
six membres de la famille impériale fût de 1,800,000 fr., le Sénat, dans
sa séance du 23 février, ajouta encore 700,000 fr. pour porter à un
million la somme à toucher annuellement par le prince Napoléon.

Le fait est qu'en 1860 l'Italie se trouvait être loin de ce qu'elle est aujourd'hui. L'héroïque Garibaldi, avec ses mille braves, n'avait pas encore battu l'armée napolitaine, en nombre dix fois supérieure, et François II, fils et successeur du roi Bomba Ferdinand, régnait toujours en despote à Naples. Pie IX possédait encore le pouvoir temporel, et loin d'y renoncer, il venait de nommer le général Lamoricière (1) commandant en chef de l'armée papale. La Vénétie était restée aux Autrichiens, et Victor-Emmanuel n'avait pu ajouter la Lombardie à son royaume du Piémont qu'à l'aide de l'armée française. Les habitants de Nice et de la Savoie furent dès lors contents de sortir de ce chaos et d'entrer dans la grande famille française, unie, riche et qui, loin de leur demander des millions, leur en donnait pour faire des routes, repeupler leurs forêts, construire des maisons d'école, des églises, etc.

Si, en 1871, l'Allemagne avait laissé voter les Alsaciens-Lorrains, les raisons inverses auraient produit l'effet opposé ; elle le savait bien quand aux rares voix généreuses (2) qui s'élevèrent en faveur de l'équité, de la justice, elle répondait : *La force prime le droit !!*

(1) Né à Nantes en 1806. Officier du génie en 1828, colonel de zouaves en 1837, général en 1843, Lamoricière avait été un des officiers les plus distingués de l'armée d'Afrique, et quand en 1848 le général Cavaignac quitta l'Afrique et devint chef du Pouvoir exécutif de la République, il confia le ministère de la guerre à Lamoricière Arrêté au coup d'État, détenu à Ham et exilé, il ne put rentrer en France qu'en 1857. En 1860, l'ancien général républicain ayant pris le commandement de l'armée papale, fut battu par les troupes italiennes. Il mourut au château de Prousel (département de la Somme) le 12 septembre 1865, et termina ainsi tristement une carrière brillamment commencée.

(2) Jacobi, de Kœnigsberg, Simon, de Trèves, Bebel, Liebknecht, de Leipzig, le poète Herwegh et quelques autres voix protestèrent, au nom des droits de l'humanité, contre l'annexion forcée de l'Alsace-Lorraine à l'Allemagne.

La guerre d'Italie avait produit une certaine agitation en Allemagne. Dans les États du Sud, l'Autriche comptait beaucoup d'amis ; elle en profita pour semer la défiance et pour ranimer la haine contre la France. La situation était devenue si aiguë que le *Moniteur* publiait, sous la date du 14 mars 1859, une note dont je prends quelques passages : « Une partie de l'Allemagne présente aujourd'hui un spectacle qui nous afflige et nous étonne. Une question (celle d'Italie) qui touche aux intérêts les plus délicats, les plus élevés (le pouvoir temporel du pape) surgit. Le Gouvernement français y voit un sujet d'examen et un devoir de vigilance. Il ne se préoccupe de la situation inquiétante de l'Italie que pour la résoudre de concert avec ses alliés et dans l'intérêt de la paix de l'Europe.

. . . .

« Cependant une partie de l'Allemagne répond à cette attitude si calme par les alarmes les plus irréfléchies. Sur une simple présomption, que rien ne justifie, les préjugés s'éveillent, les défiances se propagent, les passions se déchaînent : une sorte de croisade contre la France est entamée dans les Chambres et dans la presse. »

. . . .

L'Autriche avait demandé à la Diète de Francfort de prendre des mesures pour l'armement des forteresses fédérales, notamment de Rastadt et de Landau, mais M. de Bismarck, au nom de la Prusse, s'y opposa en insistant sur le danger de pareilles démonstrations, plus propres à provoquer la guerre qu'à en préserver l'Allemagne.

Ces discussions, reproduites, commentées par les journaux, produisirent une irritation d'autant plus grande qu'on y mêlait volontiers la question religieuse. C'est une campagne contre le Saint-Père qui se prépare, disait-on dans certains centres.

A Kehl, quelques fanatiques avaient profité du carnaval pour brûler, en effigie, un troupier français. On annonçait d'autres manifestations, et la tension était arrivée à un tel point que le commandant militaire de Kehl, le baron de Weiler, crut devoir adresser au *Courrier du Bas-Rhin*, sous la date du 16 mars 1859, une lettre « pour protester contre ces bruits qui, dans des intentions malveillantes, tendent à troubler les excellents rapports de voisinage existant entre les habitants des frontières françaises et badoises (1). »

La guerre demande des hommes et de l'argent. Un arrêté ministériel du 30 avril avait fixé à 2,000 fr. la prime d'un rengagement pour sept ans et à 280 fr. pour chaque année de rengagement à ceux qui ne s'engageraient que pour moins de sept ans. Ces dispositions intéressaient les départements du Rhin, qui continuaient à fournir un bon contingent à l'armée.

Un emprunt de 500 millions fut voté ; il eut lieu de nouveau par souscription publique, au taux de 90 fr. le 4 1/2 p. 100 ; de 60 fr. 50 c. le 3 p. 100. L'Alsace s'y intéressa considérablement.

Une circulaire ministérielle du 10 mai avait demandé des prières publiques aux évêques. « L'empereur, disait le ministre, désire que des prières publiques soient ordonnées dans toutes les églises, pour demander à Dieu d'assurer le succès de nos armes, etc. »

Il est probable qu'en Autriche on avait invoqué l'aide de Dieu pour battre les Français !

M⁛ʳ Raess adressa une assez longue circulaire au clergé de son diocèse (2), mais tout en priant le Dieu des armées de protéger l'empereur et les valeureuses légions qui combattaient sous ses ordres, M⁛ʳ l'évêque fait quel-

(1) *Courrier du Bas-Rhin* du 16 mars 1859.
(2) *Courrier du Bas-Rhin* du 21 mai 1859.

ques réserves au sujet du pape : « Si du reste les événements qui peuvent surgir en Italie nous ont causé quelque inquiétude, relativement aux États de l'Église et à la personne du Souverain-Pontife, les paroles de l'empereur, exprimées dans la lettre du ministre, sont venues heureusement nous rassurer à cet égard. Confions-nous donc en Dieu, implorons la protection de la reine du ciel, de Marie immaculée », etc., etc.

Toutes ces invocations, pas plus que les excommunications et les foudres du Vatican, n'ont empêché depuis le roi Victor-Emmanuel de prendre Rome pour sa capitale, d'unir les États du pape au reste du royaume et de combler ainsi les vœux de toute l'Italie. Celle-ci oublia vite, il est vrai, que cent mille braves Français avaient payé de leur sang l'unité italienne, mais l'ingratitude est un vice si répandu dans la race humaine, que rien ne doit nous étonner sous ce rapport.

Après les prières et l'emprunt, on arriva aux souscriptions pour secours aux blessés, aux envois de charpie, etc. Les colonnes des journaux du temps sont remplies des noms des donateurs et des dames qui présidaient aux envois, dans lesquels l'Alsace prit, comme toujours, une large part.

———

Un grand concours régional eut lieu à Strasbourg du 24 au 29 mai. L'Empire aimait à donner de l'éclat à ces fêtes, dans l'espoir que la discussion des intérêts matériels ferait taire la politique. On distribua beaucoup de prix et de médailles.

Parmi les nombreux lauréats je vois figurer sous la rubrique « produits étrangers » MM. Spitzmüller, de *Bibe-*

rach (*Bade*), pour du *Kirschenwasser ;* Lichtenberger, de *Hambach* (*Palatinat*), pour eau-de-vie ; Blumenthal, de *Darmstadt,* pour machines aratoires, et le baron Zorn de Bulach, pour ses vins de *Durbach* (*grand-duché de Bade*). Parmi le jury se trouvaient des agronomes, des horticulteurs de *Carlsruhe,* de *Lahr,* de *Cannstadt,* etc. (1).

Dix jours plus tard, Colmar eut aussi sa fête. Le 5 juin, on inaugura la statue de Pfeffel dont le sculpteur Friedrich (2), de *Strasbourg,* avait fait don à la ville de *Colmar.* Les Sociétés chorales du Haut-Rhin y avaient été invitées ; elles furent reçues le samedi soir, 4 juin, à la gare, et conduites en ville, musique en tête, par les Sociétés de Colmar.

Dimanche, à midi, eut lieu la réunion des Sociétés musicales, des corporations de métiers, des vignerons, etc., pour se rendre en un immense cortège sur la place des Unterlinden, où le monument avait été érigé. Ainsi organisée, la fête aurait eu un cachet trop libéral ; les autorités firent donc précéder le cortège par un piquet de gendarmes ; il se termina par un détachement de cuirassiers.

Quand la statue eut été dépouillée de son voile, le nouveau préfet, M. Paul Odent, et le maire, M. de Peyerimhof, prononcèrent des discours, et, en paroles éloquentes, chaleureuses, retracèrent la vie de Pfeffel, de cet enfant de Colmar qui, aveugle à 22 ans, avait à un si haut degré l'amour du beau, du bien, du juste.

(1) *Courrier du Bas-Rhin* du 25 mai 1859.
(2) Voir *Friedrich,* page 119 de l'*Histoire de* 1830-1852.

M. de Peyerimhof eut quelques belles inspirations :
« Messieurs, dit-il, cette fête que nous célébrons en
l'honneur de Pfeffel, de ce vrai soldat de la civilisation,
ne forme-t-elle pas un éloquent contraste avec ce qui se
passe, en ce moment, au delà du Rhin (l'agitation contre
la France)?

« Pendant que le canon gronde en Italie, pendant
que la France chevaleresque combat pour l'indépendance
d'un peuple opprimé par l'Autriche, l'Alsace si patriotique et si *éminemment française* honore la mémoire d'un
homme qui n'écrivait qu'en allemand ; pendant que tous
les cœurs tressaillent à la nouvelle des succès de notre
brave armée, nous jetons des fleurs sur le monument du
poète qui flétrissait l'oppression, et la France élève une
statue à Humboldt, un des princes de la science, qui, lui
aussi, avait droit de cité chez elle. A la France seule revenait l'honneur de donner un pareil exemple au monde
civilisé et à l'empereur dont nos vœux suivent les glorieuses étapes sur le chemin de la victoire ; à lui nos plus
chères espérances : Vive l'empereur ! »

M. Odent, parlant de l'empressement que les villes
mettent à ériger des monuments à ceux de leurs concitoyens qui ont bien mérité du pays, dit :

« Le culte des hommes qui ont contribué à illustrer
le pays est une vertu française, pratiquée avec un tel désin-
téressement qu'elle est exercée volontiers envers des illustrations étrangères..... Cette tendance prouve que si la
France se livre avec ardeur aux travaux qui font la force
et la richesse des nations, elle n'est pas absorbée par eux
et que son cœur bat aux plus nobles aspirations..... Colmar avait aussi des dettes à payer. Déjà un monument a
été élevé à l'une de ces anciennes illustrations de l'empire — (Rapp) — aujourd'hui vous honorez une renom-

mée plus modeste dont les travaux ont reçu la consécra-
tion populaire (1).

« Soyons donc fiers de nos devanciers, soyons fiers
d'être envers eux l'interprète du sentiment national.

« Des fêtes comme celle de ce jour doivent nous faire
aimer encore davantage notre pays, où le peuple comprend
si vite ces sentiments généreux. Aimons donc la France,
si désintéressée dans ses entreprises, si forte par l'union
de son territoire, si puissante quand ses enfants ont le
même drapeau et le même cri : Vive l'empereur (2) ! »

Malheureusement, à cette fatale époque, les fêtes les
plus belles, les mieux faites pour relever l'esprit public,
les discours les plus éloquents pour donner au peuple de
nobles inspirations, étaient gâtés par le cachet officiel
qu'on leur imprimait et par ce système de tout ramener à
la personne de l'empereur.

---

(1) Pfeffel naquit en 1736, à Colmar, où il fit ses premières études,
au Gymnase. En 1752, il se rendit à Halle pour y étudier le droit,
mais il y contracta une maladie des yeux qui, en 1757, aboutit à la
perte de la vue. Il se maria néanmoins en 1759. Le bonheur qu'il
éprouva dans cette union, son humeur naturellement gaie et son
ardeur aux travaux de l'esprit, le soutinrent pendant cinquante années,
malgré sa destinée cruelle. Il mourut à Colmar le 1er mai 1809. Les
ouvrages de Pfeffel, en poésie et prose, forment une collection très
appréciée ; sa bonté, sa droiture, sa grande tolérance en matière
religieuse lui avaient valu l'estime de ses contemporains. Sa mort fut
un deuil public.

(2) *Courrier du Bas-Rhin* du 9 juin 1859.

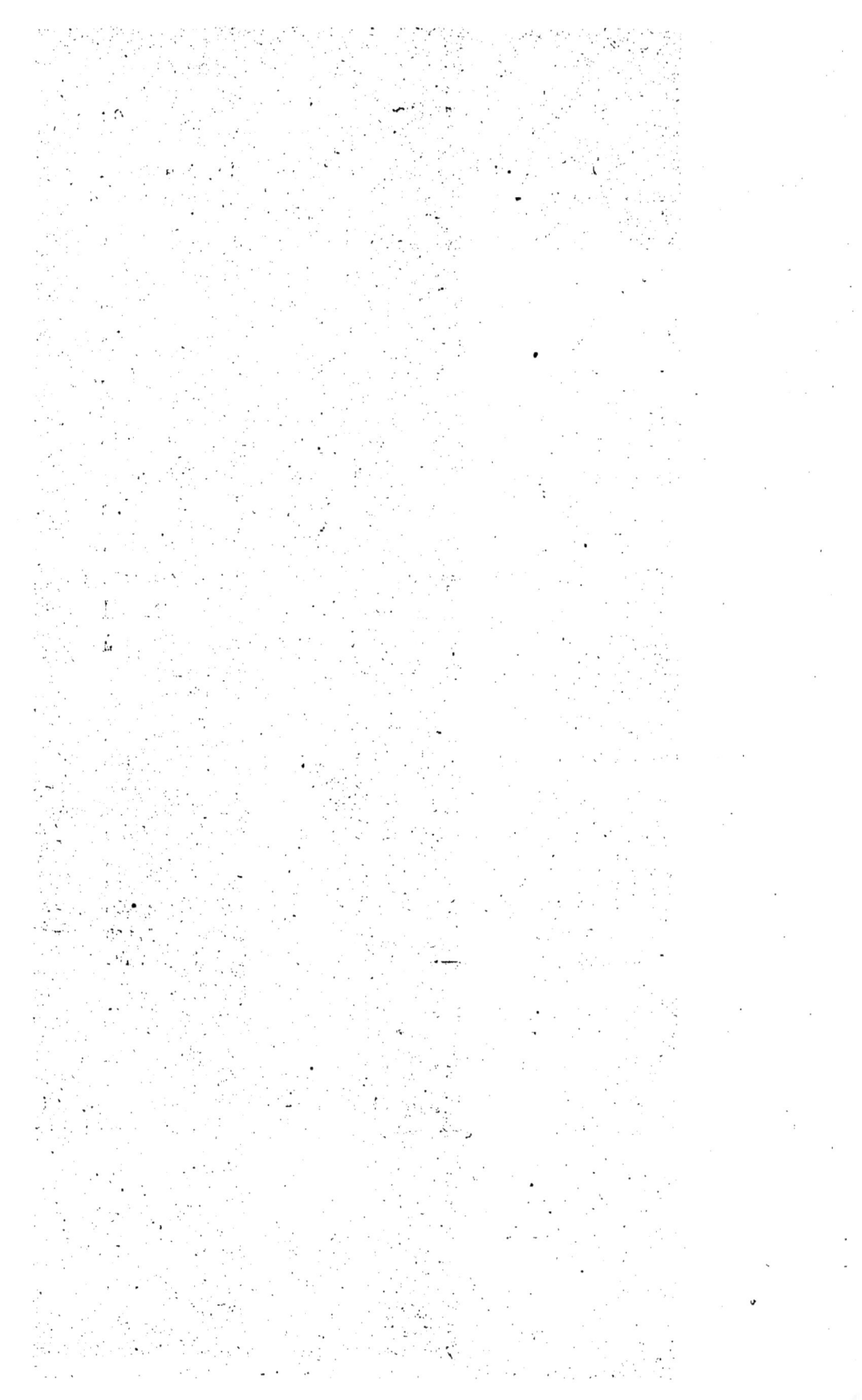

1860

Malgré la paix de Villafranca, l'Italie reste en ébullition. Garibaldi prépare son expédition en Sicile et à Naples. M. de Cavour hâte l'annexion de l'Italie centrale en obtenant de la Toscane qu'elle se prononce, par un plébiscite, pour sa réunion au Piémont. Les duchés de Parme et de Modène veulent suivre cet exemple. L'Autriche proteste. Napoléon propose de faire administrer par le roi de Sardaigne les légations de Bologne et de Ferrare sous la forme d'un vicariat, au nom du Saint-Siège. Ce projet ne convient ni à M. de Cavour, ni au pape, qui menace Victor-Emmanuel d'excommunication.

L'Allemagne, si agitée en 1859, pendant la guerre, était revenue peu à peu au calme ; la fièvre gallophobe s'était apaisée, les bonnes relations avec nos voisins d'outre-Rhin avaient repris, lorsque l'annonce de la cession de Nice et de la Savoie à la France vint raviver les haines et la légende de « l'*Erbfeind* ».

L'irritation s'accrut encore en Allemagne, quand on

apprit que le Gouvernement avait ordonné la célébration
d'une fête nationale, à l'occasion de la réunion de la Savoie et du comté de Nice à la France.

Cette fête fut fixée au dimanche 17 juin.

Naturellement les habitants étaient invités à décorer
les façades de leurs maisons et à illuminer, mais, je
me hâte de le dire, notre population resta complètement
froide. En augmentant d'un million les trente-six millions
d'habitants que la France possédait déjà, la dynastie, se
disait-on, peut acquérir un peu plus de prestige à l'intérieur, mais matériellement elle n'ajoutait rien à la prospérité du pays ; on sentait, au contraire, que cette fatale
annexion sèmerait partout la méfiance. Ce sentiment ne
fut nulle part plus fort qu'en Allemagne.

A la date du 31 mai, le *Courrier du Bas-Rhin*, sous la
signature de son rédacteur en chef, M. Ch. Boersch,
écrivait : « Nous signalions, il y a peu de jours, un passage du discours du prince-régent de Prusse (aujourd'hui
l'empereur Guillaume), où il était question, en termes
qui décelaient une émotion fort vive, de défendre l'intégrité du territoire de l'Allemagne, comme si cette intégrité était à la veille d'être mise en question, et d'oublier
toutes les méfiances et divisions intérieures pour se grou-
per autour du drapeau commun de la vieille Germanie et
tenir tête aux événements à venir.

« Depuis lors, à nos portes, un autre souverain de
l'Allemagne, le grand-duc de Bade, a prononcé, dans une
circonstance officielle, des paroles qui semblent l'expression de préoccupations analogues...

« Enfin, voici la *Gazette universelle d'Augsbourg* qui
nous apporte, à son tour, dans une lettre de Vienne, du
24 mai, le récit d'une scène qui venait de se passer dans
les jardins de Schoenbrunn, où l'empereur François-Jo-

seph disait aux officiers qui y étaient réunis : « Si l'on devait arriver bientôt à se battre, ils seraient encore les premiers, etc. »

De leur côté, Napoléon III, ses ministres et leurs journaux, n'avaient que des paroles de paix ; mais on avait menti si souvent, que l'Allemagne surtout ne les croyait plus. Enfin, l'empereur se décida à une entrevue personnelle avec le prince-régent de Prusse. Elle eut lieu le samedi, 16 juin, à Bade. Napoléon III passa par Strasbourg, le 15 juin, sans s'arrêter. Notre maire, M. Coulaux, trouva néanmoins l'occasion de placer encore une de ses flagorneries.

Dans la proclamation à ses « *chers concitoyens* », où il les invite à pavoiser, le 17 juin, pour la fête de l'annexion de Nice et de la Savoie, il dit : « S. M. l'empereur, rentrant de son voyage d'Allemagne, traversera nos murs le jour même de la solennité. Le passage de *l'homme de génie, qui veille sur nos destinées,* va imprimer à la fête un caractère privilégié dont les cœurs patriotiques sentiront l'inappréciable valeur », etc., etc. (1).

A la réunion, à Bade, assistaient le prince-régent de Prusse, les rois de Bavière, de Hanovre, de Saxe et de Wurtemberg, les grands-ducs de Bade, de Hesse, de Saxe-Weimar et les ducs de Saxe-Cobourg et de Nassau. Aucun ministre n'avait accompagné les souverains. L'entrevue devait donc avoir un caractère essentiellement personnel.

Momentanément, l'effet recherché fut produit. La *Gazette de Prusse,* feuille officielle, dans un article de fond, disait entre autres : « L'empereur Napoléon a exprimé, dans la forme la plus prévenante, son désir de donner au

(1) *Courrier du Bas-Rhin* du 14 juin 1860.

prince-régent cette preuve de ses sentiments pacifiques et amicaux. La Prusse a toute raison pour se réjouir de cette initiative et d'en apprécier, sans préjugés, la signification incontestable », etc.

Les esprits s'apaisèrent, mais la défiance resta. Comment pouvait-il en être autrement ? Les troupes françaises n'avaient pas encore quitté l'Italie que déjà on organisait une armée pour faire la guerre à la Chine, conjointement avec l'Angleterre. M. de Montauban avait été nommé général en chef des forces de terre. La campagne se termina par le pillage et l'incendie du palais d'été de l'empereur de Chine. La paix fut signée le 25 octobre 1860. Comme elle rendait disponibles la flotte et le corps expéditionnaire, le Gouvernement français entreprit aussitôt une expédition en Cochinchine et en même temps on en prépara une contre la Syrie.

L'expédition de Chine avait été faite sous le prétexte de venger le meurtre d'un missionnaire et de protéger les chrétiens chinois. Une cause semblable donna lieu à l'expédition de Syrie.

On se révolte à la pensée que l'Europe ait à venger, avec le sang de ses enfants, le meurtre de quelques missionnaires qui vont à leurs risques et périls en Chine, pour y christianiser des hommes dont la religion est de beaucoup antérieure à celle du Christ, qui s'en trouvent bien et ne peuvent voir avec indifférence qu'on les trouble dans leur foi religieuse. Que dirions-nous si les Chinois nous envoyaient des missionnaires pour nous convertir à la religion de Confucius (1) ? Et quelle idée doivent-ils

(1) M. Leblois, dans son grand et intéressant ouvrage : *les Bibles* (Paris, Fischbacher, 1884), publie dans le livre II un chapitre : *les Missionnaires européens jugés par les Chinois.* J'y trouve le passage suivant : « Les Dominicains étant venus à accuser à la fois les

avoir du christianisme, quand ils voient ses soldats piller, brûler les palais, commettre toutes sortes de cruautés au nom d'un Dieu qu'ils disent être le Dieu d'amour et de paix !

Vendredi, le 29 juin, Strasbourg fut mis en émoi par un sinistre comme de longue date on n'en n'avait plus signalé dans nos murs. A deux heures et demie de l'après-midi le tocsin retentit. Un incendie s'était déclaré dans une maison, place du Temple-Neuf, attenante au Gymnase et au collège Saint-Guillaume, et avant que les secours arrivassent, les flammes avaient envahi tout le carré des maisons dont un des côtés longeait l'église du Temple-Neuf. Un angle des bâtiments embrasés touchait à la bibliothèque qui, ainsi que le Temple-Neuf, ne put être sauvée qu'au prix des plus grands efforts.

On ne pensait certes pas alors que, dix ans plus tard,

Chinois d'être athées, et les jésuites de favoriser parmi eux l'idolâtrie, il y eut entre les deux ordres des débats acrimonieux. Les lettrés et l'empereur Khang lui-même ne se firent pas faute de leur en exprimer l'étonnement. » Comment voulez-vous, leur disaient-ils, que nous ajoutions foi à ce que vous nous prêchez comme la vérité, lorsque vous-mêmes vous ne vous accordez pas entre vous ?

Nul art, dit M. Leblois (page 195, livre II), chez les disciples de Bouddha n'a été poussé moins loin que celui de détruire les hommes par des engins meurtriers. En 1858 encore, un gouverneur, parlant de nous, disait dans un rapport officiel : « Les Barbares de l'Europe sont extrêmement habiles dans l'art de faire parler le canon... Ces hommes ne peuvent être persuadés par le langage de la raison, leur raison à eux, c'est la voix du canon. » Deux ans après, le prince chinois Sankolitzin flétrissait, avec indignation, les Barbares de l'Occident, auxquels la raison ne semble avoir été donnée que pour inventer des instruments qui, pour un court espace de temps, peuvent faire triompher l'injustice et la déraison sur la justice et la raison. (Lettre de Sang-haï, du 20 novembre 1860, insérée dans la *Revue des deux mondes*, janvier 1861, page 500.)

les trésors de la bibliothèque et la vénérable église du Temple-Neuf, qu'on était si heureux d'avoir arrachés aux flammes, deviendraient la proie d'un feu allumé par les obus de l'armée allemande.

Les maisons incendiées, assurées pour une faible valeur, faisaient toutes partie des domaines administrés par le Chapitre de Saint-Thomas. Celui-ci, qui jusque alors avait constamment tenu les laïques à l'écart, pensa que la circonstance était assez grave pour faire un appel à leur concours.

Les notables protestants furent convoqués pour le mardi soir, 3 juillet, dans la grande salle du Chapitre ; on leur exposa la situation en les priant d'organiser une souscription sur une large échelle, pour réunir les fonds destinés à la réédification des bâtiments détruits. MM. Silbermann, imprimeur, et F. D. Lichtenberger, propriétaire, qui s'étaient concertés avec plusieurs de leurs concitoyens, déclarèrent que le concours des notables serait certainement acquis au Chapitre, si celui-ci écoutait plus favorablement leurs réclamations, surtout au point de vue de l'enseignement du français et de la fondation d'un internat, réclamé depuis longtemps par le protestantisme alsacien. La discussion tendait à s'égarer quand M. Lichtenberger dit : « Messieurs, je veux indiquer, en deux mots, ce que l'on demande. C'est que les laïques aient voix au Chapitre. »

A ce vœu, si carrément exposé, les professeurs répondirent qu'ils n'étaient qu'une délégation du Chapitre et qu'ils allaient en référer à leurs collègues. Ils prièrent donc l'assemblée de vouloir s'ajourner au lendemain, à la même heure et au même local.

Le délai de 24 heures fut largement mis à profit par le Chapitre. Dans un exposé bourré de considérants, il

invita les laïques à nommer un comité auquel serait con-
cédé le droit de concourir au contrôle et à l'exécution des
plans de réédification du Gymnase et de la construction
d'un internat. C'était là tout. MM. Silbermann et Lichtenberger se turent, et quand l'écrivain de ces lignes rappela que la veille on avait émis le vœu qu'à l'avenir les
laïques eussent voix au Chapitre, M⁰ Kugler, avocat, qui
n'avait pas assisté à la première séance et qu'on avait appelé à la rescousse, se leva pour noyer la discussion dans
un déluge de citations juridiques.

« Messieurs, dit alors M. Silbermann, je pense que
l'on s'entendra et qu'il ne nous reste qu'à nommer le comité et à commencer immédiatement la souscription. »

Ainsi l'élément laïque se trouva de nouveau écarté
sur le fond de la question. La discussion eut cependant
pour résultat la création de l'internat ; les sommes considérables souscrites par le protestantisme alsacien furent
principalement versées dans ce but.

Ce n'est que le 10 août 1865 que le nouvel établissement put être inauguré. Ce fut une belle fête. Elle restera gravée dans la mémoire de tous les anciens élèves
du Gymnase qui y ont assisté, mais le souvenir de cette
fête n'évoque que des pensées amères, *aujourd'hui* que l'espoir fondé *alors* sur ces institutions est si complètement
déçu.

Étant donné le bouleversement qu'on leur a fait subir
à partir de 1871, on doit regretter profondément que les
vœux émis par les laïques en 1860 d'avoir voix au Chapitre, n'aient pas été écoutés. Si, de 1860 à 1870, ils avaient
assisté aux délibérations, leurs fonctions, entièrement
honorifiques, leur auraient assuré une indépendance qui
manquait à des professeurs salariés, lorsqu'en 1871 l'élément allemand se hâta de s'immiscer dans les affaires de

Saint-Thomas. A ce moment le Chapitre s'inclina humblement. Les chanoines tenaient à conserver leurs prébendes ; je ne leur en fais pas un crime ; ils obéissaient à un sentiment de la nature humaine. Mais autre eût été le rôle des laïques, leur devoir était tout tracé : défendre l'intérêt général de la communauté protestante de l'Alsace. Leur concours aux délibérations du Chapitre aurait imprimé à celles-ci ce caractère viril, si nécessaire en présence de la mutilation à laquelle on allait soumettre le Gymnase. L'internat, tel qu'on le trouva en 1870 ne pouvant être façonné à la méthode nouvelle, fut mal vu et de ce moment on tendit à le faire disparaître. Mais les laïques auraient fait valoir que, onze années auparavant, ils avaient *souscrit près de cent quarante mille francs en vue de sa création.* Le Gymnase, ne recevant pas un centime de subvention de l'État, était de ce fait complètement indépendant et c'était le droit et le devoir de ses administrateurs de le défendre.

Depuis la création, par l'administration allemande, d'écoles secondaires dans les chefs-lieux de canton, les jeunes gens, disaient les détracteurs de l'internat, suivent les études en restant chez leurs parents. Ce n'était là qu'une raison spécieuse. Sous la direction intelligente et paternelle de M. Charles Schneegans, le directeur du Gymnase, l'internat était arrivé, en peu d'années, et à juste titre, à un tel degré de faveur auprès du public, que son existence n'aurait nullement été menacée par ces écoles secondaires. Si elles avaient retenu chez eux quelques jeunes gens de Barr, de Wasselonne, etc., il en serait venu d'autres endroits, n'ayant pas de telles écoles, pour combler les vides. Strasbourg même aurait fourni un bon contingent, car bien des parents, empêchés par des raisons diverses de suivre l'éducation de leurs fils, auraient été heureux de les confier à un établissement si justement renommé. Non ! A partir de 1871, un génie malfaisant sembla présider à la désorganisation de l'internat. Celui-ci n'était pas dans les vues des professeurs allemands ; mais on leur laissa probablement ignorer les vœux si longtemps nourris, puis si hautement exprimés en 1860 par les laïques. On leur laissa ignorer que ceux-ci avaient fourni spontanément 140,000 fr. pour la création d'un internat, et qu'il y avait de la sorte, *entre eux et le Chapitre, une espèce de contrat synallagmatique qu'on devait respecter* (1).

(1) La nécessité de l'internat était tellement reconnue, que le prospectus du Gymnase publié en 1865 en vue de l'inauguration des nouveaux bâtiments dit : « Il manquait à l'établissement un internat. « La reconstruction des bâtiments détruits par l'incendie du 29 juin « 1860 a permis de combler enfin cette lacune, *vivement ressentie* « *et souvent signalée.* Dès le mois d'octobre de la présente année, le « Gymnase, qui jusqu'à présent ne recevait que des externes, recevra « en outre des pensionnaires et des demi-pensionnaires, etc... »

Le Vice-Directeur du Gymnase,

C. F. Schneegans.

Vu et approuvé :

Le Professeur du Séminaire, Directeur du Gymnase,

Ed. Reuss.

Arrêté en séance du Séminaire, le 10 *avril* 1865 *pour être soumis à l'approbation du Directoire.*

Le Vice-Directeur du Séminaire,

Bruch.

Approuvé en séance du Directoire de l'Église de la confession d'Augsbourg.

Strasbourg, le 11 avril 1865.

Le Président du Directoire,

Th. Braun.

En 1871, M. Braun avait démissionné. Mais MM. Bruch et Reuss ont-ils protesté ?

Autrement bien compris sont les besoins pour l'éducation de la jeunesse catholique. L'administration diocésaine, en fondant un gymnase catholique, a de suite ajouté un internat, dont en 1886 elle

Non ! l'internat était condamné. Il devait disparaître et la suppression fut d'autant plus facile que le Chapitre n'offrait pas de résistance et que les laïques, n'y ayant pas voix, ne pouvaient lui prêter leur appui.

a abaissé le prix de pension à 480 m., soit 600 fr. par an, la rétribution scolaire comprise !

Le Gymnase, dira-t-on, ne dispose pas de fonds comme l'évêché, mais les fondations de Saint-Thomas ! Pourrait-on faire un meilleur emploi de ses revenus qu'en en prenant une partie pour soutenir l'internat si le prix de pension avait été un jour insuffisant ?

1861

‧‧‧‧‧

Durant les années 1861 et 1862, peu de faits dignés d'être notés se passèrent en Alsace ; mais si le calme régnait dans notre province, il n'en était pas de même à l'horizon politique.

Garibaldi avait réussi dans sa téméraire entreprise sur la Sicile. Après avoir chassé de l'île les troupes de François II, il les battit de nouveau en Calabre, prit Naples et y fit son entrée, le 7 septembre 1860, dans une voiture de louage. Il y fit une seconde entrée le 7 novembre, ayant à son côté le roi Victor-Emmanuel.

François II s'était retiré avec son armée à Gaëte. Vaincu de nouveau par l'armée piémontaise alliée aux volontaires de Garibaldi, il s'embarque sur le navire français *la Mouette,* qui le conduit à Civita-Vecchia d'où il se rend à Rome (1).

Ces succès ne constituèrent cependant pas encore l'Italie. A Rome, le pape exerçait toujours le pouvoir temporel, et Napoléon avait déclaré que jamais il ne permettrait que Garibaldi réalisât sa promesse de proclamer, du haut du Quirinal, Victor-Emmanuel, roi d'Italie. La France se vit ainsi condamnée à entretenir à Rome, à grands frais, une armée assez considérable.

————

Le 2 janvier 1861, mourut le roi de Prusse Frédéric-Guillaume IV, à l'age de soixante-cinq ans. Il était monté sur le trône le 7 juin 1840, mais, dès 1857, sa santé ébranlée l'obligea à remettre les rênes du gouvernement à son frère, l'empereur Guillaume actuel. La mort de Frédéric-Guillaume IV ne changea donc rien à la marche des affaires en Prusse, « mais elle ranima les dispositions belliqueuses du parti militaire, disait le *Courrier du Bas-Rhin* du 6 janvier, dont toutes les idées politiques se résument dans une haine profonde contre la France, et dont la *Gazette de la Croix* est l'organe ».

Ce fut à tel point que la *Gazette de Voss* (de Berlin) et la *Gazette de Cologne* crurent devoir relever ces rodomontades.

A cette époque la question du Schleswig-Holstein fut agitée de nouveau en Allemagne. La Diète de Francfort soutint que le duché de Holstein ne devait avoir d'autres lois que celles *consenties par ses propres États,* quoiqu'il eût avec le Danemark des institutions communes telles que

(1) Taxile Delord, *Histoire du second empire.*

l'armée, la marine, etc. (1). C'était la question des nationalités qu'on fit valoir en faveur des duchés, et certains
journaux allemands, entre autres la *Gazette universelle
d'Augsbourg,* alors une des feuilles les plus répandues, ne
se gênèrent pas de demander l'application de ce principe
à l'Alsace !

« Ces journaux, dit le *Courrier du Bas-Rhin* du 2 février 1861, sous la signature de M. Charles Boersch, son
rédacteur en chef, reviennent pour la millième fois à
l'Alsace et prétendent que les Alsaciens aussi se sentent
opprimés dans leur nationalité et qu'ils aspirent à se réunir de nouveau à la vieille Germanie, leur mère-patrie.
Ce sont discussions usées, fastidieuses, n'ayant plus, depuis tant d'années qu'elles se prolongent, aucun intérêt
sérieux. Les faits parlent plus haut que toutes les décla-
mations des journaux allemands. *Nous mettons la Gazette
d'Augsbourg et ses confrères au défi de trouver en Alsace le
plus léger symptôme de tendances teutoniques.* »

La Pologne également s'agita. Le service commémo-
ratif de la bataille de Grochow, où la faible armée polonaise lutta, pendant trois jours, contre les masses énormes que le czar Nicolas avait jetées sur elle, fut le
prélude d'une suite de manifestations qui se terminèrent
comme de coutume. Des milliers de victimes expièrent
par la mort, ou en Sibérie, le crime d'avoir voulu se sou-

---

(1) Il serait à désirer que l'Allemagne de 1886 appliquât à l'Alsace-Lorraine les principes dont, en 1860, elle demanda l'application
aux duchés de Schleswig-Holstein par le Danemark. S'étant annexée
l'Alsace-Lorraine malgré la protestation de ses habitants, l'équité la
plus élémentaire devait lui commander de nous laisser mener notre
vie intérieure sous nos anciennes lois, tel que cela se passe chez les
autres fédérés, où chaque pays conserve ses institutions, sauf à se
soumettre aux lois générales de l'empire, telles que celles sur l'armée,
la marine, les douanes, etc., etc.

lever contre l'oppression que, depuis plus de soixante ans, on faisait peser sur leur malheureuse patrie.

L'opinion publique s'émut en France de ces rigueurs, mais le Gouvernement, ayant à se faire pardonner l'annexion de Nice et de la Savoie, se hâta de publier, dans le *Moniteur*, une note peu encourageante pour la Pologne et pour ses amis.

A la même époque, mais pour un autre motif, commença en Amérique une agitation qui bientôt devait dégénérer en guerre civile. Les provinces du Sud de la grande république des États-Unis ne voulant renoncer à aucun prix à l'odieux esclavage, battu en brèche depuis des années par le Nord, déclarèrent que la nomination d'un président contraire à leurs idées serait le signal de leur sortie de l'Union. Les adversaires de l'esclavage ne s'en émurent pas. Abraham Lincoln fut élu en 1860, pour remplacer, le 4 mars 1861, le président Buchanan qui, complice du Sud, profita de ce délai pour préparer la guerre de sécession. Dès le 18 février 1861, Jefferson Davis avait pris les rênes de la Confédération du Sud à Richmond.

———

Au moment où la guerre s'allumait entre esclavagistes et abolitionnistes (1) surgirent les difficultés de la France avec le Mexique. Depuis une soixantaine d'années ce malheureux pays était en proie à une suite presque ininterrompue de révolutions et de contre-révolutions; ces dernières presque toujours fomentées par le haut clergé

(1) Ce dernier terme était donné à ceux qui voulaient extirper l'esclavage, cette plaie hideuse attachée aux flancs de la grande république américaine.

dont la fortune était immense ; d'après Taxile Delord on l'évaluait au quart de celle du Mexique tout entier. La nécessité de veiller à sa conservation obligeait le clergé de s'immiscer dans la politique, en prêtant son appui à l'État ; celui-ci, par contre, laissait le clergé maître de s'enrichir et d'agrandir son immense domaine.

La grande lutte de l'Amérique du Nord pour son indépendance et la Révolution française de 1789 avaient eu leur contre-coup au Mexique, mais les efforts des patriotes, pour secouer le joug espagnol, vinrent, après des succès éphémères, échouer chaque fois contre l'armée et contre l'influence du haut clergé. A plusieurs reprises on avait proclamé la république, cependant ce ne fut qu'en 1857, Juarez étant devenu président, qu'un peu d'ordre avait été porté dans l'administration. La nouvelle Constitution établissait l'égalité des cultes, l'état civil et la suppression des juridictions exceptionnelles. Cela suffisait au clergé pour fomenter de nouveau la guerre civile. Le général Zuloaga souleva le pays le 17 décembre 1857, au cri de « *Abrogation de la Constitution* ». Il réussit à se faire nommer par les cléricaux président à Mexico, mais peu de mois après il fut remplacé par le jeune chef de bandes Miramon, qui se fit proclamer président. Un de ses actes les plus importants fut un traité avec la maison de banque suisse Jecker et Cie, en vertu duquel celle-ci s'engageait à retirer de la circulation des bons portant la signature Zuloaga et Miramon, qui n'avaient presque plus de valeur, en prenant en remplacement pour 75 millions de nouveaux titres dont l'émission lui serait exclusivement réservée. Pendant que Miramon en était réduit à ces expédients, Juarez, établi à Vera-Cruz, continuait son œuvre de réorganisation. Il constitua le jury, la liberté de la presse, et chercha à diminuer le nombre des couvents. Le pays ne pouvait hésiter entre un gouvernement régulier, comme celui de Juarez, et le gouvernement ré- volutionnaire de Miramon ; aussi, en 1860, l'autorité de Juarez était-elle reconnue par 21 États sur les 24 dont se composa le Mexique. Le haut clergé, en vue d'empêcher le triomphe d'un gouvernement libéral, fournit de l'ar- gent à Miramon qui équipa une armée ; mais il fut battu. Juarez put entrer dans Mexico à la fin de décembre 1860, et quelques jours plus tard son gouvernement était re- connu par le pays entier.

Après la chute de Miramon, le banquier Jecker se rendit à Paris pour y chercher des influences puissantes qui l'aideraient à obtenir de Juarez l'exécution du traité des bons, conclu avec Miramon. Il fut mis en relation avec M. de Morny, le tout-puissant conseiller de Napo- léon III, et il fut convenu entre eux que le paiement de la créance effectué, le total serait partagé entre les deux principaux associés et les autres intéressés, cette affaire ayant eu besoin d'auxiliaires pour être menée à bonne fin (1). Ce fut le point de départ de cette fatale guerre du Mexique, qui devint un ver rongeur pour la France et, indirectement, une des causes de nos malheurs de 1870.

Tous ces événements ne restèrent pas sans écho ni dans notre Chambre des députés, ni au Sénat ; mais la question qui passionna le plus, fut celle de l'Italie. Les cléricaux n'osant s'attaquer à la personne de l'empereur, s'en prirent au gouvernement italien. MM. de la Roche- jacquelin et de Heckeren (2) au Sénat, MM. Kolb-Ber-

(1) Taxile Delord, *Histoire du second empire.*
(2) M. de Heckeren était né à Colmar en 1812, il fut nommé séna- teur en 1852.

nard et Plichon, à la Chambre des députés, attaquèrent
la politique italienne, ou défendirent avec passion le pape
et son pouvoir temporel. Le jeune député du Haut-Rhin,
M. Keller, de Belfort, fut encore plus violent que ses collègues. Dans la séance du 13 mars 1861, il affirma que,
dans le département du Haut-Rhin, les *attentats* commis
en Italie causaient la plus vive et la plus profonde indignation. Ce furent, au contraire, les termes de M. Keller
qui soulevèrent une vive indignation; elle se fit jour en
deux protestations énergiques; l'une sous forme de lettre,
insérée au *Siècle*; l'autre sous forme d'une adresse au prince
Napoléon (1), publiée par le journal *la Presse*. Les deux
pièces portent la signature des hommes les plus honorables
du Haut-Rhin. La dernière contient les passages suivants :
« Aujourd'hui qu'un orateur est venu, au nom *de l'Alsace,*
protester contre ce qu'il ne craint pas d'appeler les *attentats*
commis en Italie et affirmer la vive et profonde indignation qu'ils auraient provoquée parmi nous, nous devons à
nous-mêmes de vous exprimer les regrets que de telles
paroles nous font éprouver..... Non, nous ne sommes pas
de ceux qui se traînent à la remorque d'un parti, et l'Alsace, loin de déplorer l'appui que la France donne à l'affranchissement d'un peuple trop longtemps opprimé, loin
d'y voir, comme le prétend l'orateur, les effets d'une politique dictée par de sinistres souvenirs, l'Alsace n'y reconnaît, au contraire, que les nobles inspirations du génie
de la France (2). »

(1) Le prince Napoléon avait tenu un grand discours en faveur
de la politique italienne ; il était le gendre de Victor-Emmanuel.

(2) *Courrier du Bas-Rhin* du 19 mars et du 6 avril 1861.

Le 6 avril 1861, eut lieu l'inauguration solennelle
du pont fixe que la Compagnie des chemins de fer de l'Est
avait fait construire sur le Rhin pour relier les lignes
françaises et badoises. Tout l'état-major des chemins badois, invité par la Compagnie, assista à la fête, à laquelle
avaient été en outre conviés des représentants de la presse,
entre autres MM. Nefftzer et Granier de Cassagnac. A
9 heures du matin, on quitta la gare de Strasbourg pour
se rendre à celle de Kehl, qui avait été richement déco-
rée. On visita le pont en toutes ses parties, un des ponts
tournants fut mis en mouvement, puis on revint à Strasbourg assister à un banquet de trois cents couverts, offert par la Compagnie à ses invités à l'hôtel de la Ville-
de-Paris. M. l'ingénieur Perdonnet présidait, ayant à ses
côtés M. Weizel, ministre du commerce et des travaux publics de Bade.

Le premier toast fut porté par M. Perdonnet à S. A. R.
le grand-duc de Bade. Puis, dans une improvisation pleine
de vigueur, il but à l'Union de l'Allemagne et de la France
et développa, en d'heureuses paroles, les avantages que
l'établissement du pont fixe procurerait à deux pays si
bien faits pour s'entendre. « Jadis, dit-il, les deux peuples
voisins se précipitèrent vers le Rhin pour se combattre ;
aujourd'hui ce sera pour se serrer les mains. » Puis, faisant allusion aux ponts tournants, qu'une idée de méfiance avait fait établir aux deux extrémités du pont fixe,
M. Perdonnet termina son allocution en langue allemande
en disant : « Ce matin nous avons ouvert un des ponts
tournants pour en examiner le mouvement, espérons que
ce sera la première et la dernière fois que nous aurons
exécuté cette manœuvre. »

D'une voix émue et convaincue, M. Weizel remercia
l'orateur des sentiments généreux qu'il venait d'exprimer

à l'égard de l'Allemagne. « Ce pont, dit-il, que nous avons construit avec du fer, ne reliera pas seulement le grand-duché de Bade, mais la patrie allemande tout entière à la France. A notre époque, le fer ne doit plus servir à forger des glaives, mais à souder des liens pacifiques, indissolubles entre toutes les nations. » D'unanimes acclamations accueillirent ces discours.

Le soir, il y eut représentation de gala à la salle de spectacle dont la Compagnie de l'Est avait retenu les meilleures places pour tous ses invités. Dimanche, à 8 heures du matin, un train badois vint chercher à Strasbourg les invités français pour les conduire à Bade.

Soixante voitures à deux chevaux, menées par des postillons en grand uniforme de la poste, conduisirent les invités depuis la gare au Vieux-Château, où la municipalité badoise leur offrit un déjeuner. Le soir, un dîner splendide de trois cents couverts leur fut servi à la salle de Conversation. A la fin du repas, M. Zimmer, directeur des chemins de fer badois, porta un toast de remerciements à la Compagnie des chemins de fer de l'Est, auquel M. Perdonnet répondit en rappelant la reconnaissance qu'elle devait à S. A. R. le grand-duc de Bade. Enfin, M. le baron de Dalwig, ministre de Hesse, qui avait été convié aux fêtes, se leva pour remercier de la large et brillante hospitalité que les invités recevaient des deux pays. Puis, il dit : « Nous avons vu aux deux bords du Rhin des peuples heureux..... Messieurs si les peuples sont heureux et contents, c'est en grande partie le mérite des gouvernements et des princes à leur tête. J'obéis donc à un sentiment bien naturel en vous priant de boire à la santé de S. M. l'empereur des Français qui, en étouffant la révolution, a acquis un juste titre à la reconnaissance du monde entier, et de boire à celle de

S. A. R. le grand-duc de Bade qui, par sa bonté et son noble cœur, s'est fait aimer de tous ses sujets (1). »

On peut certainement admettre, sans la moindre restriction, la partie finale du toast de M. de Dalwig. Le grand-duc de Bade (2) est si foncièrement bon qu'il n'y aurait qu'à souhaiter que tous les pays eussent à leur tête des hommes d'un aussi beau, d'un aussi noble caractère. Mais, quant à Napoléon III, M. le baron a été mal inspiré en parlant de la reconnaissance que lui devait le monde entier. Si les paroles de paix, d'union, des divers orateurs ont eu, à peine neuf ans plus tard, un si sanglant démenti, si un million d'hommes a été appelé à s'entre-tuer, la plus grande part de responsabilité en incombe incontestablement à l'homme du 2 décembre qui, par le meurtre et le parjure, s'est emparé du pouvoir ; ensuite à la France entière qui a acclamé, adulé le triste personnage, ou tout au moins subi sa domination sans protester énergiquement. Le pays devait expier sa faute, mais l'expiation a été trop cruelle. La France n'oubliera jamais qu'en dehors des milliards, elle a dû livrer l'Alsace-Lorraine comme rançon à l'ennemi, que le gouvernement impérial avait si imprudemment appelé sur le pays.

Et l'Allemagne, par cette annexion, ne sera pas plus prospère, bien au contraire, car elle sera obligée de conserver son vaste attirail militaire tant que ce lambeau de

---

(1) *Courrier du Bas-Rhin* des 6 et 8 avril 1861.

(2) Frédéric (Guillaume-Louis), grand-duc de Bade, né le 9 septembre 1826, succéda, comme régent dans le gouvernement, à son père le grand-duc Léopold le 24 avril 1852, à la place de son frère aîné Louis, que son état maladif rendait inhabile au pouvoir. Il prit le titre de grand-duc le 5 septembre 1856. Le 20 septembre 1856, le grand-duc se maria avec la fille du prince de Prusse (aujourd'hui l'empereur Guillaume).

territoire sera une pomme de discorde entre les deux grandes nations les plus civilisées.

Du reste au moment même où ces paroles de paix, de concorde, étaient prononcées à Strasbourg et à Bade, certains gallophobes allemands attisaient la haine dans notre plus proche voisinage. Des légistes de Munich avaient demandé la suppression de la législation française maintenue en Bavière rhénane après sa restitution à l'Allemagne. Ce projet rencontra une vive opposition chez nos voisins, et comme le *Courrier du Bas-Rhin* s'était permis de trouver cette opposition naturelle, la population étant habituée au Code français, qui avait du bon, le *Courrier du Palatinat* et la *Gazette du Palatinat*, deux feuilles en désaccord toute l'année, la première représentant le radicalisme teutonique et la seconde les idées de la réaction, s'unirent pour déverser des flots d'une haine aveugle sur la France.

Quelques mois plus tard, le savant professeur de botanique à la Faculté de médecine de Strasbourg, M. *Kirschleger,* assista comme délégué à un congrès de naturalistes réuni à Spire.

Dans un feuilleton, en langue allemande (1), il rendit compte des impressions qu'il y avait éprouvées, en sa double qualité d'Alsacien de la vieille roche et de bon Français, et de la verte réponse qu'il avait donnée aux savants de l'Allemagne, qui lui parlaient du retour de l'Alsace à la Confédération germanique. « Vous devriez du moins nous demander, leur dit le vaillant professeur, avec sa bonhomie originale et spirituelle, si nous avons quelque envie de retourner à vous. Sachez-le bien, nous autres Alsaciens, nous voulons rester Français et nous sommes

(1) M. Kirschleger publiait des articles sous le nom de *Magister Friedreich* dans le *Courrier du Bas-Rhin.*

tous parfaitement déterminés à ne pas nous laisser détacher de la France (1). »

A cette époque, beaucoup d'Alsaciens allaient passer
le dimanche à Bade ; ceux qui s'y étaient rendus dimanche, 14 juillet, furent vivement émotionnés par la nouvelle de l'attentat commis par l'étudiant Oscar Becker
sur le roi de Prusse, pendant que ce monarque faisait sa
promenade habituelle du matin dans l'allée de Lichten-
thal. La balle n'ayant fait qu'effleurer le côté gauche du
cou, le roi continua sa course à pied, et dans le courant
de l'après-midi, il fit une promenade en voiture. Malgré
la certitude que l'attentat n'avait aucune suite fâcheuse,
le télégraphe en transmit partout la nouvelle, et dès le
surlendemain arriva un aide de camp de Napoléon, por-
teur d'une lettre autographe, où l'empereur félicita le roi
de Prusse d'avoir échappé aux balles de Becker.

Quelques années plus tard, on échangea des boulets
de canon !

———————

Le 20 février 1861, mourut à Paris Eugène Scribe,
le fécond auteur dramatique, dont les pièces font le
charme des habitués du théâtre, non seulement de Paris
ou de la France, mais du monde entier, car partout où il
y a un théâtre, on joue Scribe. Il naquit le 25 décembre
1791, à Paris, où son père avait un magasin de tissus.
Après avoir fini ses études à Sainte-Barbe, il suivit les
cours de l'école de droit ; mais, bientôt sa passion pour
le théâtre l'éloigna du barreau. En 1811, il fit jouer sa
première pièce, qui ne put s'achever. Cette chute fut suivie de beaucoup d'autres, mais Scribe persévéra et bientôt il ne compta plus que des succès. La critique ne lui

———————

(1) *Courrier du Bas-Rhin* du 6 juillet et du 13 octobre 1861.

manqua pas. — « La critique est aisée, mais l'art est difficile. » — On lui reprocha d'écrire avec trop peu de soin ; sa phrase n'était pas toujours correcte, etc., — mais il avait ce qui fait les vrais artistes ; il savait imprimer à toutes ses œuvres un caractère particulièrement attrayant

La fortune récompensa les travaux de Scribe, il était l'auteur dramatique qui touchait le plus de droits d'auteur. Mais il était généreux et faisait de sa grande fortune le plus noble usage.

Une cérémonie destinée à rappeler la gloire littéraire de Scribe, eut lieu dans notre théâtre, le 14 mars 1861. Après la petite comédie *les Premières Amours*, on donna avec un merveilleux ensemble la *Muette de Portici*, que l'on n'avait plus entendue à Strasbourg depuis plusieurs années ; ce fut surtout le magnifique duo du second acte : « *Amour sacré de la patrie* », qui souleva de longues et bruyantes acclamations.

Après la pièce, le portrait de Scribe parut exposé sur une estrade enguirlandée au fond de la scène ; puis, après la marche du *Prophète*, exécutée par l'orchestre, tous les artistes de la troupe déposèrent au pied de l'image de Scribe des couronnes de laurier. Pour terminer la cérémonie, un artiste donna lecture d'un poème dont je détache les strophes suivantes :

> Il dut à cette gloire insigne
> Des jours filés de soie et d'or,
> Mais si l'auteur en était digne,
> L'homme en était plus digne encor.
> Une charité souveraine
> Le conduisait, la bourse pleine,
> Au-devant des malheurs secrets :
> Sa mort et la reconnaissance
> Seules nous ont fait confidence
> De ses mystérieux bienfaits.

Dans le cours de 1861, l'Alsace industrielle perdit deux de ses membres les plus estimés. Le 21 novembre, on conduisait à Mulhouse, à sa dernière demeure, M. Jean Köchlin, l'aîné des douze fils de M. Jean Köchlin. Le défunt n'avait pas marqué dans la vie politique comme ses frères Nicolas, Jacques et Ferdinand, de patriotique mémoire ; cependant un épisode de sa vie mérite d'être rappelé. En 1815, pendant que ses frères se battaient en volontaires contre les Autrichiens, M. Jean Köchlin dirigeait la succursale de la maison Köchlin, à Lörrach (Bade). Dénoncé au commandant d'un corps d'Autrichiens pour avoir des intelligences avec le général Rapp (1), il fut enlevé tout d'un coup par les Autrichiens, et, enchaîné et couché chaque nuit sur la paille, on le traîna d'étape en étape jusqu'à Paris, où se trouvait leur quartier général. Il resta longtemps prisonnier et ne fut relâché que par l'influence de l'empereur de Russie, Alexandre Ier (2).

Le 5 novembre s'éteignit, à Colmar, M. Antoine Herzog père, le fondateur des importants établissements Herzog du Logelbach. Né en 1786, à Dornach, d'une famille qui vivait de son travail, il se fit remarquer tout jeune encore, pour son esprit vif et pénétrant, par M. Dollfus, de Mulhouse. Cet industriel le prit sous sa protection toute spéciale et lui fit acquérir les connaissances qui devaient plus tard faire de lui une des notabilités manufacturières de l'Alsace.

Après avoir été employé dans des établissements de filature sur la Bièvre et à Saint-Quentin, il rentra en Alsace en 1806 ; bientôt il se fit remarquer par M. Nicolas Schlumberger, de Guebviller, qui l'attacha à son établis-

(1) En 1815, général en chef de l'armée française en Alsace.
(2) *Courrier du Bas-Rhin* du 26 novembre 1861.

sement. En 1818, il vint au Logelbach comme intéressé dans la maison Schlumberger.

En 1822, il devint propriétaire unique de la manufacture du Logelbach ; il l'agrandit successivement à tel point que quelques milliers d'ouvriers y trouvèrent place. Cet immense établissement ne suffisait pas à l'activité de Herzog ; secondé par ses deux fils, Antoine et Eugène, — dont le premier est resté, depuis 1861, seul chef de la maison — il créa, en 1851, une succursale à Turckheim et deux tissages dans le val d'Orbey.

En 1812, simple employé, il alla au delà de sa fortune pour acheter à ses vieux parents une petite maison d'habitation. En 1861, il était chef de six établissements florissants.

M. Herzog aimait à rappeler ses humbles commencements comme puissant encouragement au travail pour ceux qui l'entouraient. « J'ai travaillé comme vous, disait-il à ses ouvriers, réunis à un banquet en 1850, le jour où il avait reçu la décoration de la Légion d'honneur ; avec l'aide de Dieu et le travail, vous pouvez aspirer, comme moi, à devenir patron et à porter ce signe d'honneur que vous m'avez aidé à gagner. »

Ce travail qu'il recommandait aux autres, M. Herzog ne se l'épargnait point à lui-même et ne le consacrait pas uniquement à faire prospérer ses propres affaires. Membre du Conseil général, du Conseil municipal de Wintzenheim, de la Chambre de commerce et de tous les Comités de secours et de prévoyance, il donnait avec le plus grand dévouement son temps aux intérêts qu'il s'était chargé de représenter.

Les chefs de la maison Herzog ne se bornaient pas à se tenir au courant des inventions et des progrès de la science, ou au perfectionnement de l'outillage et des pro-

cédés mécaniques, ils s'appliquaient, en même temps, à
l'amélioration morale et matérielle de leurs ouvriers, non
par des discours, mais par des institutions de bienfaisance
largement dotées. Des écoles, un hospice pour les ouvriers
malades sans famille, des cités ouvrières pour faciliter
aux travailleurs l'accès de la propriété par l'épargne, une
caisse de retraite pour les invalides et une caisse de secours ; toutes ces œuvres, créées bien avant les institutions obligatoires introduites maintenant par le gouvernement allemand, attestent la sollicitude de la maison
Herzog pour le bien-être de ses ouvriers (1).

Dans le cours du mois de septembre 1861, on installa
à Strasbourg la nouvelle école du service de santé militaire, place du Château. Dès 1840, M. Bégin, alors chi-
rurgien en chef de l'hôpital militaire de Strasbourg, avait
signalé les défectuosités du recrutement des élèves. Devenu inspecteur général, et plus tard président du Conseil
de santé de l'armée, il recommanda vivement l'établissement d'une école spéciale, où les jeunes gens trouveraient
les conditions d'existence matérielle à côté des ressources
d'instruction. La création de l'école fut votée, mais l'exécution subit de longs retards, faute d'un local convenable.
Enfin, on se décida à l'achat du pâté de maisons couvrant
le tiers de la place du Château ; on y ajouta les maisons
bordant le côté gauche de la rue du Maroquin, le tout
pour être démoli et faire place à l'école à construire. Ce
fut sous la direction de M. Michel Lévy, le successeur de
M. Bégin, que s'ouvrirent les examens annuels d'admis-

---

(1) *Courrier du Bas-Rhin* du 23 novembre 1861 et *Herzog, Antoine,*
extrait des *Biographies alsaciennes.* Ant. Meyer, éditeur, Colmar, 1884.

sion à la nouvelle école, et comme les parents confient volontiers leurs enfants aux établissements de l'État, où ils trouvent autant de sécurité morale que de garanties pour de sérieuses études, le nombre des candidats, qui dans les années précédentes avait beaucoup diminué (1), augmenta considérablement.

Mais, ô vicissitude des choses humaines ! la nouvelle institution sur laquelle on avait fondé l'espoir qu'elle rendrait à l'école du service de santé militaire de Strasbourg la brillante réputation dont elle jouissait de 1830 à 1850, sous la direction de professeurs distingués, tels que MM. Bégin, Scoutetten, Sédillot, etc., la nouvelle école, dont la création avait coûté tant d'efforts, n'eut qu'une existence éphémère. Dix ans plus tard, l'administration prussienne y établit la direction générale pour l'Alsace-Lorraine, des postes de l'empire allemand !

(1) Jusqu'en 1860 les élèves logeaient en chambres garnies ; se trouvant ainsi complètement libres, leurs études et leur conduite laissaient parfois beaucoup à désirer.

1862

SOMMAIRE

Traité de commerce avec l'Angleterre. — Nouveaux actes arbitraires
du Gouvernement. — Arrestation de M. Scheurer-Kestner. —
Guerre du Mexique. — Le théâtre allemand à Strasbourg et la
Gazette d'Augsbourg.

La réforme douanière, la guerre de sécession aux
États-Unis, et les difficultés avec le Mexique occupèrent
l'esprit public pendant l'année 1862.

Napoléon III, craignant l'opposition intéressée des
industriels, avait conclu directement, en vertu de la Constitution de 1852, sans même consulter les Chambres,
un traité de commerce avec l'Angleterre. Il ouvrait ainsi
le pays aux produits manufacturés anglais, jusqu'alors
complètement exclus du marché français. En première
ligne figuraient les cotonnades ; l'Alsace qui en était un
centre de production des plus importants, se crut fortement atteinte. Cependant l'invasion, tant appréhendée,
ne se fit pas sur une trop large échelle ; le renchérisse-
ment du coton, par suite de la guerre des États-Unis, y
était peut-être pour quelque chose. Quoi qu'il en fût,
notre industrie, sous l'aiguillon de la concurrence étrangère, renouvela ou perfectionna son outillage ; bientôt,
hormis quelques établissements vermoulus, la manufacture alsacienne reprit le rang élevé et prospère que depuis
nombre d'années elle occupait dans la grande famille industrielle française.

Sauf en matière douanière, le Gouvernement resta ce qu'il avait été dès le principe : réactionnaire, despotique. Je n'en citerai qu'un exemple : le 27 février, l'associé de la maison Kestner de Thann, M. Scheurer-Kestner, aujourd'hui sénateur, fut arrêté à Thann, conduit à Belfort, et après dix jours de détention, emmené à Paris et emprisonné à Mazas. Au bout d'un mois il comparut en police correctionnelle et fut condamné à trois mois de prison et 2,000 fr. d'amende pour avoir mis à la poste de Thann, à l'adresse de personnes de Paris, trois lettres contenant chacune un exemplaire d'une brochure qualifiée de séditieuse : *le Lion du quartier latin* ; elle portait la mention : *Imprimerie de la liberté au désert.* Ces lettres avaient été signalées à Thann, saisies chez les destinataires et ouvertes par eux en présence d'un commissaire de police. Dans une de ces lettres, M. Scheurer parlait, en outre, au destinataire d'une brochure anti-bonapartiste et républicaine à publier et dont il ferait les frais.

M. Jules Grévy, aujourd'hui Président de la République française, avait été l'avocat de M. Scheurer devant le tribunal correctionnel (1) !

L'Espagne et le gouvernement impérial s'étaient entendus pour faire la guerre au Mexique ; l'Angleterre, ne voulant pas les laisser seuls pêcher en eau trouble, s'était mise de la partie. L'Espagne espérait y trouver une couronne pour un de ses princes. Napoléon III, outre ses mobiles personnels, la haine de la république, le besoin d'occuper les esprits, suivait l'impulsion communi-

(1) M^{ce} Engelhard, *la Contrebande politique sur la frontière du Rhin pendant le second empire.* (Extrait de la *Revue alsacienne* de 1883.)

quée par M. de Morny. Les envoyés des royalistes mexicains trouvèrent, en outre, un fort bon accueil, tant auprès de la reine Isabelle II qu'auprès de l'impératrice
Eugénie, toutes deux également ardentes à soutenir les
intérêts de l'Église.

Les motifs pour faire la guerre au Mexique, invoqués par l'Espagne et la France, n'étaient que de mauvais
prétextes. On se plaignit de violences commises sur les
résidents espagnols et français ; mais ces actes eurent
pour auteurs non les républicains, mais les insurgés royalistes, qui avaient essayé de former contre Juarez un
gouvernement insurrectionnel que, par un singulier mépris de la justice et de l'équité, la France et l'Espagne
s'étaient empressées de reconnaître.

A la fin de décembre 1861, l'Espagne dirigea une
expédition de 5,000 hommes de Cuba sur la Vera-Cruz ;
cette ville fut prise ; quand, en janvier 1862, la nouvelle
en parvint à Paris, le Gouvernement résolut de porter son
corps expéditionnaire de 3,000 à 6,000 hommes sous le
commandement du général Lorencez (1).

Plusieurs mois se passèrent ensuite en discussions
entre les trois puissances sans qu'on pût se mettre d'accord ; enfin les Espagnols et les Anglais eurent le bon
esprit de se retirer de la lutte qui dès lors s'engagea seule
entre la France et la république mexicaine, bien que le
président Juarez eût fait toutes les concessions possibles
pour éviter la guerre. Mais l'homme fatal que la France
avait à sa tête persista dans son aveuglement. A une république qui, peu à peu, pourrait se consolider sous des
lois libérales, il entendait substituer un empire autoritaire et mettre à sa tête le prince Maximilien d'Autriche.

(1) *Moniteur* du 20 et du 22 janvier 1862.

Il voulait ainsi jouer le rôle de distributeur de couronnes à l'instar de son oncle ; seulement ce dernier distribuait des trônes en Europe et aux membres de sa famille.

L'année ne devait pas s'écouler sans que la presse allemande ne semât de nouveau quelques grains de haine contre la France. Une troupe allemande était venue à Strasbourg donner des représentations à notre théâtre pendant les vacances de la troupe française, du 1er juin au 25 septembre. La vogue dont elle avait joui fit désirer au directeur, M. Frei, une prolongation de délai ; il s'adressa au préfet, qui la lui accorda, sauf à s'entendre avec le directeur français. Celui-ci posa des conditions jugées inacceptables par M. Frei, et les représentations cessèrent.

Bien que tout ceci ne fût un secret pour personne, la *Gazette universelle d'Augsbourg*, dans un article haineux, dit que le préfet avait refusé la prolongation, parce que ce serait répandre l'esprit germanique en Alsace. Elle osa ajouter : « Voilà comment on persécute en Alsace les tendances allemandes (*das Deutschthum*) dans les administrations, dans l'école, dans l'église, partout. » La méchante feuille savait cependant que dans toute l'Alsace, quoique française de cœur, on continuait à prêcher en allemand. M. Frei lui-même fut si indigné de ces calomnies qu'il adressa à la *Gazette d'Augsbourg* une lettre, reproduite par le *Courrier du Bas-Rhin* du 15 octobre, et qui finissait ainsi : « Vous voyez, Monsieur le Rédacteur, que l'auteur de votre article a écrit des inexactitudes, ou, pour parler allemand, qu'il en a menti (*oder wie man deutsch sagt : gelogen hat*).

1863

L'année 1863 vit éclater en Alsace deux sinistres
financiers qui lui firent des pertes sensibles. Les maisons
de banque Ch. Viboux et Cⁱᵉ, de Colmar, *Caisse d'escompte*,
et Ch. Hirsch et Cⁱᵉ, à Strasbourg, *ancien Comptoir national d'escompte*, furent obligées de suspendre leurs paie-
ments, puis déclarées en faillite. Voici les causes de ces
catastrophes :

Après la conclusion de la paix avec la Russie en
1856, le monde des affaires, ainsi qu'on l'a déjà vu, fut
saisi d'une vraie fièvre de fondation d'établissements
financiers et industriels. Beaucoup n'eurent qu'une existence passagère et ne servirent qu'aux boursicotiers, pour
tondre les naïfs qui se laissaient prendre à leurs prospectus trompeurs. Une de ces créations s'appela *Caisse
générale d'escompte*, fondée par un sieur Prost à Paris,
avec succursales dans les départements. Strasbourg, sous
la raison Lamey et Cⁱᵉ, Colmar, sous celle de Viboux
et Cⁱᵉ, en furent dotées. Viboux était un homme de trente
ans, fort intelligent, mais très ambitieux, excessivement
entreprenant et dépourvu de sens moral. Colmar n'offrant
pas un champ assez vaste à son activité, il se rendit sou-

vent à Paris, où il se rencontra avec un sieur Buon, ancien commis de la banque Prost (alors déjà en déconfi-
ture), qui le mit en relation avec deux officiers en retraite,
les sieurs Baumier et Miquel. Ceux-ci avaient obtenu une
lettre du cabinet de l'empereur, par laquelle Napoléon III
déclarait approuver le projet d'une exposition universelle
permanente, puis une dépêche du ministre du commerce
qui promettait au sieur Baumier de laisser entrer en franchise les échantillons des marchandises étrangères destinés à cette exposition.

L'idée, en théorie, était assez séduisante. Le palais
à construire deviendrait un vaste bazar, où se trouveraient
exposés les échantillons de tous les produits de la terre,
et la compagnie qui l'exploiterait deviendrait une maison
de commission immense chargée de l'achat et de la vente
de tous ces produits.

De qui émanait l'idée de cette exposition ? On ne l'a
jamais su ; ce qui est certain, c'est que les sieurs Baumier
et Miquel firent, le 18 octobre 1861, cession de leurs documents aux sieurs Buon et Viboux.

Un peu avant cette époque, un sieur Émile Erlanger,
de la maison Raphaël Erlanger de Francfort, avait fondé
une maison de banque à Paris. Viboux et Buon furent mis
en relations avec lui, et ces trois personnages converti-
rent une idée théoriquement admissible en une entreprise
de spoliation, pour la réussite de laquelle ils recoururent
aux plus coupables manœuvres.

Le sieur Erlanger acheta, en juin 1861, d'une comtesse de Julliac, un domaine sis à Auteuil, composé de
maison de maître et dépendances, jardins d'agrément et
d'utilité, puis d'une partie boisée, celle-ci d'une valeur
relativement inférieure. Il avait acquis le tout pour
1,700,000 fr., dont 300,000 fr. payables comptant, le

reste en sept termes. Ce domaine ayant une superficie de
184,000 mètres, le mètre lui revenait, avec les frais, mais
en défalquant la valeur des bâtiments, à 9 fr. au plus. Le
sieur Erlanger en revendit 105,000 mètres, pris dans la
partie boisée, donc dans la moins bonne, à 30 fr. le mètre,
soit pour 3,150,000 fr., dont 900,000 fr. payables de
suite, le reste dans un et deux ans.

Buon et Viboux constituèrent une société par actions,
suivant acte en date du 25 septembre 1862, déposé chez
Me Lavoignat, notaire à Paris ; puis, les actions ne se plaçant pas assez vite, Viboux fonda, à Colmar, une société
pour l'ouverture d'un crédit hypothécaire de 7,500,000 fr.,
au profit de la première Société. On créa 15,000 obligations de 500 fr., entièrement libérées, portant 25 fr. d'intérêt annuel et remboursables en 21 ans, par tirage au
sort, à 625 fr. Pour les faire prendre, on convoqua une
assemblée générale des actionnaires à Paris ; elle fut pré-
sidée par le sieur Erlanger et on y annonça pompeusement
que 50,000 mètres de surface du futur palais étaient loués
à l'avance à de tels prix que, non seulement le service des
intérêts et l'amortissement, mais, en même temps, un
magnifique dividende aux actionnaires, étaient assurés.

Parmi les gens crédules qui s'y laissèrent prendre,
se trouva M. Ch. Hirsch, directeur de l'ancien Comptoir
national d'escompte de Strasbourg. Il jouissait d'une telle
confiance que son établissement était devenu une vraie
caisse d'épargne pour notre population.

Disposant ainsi de beaucoup de fonds, M. Hirsch
souscrivit à deux mille obligations du palais d'Auteuil (1)
et ouvrit de plus à la maison Viboux et Cie, à Colmar,
un crédit en compte courant qui, de quelques cent mille

(1) C'est le nom sous lequel les fondateurs avaient lancé l'entreprise.

francs dont il avait d'abord été question, dépassa bientôt le million. Ce fut un drainage épouvantable des capitaux alsaciens vers Paris, où ils allaient s'engouffrer dans les fondations du palais d'Auteuil, dans les poches de ses directeurs et dans celles du sieur Erlanger.

En août 1863, les fonds alsaciens ne venant plus, les travaux cessèrent; le portefeuille des deux maisons Hirsch et Viboux étant épuisé, elles durent fermer leur caisse. Quelques semaines plus tard, toutes deux furent déclarées en faillite. Le passif de Hirsch et Cie s'élevait à près de sept millions, en regard d'un actif passablement mauvais, car il y figurait la somme de près de deux millions, que lui devait la maison Viboux et Cie de Colmar, et celle, de un million, versée pour les deux mille obligations du Palais, titres désormais de nulle valeur. Le premier rapport, dressé par un syndicat provisoire, laissa entrevoir 45 à 50 p. 100 pour les créanciers; mais d'après leurs vœux la liquidation Hirsch fut définitivement confiée par le tribunal de commerce à l'auteur de ce livre et à **M. Ch. Victor Holzapfel** (1), sous la direction de **M. Ch. Riess**, juge-commissaire. Elle produisit 72 p. 100.

Le résultat de la liquidation Viboux fut moins bril-

(1) Ch. V. Holzapfel, né à Strasbourg le 22 octobre 1809, avait étudié le droit et choisi la carrière d'avocat. Cependant, en possession d'une fortune indépendante, il ne plaida pas et se voua tout entier à la chose publique. Pendant près de trente ans il fut un des administrateurs les plus zélés de la caisse d'épargne, et ayant reconnu la haute utilité de cette institution par le fonctionnement de la caisse de Strasbourg, il contribua puissamment à la création de succursales dans les petites villes du département, à Molsheim, à Barr, etc. Il fit partie de la Commission du bureau de bienfaisance et d'autres établissements charitables, et fut membre et trésorier du conseil presbytéral de la communauté réformée de notre ville. A la droiture et à la loyauté il oignit un caractère ferme et modeste en même temps, et toujours prêt à rendre service.

Aimant passionnément son Strasbourg, les malheurs épouvantables

lant ; le passif était de près de cinq millions, sur lesquels les créanciers n'obtinrent que 25 p. 100. Hirsch et Viboux furent condamnés à un an de prison, pour malversation et spéculation en valeurs de Bourse contrairement aux statuts.

Restait une action à exercer contre le sieur Émile Erlanger, le richissime banquier à Paris, dont le concours, et surtout l'annonce des locations fictives, avait été une des principales causes de ces désastres.

Les nombreux Alsaciens, porteurs d'obligations du palais d'Auteuil, s'étaient formés, à Colmar, en syndicat auquel se joignirent les liquidateurs Hirsch et Viboux. On intenta devant le tribunal de première instance de la Seine une action en dommages-intérêts à Buon, à Erlanger et à Viboux et tous trois furent condamnés *solidairement* par un jugement longuement motivé, daté du 24 février 1865, à des dommages-intérêts, à fournir par état. Ces dommages se seraient certainement chiffrés par une somme de près de dix millions ; elle aurait suffi à solder intégralement les créanciers et à attribuer encore une bonne part aux actionnaires.

Buon et Viboux étaient en fuite. Erlanger, resté seul, alla en appel. On a dit que la Cour était sur le point de confirmer le jugement, lorsqu'elle reçut, de *haut lieu*, *l'ordre de l'infirmer*. M. Erlanger était fort bien vu aux Tuileries et c'est grâce aux puissantes influences dont il disposait qu'il put conserver son bénéfice illicite (1).

Ces choses-là, et bien d'autres aussi scandaleuses, se passaient, hélas ! trop souvent sous les Bonaparte ; on avait

qui accablèrent la pauvre ville en 1870 minèrent sa santé. Il succomba à une maladie de langueur le 18 octobre 1872.

(1) *Gazette des Tribunaux* du 26 février 1865.

Mémoire et consultation par M. Boehler, ancien avocat à la Cour impériale. Paris, imprimerie Balitout-Questroy et Cie.

Courrier du Bas-Rhin du 28 février 1865.

tellement bâillonné la presse qu'aucune voix ne pouvait se faire entendre pour les signaler et les stigmatiser.

Le 20, le 21 et le 22 juin eut lieu, en nos murs, le deuxième grand festival musical, organisé par les sociétés chorales strasbourgeoises. En 1856, on avait obtenu la salle du manège de l'artillerie, à la caserne Saint-Nicolas ; pour la fête de 1863, qui devait dépasser en grandiose la première, on construisit sur la place Kléber une immense halle pouvant contenir de 5,000 à 6,000 personnes. La fête réussit, mais elle porta encore bien plus que celle de 1856 le cachet autoritaire ou impérialiste. En dehors du comité central, présidé par M. Victor Nœtinger, un comité, dit de patronage, s'était formé sous la présidence du maire, M. Coulaux. « Les principales autorités en « font partie, disait le *Courrier du Bas-Rhin* du 7 juin, « et prendront ainsi le festival sous leur patronage di- « rect. » Aussi, le concours officiel fut complet. Le 20, retraite aux flambeaux (1). Salves d'artillerie, diane battue par les tambours de la garnison et des pompiers, le dimanche matin 21. Dans la soirée, grand banquet officiel à l'hôtel de la Ville-de-Paris, sous la présidence du préfet. M. Nœtinger ne se borna pas, comme son prédécesseur de 1856, à boire à la santé de l'empereur, il porta de plus un toast à l'impératrice et au prince impérial ! !

(1) En 1856, le jardin Lips, du Contades, avait été pour le premier soir le lieu du rendez-vous des chanteurs. Là, débarrassés du contrôle d'une autorité jalouse, Suisses, Allemands, Français se confondirent fraternellement. Ces allures franches ne pouvaient que déplaire à l'esprit du bonapartisme et, pour en empêcher le renouvellement, en 1863, l'autorité avait indiqué la grande pelouse de la Robertsau comme lieu de réunion pour le premier soir. Les musiques de la garnison et des détachements de la troupe y avaient précédé les chanteurs et c'est de là que partit le cortège aux flambeaux.

Le lundi matin 22, nouvelle diane, et le soir grand bal, à la salle de spectacle, pour terminer la fête.

Samedi, le 20, eut lieu le premier épisode musical du festival : ce fut un concert donné, à 4 heures du soir, par 1,500 enfants des écoles primaires de Strasbourg, sous la direction de M. Gross, professeur de chant à l'école normale. L'exécution fut parfaite, le programme bien choisi, mais le dernier morceau était : *Vive l'empereur !* de Gounod ; — toujours le même servilisme.

Le programme du concert du dimanche 21 se composait d'une foule de morceaux, exécutés sous la direction du sieur Liebe (1), par les sociétés de chant qui, de loin et de près, étaient venues à Strasbourg pour concourir à ce tournoi musical : l'*Orphéon* de Colmar, la *Concordia* de Mulhouse, le *Cecilienverein* de Mayence, l'*Association badoise,* etc., etc. On chantait *Patrie* de Heyberger, *France* de Thomas, *das deutsche Lied* de Kallivoda, etc. Le jury se composait, entre autres, de Berlioz, d'Abt, de Kücken ; tous reçurent des ovations enthousiastes. Dans ces moments, la plus grande fraternité paraissait régner, aussi le *Courrier du Bas-Rhin* (2), dans un moment d'entraînement, s'écria : « Une foule d'inscriptions françaises et allemandes rappellent aux chanteurs qu'ils sont venus à Strasbourg célébrer une fête de fraternité ; tout donne tort à ces prophètes de malheur, que nous avons vus ces jours derniers encore répéter à l'envi, dans certains journaux étrangers, que la fête strasbourgeoise porterait le cachet du militarisme et du fonctionnarisme. Tout, au contraire, rend à cette fête son caractère *populaire.* »

Il n'était pas bien difficile alors, le brave *Courrier !...*

(1) Voir page 49.
(2) Du 21 juin 1863.

Lundi, le 22 juin, eut lieu le troisième concert vocal et instrumental. Dans le programme figurait l'*Enfance du Christ* de Berlioz, dirigé par le maëstro lui-même. Les *soli* furent chantés par MM. Morini (1), Bataille, Lutz, Klein et Mlle Scheffer.

L'exécution des divers morceaux du programme ne laissa rien à désirer et, au point de vue musical, les trois fêtes réussirent parfaitement. Mais, l'immixtion gouvernementale leur avait enlevé ce souffle de liberté, ce caractère populaire, sans lesquels il n'y a pas de véritable solennité (2).

Le 15 juin, on avait reçu, à Strasbourg, la nouvelle de la prise de Puebla. M. Coulaux, en fidèle bonapartiste, fit pavoiser les édifices publics, mettre les drapeaux sur la cathédrale, et inviter les habitants à pavoiser. Mais on resta sourd à l'appel du maire ; la guerre du Mexique était très mal vue. MM. Ernest Picard et Jules Favre, dans de magnifiques discours à la Chambre des députés, avaient

(1) Un Strasbourgeois, M. Schumpf, qui sous le nom de *Morini* avait rempli des rôles de premier ténor à plusieurs grands théâtres ; *Bataille*, de l'Opéra-Comique de Paris ; *Lutz*, baryton du théâtre de Strasbourg ; *M. Klein*, pharmacien, aujourd'hui membre du *Landesausschuss* et conseiller du gouvernement d'Alsace-Lorraine, Mlle *Scheffer* était une jeune dilettante strasbourgeoise, douée d'une très belle voix.

(2) Les frais de ce festival furent assez considérables. Ils s'élevèrent en total à 72,128 fr. 15 c., en regard d'une recette de 44,837 fr., dont 9,490 fr., produit d'une souscription publique, et 35,347 fr., produit des concerts, du bal, etc., etc.

Par délibération du 11 mai 1863, le conseil municipal avait accordé une subvention éventuelle de 25,000 fr. ; on y ajouta un supplément de 2,291 fr. 15 c., de sorte que la différence de 27,291 fr. 15 c. fut couverte par la caisse municipale. (*Courrier du Bas-Rhin* du 9 avril 1864.)

clairement démontré ce que cette expédition avait d'inique. « Je ne puis donc m'associer, dit M. Favre, à une
guerre entreprise sur des renseignements mensongers et
contrairement aux droits des Mexicains, et surtout quand
je vois que c'est contrairement aux intérêts de notre pays
qu'elle se prolonge. Je supplie la Chambre de faire connaître sa volonté et de dégager, par une protestation, sa
responsabilité de celle du Gouvernement. »

Rien n'y fit : sur 250 votants, 245 se déclarèrent contre la proposition de M. Favre et de ses quatre collègues
qui, à cette époque, formèrent, eux seuls, l'opposition(1).
Naturellement les députés de l'Alsace votèrent pour la
guerre du Mexique. Cela ne les empêcha pas d'être réélus
aux élections qui eurent lieu fin mai 1863.

A cette époque, il y eut bien un réveil de l'esprit
public, mais il était presque impossible de lutter contre
la pression administrative et contre les votes aveugles des
ruraux, dans lesquels on noyait le vote des villes. (Voir
page 63, 1857 ; page 73, 1858.)

A Strasbourg, on porta M. Odilon-Barrot contre
M. Alfr. Renouard de Bussierre. Quoique l'opposition ne
disposât d'aucun journal, — car le *Courrier du Bas-Rhin* se
garda bien de contrarier l'administration — M. Odilon-
Barrot obtint à Strasbourg 4,000 voix contre 5,500, données à M. de Bussierre. A Saverne, M. Coulaux, à Wissembourg, M. de Coehorn furent réélus sans opposition ;
il n'y eut lutte que dans la circonscription de Schlestadt,
où M. Zorn de Bulach, chambellan de l'empereur, l'emporta sur M. Hallez-Claparède (2). A Colmar, M. Lefébure,

(1) Séances de la Chambre des députés des 7 et 9 février 1863.
(2) Dans la séance de la Chambre des députés du 21 novembre,
l'élection de M. de Bulach fut annulée. Les électeurs furent convo-

à Altkirch, M. de Reinach furent réélus; dans la circonscription de Mulhouse, M. Aimé Gros, candidat du Gouvernement, fut élu par 12,519 voix contre 11,848 données à M. Tachard. Ce dernier obtint à Mulhouse 7,793 voix, contre 2,050 à M. Gros; ce furent encore les cantons ruraux (Soultz, Rouffach et Ensisheim) qui assurèrent l'élection du candidat agréable. A Belfort, M. West, bonapartiste, l'emporta sur M. Migeon.

Quand on pense qu'à peine sept ans plus tard l'Alsace-Lorraine fut frappée du malheur immense d'être détachée de la mère-patrie, on est tenté de maudire non les campagnards, mais ceux qui, par intérêt, les tenaient systématiquement dans l'ignorance.

Quiconque avait lu les révélations faites à la tribune de la Chambre était convaincu que l'expédition du Mexique était une guerre des plus injustes et en outre des plus calamiteuses pour les soldats et les finances de la France. Néanmoins, obéissant comme de plats valets à la voix de leur maître, les députés soutinrent à l'unanimité, moins les cinq, cette guerre, cause indirecte des désastres de 1870, car le Mexique ayant absorbé des sommes immenses qu'on n'osait avouer, on fut obligé, pour combler le vide, de réduire le nombre des hommes sous les drapeaux et de laisser l'outillage militaire incomplet.

Le Mexique n'était pas la seule préoccupation du Gouvernement. La question italienne et celle du pouvoir temporel du pape se trouvaient toujours en suspens. La pauvre Pologne avait fait un nouvel effort héroïque pour secouer le joug de ses oppresseurs. D'accord avec un gouvernement provisoire qui s'était formé, Langiéwicz avait pris la dic-

qués à une nouvelle élection les 17 et 18 janvier 1864. M. Hallez l'emporta par 15,059 voix contre 14,436 données à M. de Bulach.

tature (mai 1863). La répression fut encore atroce. Mourawiew, le gouverneur de la Lithuanie, s'en était chargé. Il signale son entrée en fonctions en faisant fusiller deux prêtres. Le 12 juin, il fit fusiller le comte Plater et pendre l'abbé Komarski, accusés d'avoir favorisé l'insurrection ; le 13, il interdit de porter des vêtements de deuil, le 16, il fait enlever et transporter à Saint-Pétersbourg Mgr Felinski, archevêque de Varsovie (1). Ces horreurs eurent, comme toujours, un retentissement à la tribune française, mais Napoléon III, engagé au Mexique, ne pouvait se brouiller avec la Russie.

Frédéric VII, roi de Danemark, mourut le 15 novembre 1863, sans laisser d'héritiers directs. Le duc Christian de Schleswig-Holstein devait lui succéder, mais il eut pour compétiteur un duc d'Augustenbourg que Napoléon III favorisait. Les droits du prince de Schleswig-Holstein finirent pourtant par être reconnus et il monta sur le trône sous le nom de Christian IX, le 16 novembre 1863, en séparant, pour donner satisfaction à la Diète allemande, le Holstein et le Lauenbourg de la monarchie danoise et en laissant au Schleswig son autonomie. Cela ne faisait pas l'affaire de la Prusse, qui convoitait les duchés. D'un autre côté, l'Allemagne du Sud s'agitait beaucoup en faveur des populations allemandes du Schleswig-Holstein, qu'elle disait opprimées par les Danois. Ce fut une vraie fièvre. Chez nos voisins du pays de Bade, on n'entendait que la chanson :

« *Schleswig-Holstein Stammverwandt* », etc. (2).

La Prusse, dirigée par M. de Bismarck, qui venait

---

(1) Taxile Delord, *Histoire du second empire.*
(2) Elle date de 1848.

d'être placé à la tête du cabinet de Berlin, aurait préféré agir seule, sans le concours des États du Sud, mais l'Autriche, craignant de s'aliéner les sympathies de ces États, résolut de se joindre à la Prusse, et le 7 décembre 1863 la Diète de Francfort vota l'exécution fédérale contre le Danemark, pour n'avoir pas rempli ses obligations fédérales relativement au Holstein et au Lauenbourg. Ce furent les préludes de la guerre de 1864.

1864

Pendant qu'au nord de l'Allemagne se faisaient des préparatifs de guerre, au sud se jouait le prologue du drame mexicain. Une députation était arrivée, fin août 1863, au château de Miramar (1) offrir la couronne d'empereur du Mexique à l'archiduc Maximilien, frère de l'empereur d'Autriche. Voici ce qui s'était passé.

La prise de Mexico ayant suivi celle de Puebla, Juarez, le président de la République mexicaine, avait transféré le siège de son gouvernement à San-Luiz de Potosi. Le général Forey, qui avait fait son entrée à Mexico le 5 juin 1863, se trouva donc obligé de donner une administration à la capitale et un gouvernement à l'État. Le pouvoir exécutif fut confié au général Almonte, à Mgr Labastida, archevêque de Mexico, et au général Salas, créature de l'ancien dictateur Santa-Anna (2). Une Constituante, organisée tant bien que mal, nomma

___

(1) Magnifique résidence que l'archiduc Maximilien venait de se faire construire sur le cap *Punta Grignana* qui s'avance dans la mer Adriatique près de Trieste.

(2) Taxile Delord, *Histoire du second empire*, t. IV.

des délégués auprès de Maximilien. Tout ceci ne se fit
pas sans une vive opposition que les Français ne pouvaient
vaincre qu'en décrétant les mesures les plus odieuses. Le
général Forey y fut puissamment secondé par M. de Saligny,
le chargé de France au Mexique, un des instruments les
plus serviles de la réaction. La terreur qu'elle exerça n'a-
méliorait cependant pas les affaires de l'intervention. Les
choses prirent même une si fâcheuse tournure qu'il fallut
rappeler M. de Saligny et le maréchal Forey (1). Il fut
remplacé, fin juillet 1863, par le général Bazaine (plus
tard maréchal), de fatale mémoire.

Le pauvre Maximilien hésita longtemps avant d'accepter la dangereuse couronne que lui offraient la réaction
mexicaine et Napoléon III. Celui-ci envoya le général
Frossard, son aide de camp, à Miramar pour hâter la décision, mais ce ne fut que le 10 avril 1864 que le traité
officiel d'acceptation fut signé. Par un article secret, Napoléon III prenait l'engagement de ne rappeler que successivement l'armée française et de la maintenir en 1865
à 28,000 hommes, en 1866 à 25,000 hommes et en 1867
à 20,000 hommes (2).

Dans la discussion de l'Adresse, en janvier 1864,
l'opposition attaqua de nouveau la campagne du Mexique ;
M. Thiers posa nettement la question : « L'honneur militaire, dit-il, est sauf ; Maximilien n'a pas encore accepté,
il ne faut pas s'engager davantage, mais traiter avec le
parti le plus fort qui semble être celui de Juarez (3). »

(1) Napoléon III, en apprenant la prise de Mexico, nomma le général Forey maréchal de France. Il lui devait cette récompense
parce qu'au 2 décembre 1851 il avait amené le premier sa brigade à
l'Élysée. Taxile Delord, t. IV.
(2) Taxile Delord, t. IV. J'engage mes lecteurs à lire les détails
qu'ils y trouveront pages 192-242 ; ils sont vraiment très intéressants.
(3) Séance du 26 janvier 1864.

M. Rouher, dans sa réponse, dit entre autres : « Celui-là fut un homme de génie qui, à travers les obstacles, eut le courage d'ouvrir des sources nouvelles de prospérité à la nation dont il était le chef. »

Toujours l'homme de génie ! Douze députés seulement osèrent critiquer — et encore ne leur fut-il permis de le faire que très légèrement — les actes du Gouvernement ; 246 les approuvèrent (1).

La Chambre montra un peu moins de servilisme lors d'un projet de loi autorisant le Gouvernement à aliéner, par voie administrative, des parties du domaine de l'État. Malgré la peine que se donne M. Rouher, ce tout-puissant ministre ne peut réunir que 114 voix pour son projet ; 134 se déclarent contre. Parmi les 114 serviles figurèrent cinq Alsaciens : MM. Renouard de Bussierre, Coehorn, Coulaux, Gros et de Reinach. MM. Hallez-Claparède, Lefébure et West eurent le courage de voter contre (2).

———

La campagne contre le Danemark fut courte ; le pauvre petit pays devait nécessairement succomber sous les forces réunies de la Prusse et de l'Autriche. Délaissé des autres puissances, le Danemark signa à Vienne le traité du 30 octobre 1864, par lequel il abandonnait tous ses droits sur les duchés de Schleswig et de Holstein-Lauenbourg au roi de Prusse et à l'empereur d'Autriche.

Cette guerre, quoique de courte durée, avait suffi pour fournir ample matière aux gallophobes d'outre-Rhin

(1) Séance de la Chambre des députés du 29 janvier 1864.
(2) Séance de la Chambre des députés du 27 avril 1864.

de prêcher de nouveau la haine contre la France, et la revendication de l'Alsace.

Dès les premiers mois de 1864, les *Gazettes de Cologne, d'Augsbourg,* etc., avaient accusé la France d'avoir concentré en Alsace et en Lorraine une grande armée ; d'abord on parla de 50,000 hommes, plus tard de 100,000 ! Le *Courrier du Bas-Rhin* et le *Courrier de Metz* (1) s'efforcèrent vainement à prouver que tout cela était faux ; on continua à entretenir chez nos voisins l'idée que Napoléon III guettait le moment opportun pour tomber sur l'Allemagne. Malheureusement ces soupçons se justifiaient dans une certaine mesure par les paroles mêmes de l'empereur ; dans son discours d'ouverture de la session législative, le 5 novembre 1863, il avait dit entre autres : « Les traités de 1815 ont cessé d'exister. » Une autre fois il parla du remaniement de la carte de l'Europe, du rétablissement de la Pologne, du rachat de la Vénétie par des compensations données à l'Autriche sur le Danemark ; de la régénération de la race latine en Amérique par la création d'une monarchie au Mexique, etc.

De leur côté, les Allemands savaient fort bien que Napoléon III était tellement engagé au Mexique que, pour le moment du moins, ils n'avaient pas à le craindre, et que ces armées de 50,000, de 100,000 hommes en Alsace n'existaient pas. Ils n'en continuaient pas moins leurs attaques haineuses à tel point que le journal *le Siècle* publia, le 12 septembre 1864, un article « *les Allemands et l'Alsace* » dont j'extrais les passages suivants : « Quand les écrivains de la *Boersenhalle* (journal hambourgeois) soutiennent que la nationalité allemande est opprimée en Alsace et en Lorraine, ils agitent un drapeau au-

(1) Février 1864.

tour duquel l'Allemagne a coutume de se rallier. Mais ils savent très bien qu'il n'y a pas de nationalité allemande en Alsace et en Lorraine, qu'il y a seulement dans ces deux vieilles parties de la Gaule, dans ces deux héroïques parties de la France, des Français, parlant à la fois le français et l'allemand..... Qu'y a-t-il de plus français, par exemple, que les gloires militaires de l'Alsace, que les annales guerrières de la Lorraine?... Strasbourg, à la vérité, n'a plus pour députés des Benjamin Constant, des Lafayette, mais l'ombre du vainqueur d'Héliopolis plane toujours sur ses remparts, et si la France était attaquée, c'est de là, comme en 1792 et en 1814, que sortiraient les premiers et les derniers volontaires. »

Malheureusement ni cet article, ni bien d'autres, ne firent taire certaines voix allemandes qui peut-être servirent en même temps aux Gouvernements à refouler les aspirations libérales que de temps en temps on voyait se réveiller. Ce qui est certain c'est que la France riche excitait les jalousies, les convoitises et que Napoléon III les entretenait par sa politique tortueuse. C'était aux sénateurs, aux députés, à signaler les dangers auxquels elle conduirait. Ils connaissaient l'histoire; celle du premier empire fournissait de cruelles leçons. Mais leur désir de jouir des faveurs du pouvoir les aveuglait; c'est l'égoïsme de ses députés qui est la principale cause des malheurs de l'Alsace-Lorraine.

Et cependant elle ne méritait pas un si triste sort.

Dimanche, le 21 août, Colmar inaugurait par une fête grandiose le beau monument érigé pour perpétuer le souvenir de l'amiral Bruat (1), un de ses plus glorieux enfants.

(1) Bruat, Armand Joseph, né à Colmar en 1796, aspirant de marine en 1815, mourut en mer le 19 novembre 1855 à son retour en

1864

OEuvre de Bartholdi (1), ce monument est encore aujourd'hui une des belles décorations du Champ de Mars, mais ce sont des militaires allemands qui se promènent là où, le 21 août 1864, se trouvaient réunies les illustrations de la marine française.

La ville de Colmar se réveilla en ce jour au son de toutes ses cloches et de solennelles salves d'artillerie. Un soleil splendide rehaussa la belle ornementation des rues de la cité, par lesquelles s'agitaient des flots de spectateurs venus pour assister à la fête.

Vers deux heures, le cortège officiel, précédé de la musique des pompiers et de celle du 1er régiment de cuirassiers, se rendit au Champ de Mars après avoir fait une station à l'hôtel de la préfecture pour recevoir les amiraux, le préfet, les membres du Conseil général et les autres fonctionnaires invités.

Les corporations industrielles avec leurs chars variés; les sapeurs-pompiers et les troupes, rangés en haie dans les allées; à perte de vue, une mer de spectateurs; partout des mâts vénitiens, et aux deux côtés du kiosque des estrades enguirlandées réservées aux dames, tel fut le coup d'œil pittoresque que présenta alors le Champ de Mars.

Le cortège étant arrivé au pied du monument, l'amiral Jurien de la Gravière, au milieu d'un profond silence,

France comme commandant de l'escadre pendant la guerre de Crimée. Voir *Histoire de Strasbourg et de l'Alsace*, pages 238-240; par une erreur typographique on y trouve 1865 au lieu de 1855 pour la date de sa mort.

(1) Auguste Bartholdi, né à Colmar le 2 avril 1834, statuaire, auteur de beaucoup d'œuvres d'art. Après la guerre de 1870 dans laquelle Bartholdi servit avec distinction dans l'état-major de Garibaldi, il sculpta (pour Belfort) le lion symbolique de la défense, la malédiction de l'Alsace et la gigantesque statue de la Liberté destinée à l'entrée du port de New-York, etc.

traça en paroles émouvantes la vie du noble enfant de Colmar. De son allocution, je détache quelques passages :

... « Honneur donc à Bruat! honneur au pays qui s'est si généreusement associé à l'œuvre de notre reconnaissance (1), œuvre vraiment nationale par le concours auquel l'armée et la flotte, les colonies les plus lointaines, et *autour de nous nos patriotiques communes de l'Alsace* ont pris une si large part. Honneur aussi au jeune artiste qui s'inspirant de l'amour de sa ville natale, a su retrouver dans l'histoire du guerrier le souffle qui animait son beau caractère, et le faire revivre parmi nous, pour l'exemple des âges futurs, dans ce monument de granit et de bronze.

« Mes chers concitoyens, la solennité de ce jour est véritablement une fête de famille accomplie sous les yeux de la France...

« Laissez-moi espérer que dans cette conquête parfois pénible mais toujours glorieuse de l'avenir, vers laquelle notre pays marche à la tête des nations..., Colmar, notre chère cité, trouvera encore parmi ses enfants, de ces talents, de ces courages, de ces nobles cœurs qui font les Bruat. »

Après les discours de M. de Peyerimhof, maire de Colmar, de M. l'amiral Bonard, compagnons d'armes de Bruat, les sociétés de chant de Colmar, auxquelles étaient venues prêter leur concours la *Chorale* de Strasbourg et la *Concordia* de Mulhouse, entonnèrent une belle cantate : *l'Amiral Bruat*, composée pour la circonstance par M. Weckerlin (2). La musique du 1er cuirassiers accompagna

---

(1) Ce monument a été érigé par souscription nationale.

(2) Weckerlin, né à Guebwiller en 1821. Élève du Conservatoire de 1844 à 1849 ; en 1876, il succéda à Félicien David comme bibliothécaire du Conservatoire de musique. En 1877, il devint archiviste·

le chant, qui obtint les applaudissements unanimes de l'immense auditoire.

La cérémonie terminée, le cortège officiel rentra en ville. Outre les amiraux Jurien et Bonard, on y remarquait MM. le capitaine de vaisseau Thomassin ; le capitaine de frégate Conrad, neveu de Bruat ; MM. Lejeune et Émile Bruat, anciens aides de camp de Bruat ; le préfet du Haut-Rhin, M. Ponsard, récemment entré en fonctions ; le baron de Heeckeren, sénateur, etc., etc.

A six heures du soir, les sociétés chorales de Colmar, de Mulhouse et de Strasbourg donnèrent un concert à la salle de spectacle. Les honneurs de la soirée furent pour : *Hommage à Bartholdi,* de Heyberger, chanté par l'*Orphéon* de Colmar, et pour *Ständchen,* chanté par la section de la *Chorale* de Strasbourg appelée quatuor tyrolien ; il obtint une ovation frénétique, et son trop modeste ténor, M. Hoff (1), fut l'objet de grands cris de rappel.

Deux grands banquets terminèrent la fête. Les amiraux, le préfet, le maire, etc., avaient leurs places mar-

bibliothécaire de la Société des compositeurs de musique. M. Weckerlin a composé un grand nombre de morceaux de chant, d'ouvertures, de symphonies très estimés.

(1) Charles Hoff, né à Strasbourg en 1820, fut pendant près de trente ans le ténor amateur favori du public de Strasbourg. Ses parents peu aisés ne pouvant lui faire donner des leçons de chant, Hoff se poussa lui-même. Il avait à tel point le sens musical que tout jeune il lut à première vue les passages les plus difficiles ; en outre, étant doué d'une mémoire prodigieuse, il indiqua fort souvent dans les morceaux d'ensemble les rentrées à des collègues moins solides que lui. Mais là où il excellait, ce fut le *Jodeln ;* la section de la *Chorale* dite quatuor tyrolien fondé par M. Albert Decker, devait sa grande vogue à Hoff. Lui disparu, c'en était fait de ce quatuor. Le pauvre ténor mourut d'une maladie du larynx en 1867. Un de ses cousins du même nom est l'auteur de quatuors très jolis écrits pour le chanteur Hoff, et les deux cousins eurent ainsi souvent à se partager les applaudissements d'un public transporté et par la composition et par l'exécution.

quées au banquet officiel (à l'hôtel des Deux-Clefs), et
naturellement les toasts à l'empereur, à l'impératrice et au
prince impérial n'y manquèrent pas, pas plus que les éloges décernés à ces personnalités pour tout le bien qu'elles
faisaient à la France.

L'autre banquet, au foyer du théâtre, réunissait
principalement les orphéonistes; là régna la plus franche
gaité. M. Adolphe Ernst, avoué à Colmar, qui présidait,
but à la *Chorale* de Strasbourg et à la *Concordia* de Mulhouse. M. le Dʳ Strohl, de Strasbourg, répondit en buvant
aux vaillants chanteurs de Colmar. M. Belin porta la
santé de M. Bartholdi dont l'entrée dans la salle avait été
saluée de hourras ; enfin, une santé fut portée par
M. Weckerlin à M. Liebe, le directeur de la *Chorale* de
Strasbourg. Notre excellent compatriote Haut-Rhinois
ne se doutait certes pas que six ans plus tard, ce même
M. Liebe emploierait son talent à mettre en musique les
chants les plus haineux contre la France !

———

Dans le cours de cette année, on livra encore une
fois un assaut aux fondations de Saint-Thomas. Un sieur
Lobstein, se disant ancien cultivateur à Strasbourg, avait
adressé au Sénat une pétition dans laquelle, sous le prétexte de se plaindre du mode de location des terres de la
fondation, il critiquait la gestion, puis élevant la question plus haut, il demandait que les revenus de ces biens
fussent mis sous la surveillance et le contrôle de l'État.

Bien que le rapporteur, le baron Brenier, ne se fût
pas laissé prendre au piège, il conclut cependant au ren-
voi de la pétition au ministre de l'intérieur et à celui des
cultes. Mais, M. Dupin, dans un long discours, dévoila

le plan perfide qui se cachait derrière cette pétition. « La renvoyer aux ministres, dit-il, c'est ranimer une contestation au lieu de l'apaiser. » Puis, pour prouver les droits des protestants sur ces biens, il parla des traités de Munster. « Il y a enfin la capitulation de Strasbourg de 1681, dit M. Dupin ; or, la France n'est pas accoutumée à méconnaître les capitulations, ces paroles d'honneur données par le vainqueur au vaincu, *surtout quand les vaincus sont devenus nos frères, de braves et bons soldats, qui depuis n'ont pas cessé de combattre avec nous et qui gardent vaillamment nos frontières...* (Très bien! Très bien! de tous les côtés de la salle.) » M. Dupin propose l'ordre du jour pur et simple qui, appuyé par MM. Le Verrier et Haussmann, est adopté à la presque unanimité (1).

Si, en 1864, on a tenté de réveiller la question de Saint-Thomas, que l'on croyait avoir été enterrée définitivement en 1854-1855, c'est qu'apparemment on jugeait les circonstances propices. En effet, le fanatisme religieux, catholique ou protestant, n'importe, l'un ne vaut pas plus que l'autre, faisait de nouveau parler de lui. A Paris, M. Renan avait été révoqué comme professeur au Collège de France. En compensation, on le nomma conservateur adjoint des manuscrits de la bibliothèque impériale. Mais la réaction exige la disgrâce complète du savant professeur, et M. Duruy, le ministre de l'instruction publique, homme d'ailleurs assez libéral, est contraint d'annuler cette nomination (2).

L'orthodoxie protestante se montre tout aussi intolé-

(1) Séance du Sénat du 18 février 1864.
(2) *Moniteur* des 2 et 12 juin 1864.

rante. Forte de la majorité qu'elle s'était procurée dans le Consistoire de l'Église réformée de Paris, elle exclut de la chaire de l'Oratoire le pasteur Athanase Coquerel fils, un des représentants les plus fermes, les plus modérés du protestantisme libéral (1).

A Strasbourg, les libéraux ayant désiré faire nommer le pasteur Colani professeur à notre Faculté de théologie, le parti orthodoxe s'en scandalise ; il réclame ; toutes les calomnies lui semblent permises. M. Colani les réfute ; ses amis agissent. Enfin, ils l'emportent. Le décret de nomination est accompagné d'une lettre de M. Duruy au recteur, dans laquelle le ministre dit entre autres : « Il résulte des déclarations de la Faculté que, comme théologien et comme prédicateur, M. Colani a un mérite incontestable que ses adversaires *ont dénaturé* en principe », etc. (2).

————————

Le 2 mai 1864, mourut à Paris, après une courte maladie, Giacomo Meyerbeer. Quelques jours plus tard, le théâtre de Strasbourg, pour rendre un éclatant hommage à la mémoire de l'illustre compositeur, organisa une représentation extraordinaire, composée du premier acte de *Robert*, du quatrième des *Huguenots* et du quatrième du *Prophète*. « Entre les *Huguenots* et le *Prophète*, dit M. François Schwab, dans le feuilleton du *Courrier du Bas-Rhin* du 24 mai, a été exécutée une cantate, composée pour la solennité par M. V. Elbel, sur un texte en vers de M. E. Febvrel (3).

(1) *Courrier du Bas-Rhin* des 5-9 mars 1864.
(2) *Courrier du Bas-Rhin* du 11 juin 1864.
(3) M. Febvrel était un jeune étudiant de notre Université, plus tard professeur au collège de Bouxwiller. Ami de notre compatriote

« La scène offrait à ce moment un spectacle aussi pittoresque qu'émouvant. Autour d'une estrade, supportant le buste de Meyerbeer, étaient groupés tous les personnages de ses opéras, dans le costume de leurs rôles et tenant des étendards où se lisaient les noms de glorieuses batailles, *qui n'ont coûté de larmes à personne : Robert-le-Diable,* les *Huguenots,* le *Prophète,* l'*Étoile du Nord,* le *Pardon de Ploërmel.* Jamais peut-être la toute-puissance de l'art et la suprématie sans rivale des œuvres de l'intelligence ne s'est mieux révélée qu'à l'aspect de tout ce monde de créations idéales que le génie d'un seul homme a évoquées du néant et rendues impérissables. »

M. Schwab avait raison : les opéras de Meyerbeer feront longtemps le charme de tous ceux qui aiment la belle, la vraie musique. Aujourd'hui encore on joue les œuvres de Haydn, de Mozart, de Beethoven, de Gluck et de Méhul, qui datent presque toutes du dernier siècle ; celles de Rossini, de Weber, de Boïeldieu, d'Auber, de Hérold, dont la plupart ont un demi-siècle d'existence. Au-dessus de tous plane le génie de Meyerbeer. — Berlioz et Wagner ont voulu faire une révolution dans la musique. Le dernier surtout, emporté par son incommensurable orgueil de créer un art musical à lui, a fini par

M. Victor Nessler, il fit pour lui les paroles d'une charmante pièce en un acte, *Fleurette,* premier essai de musique dramatique tenté par M. Nessler en 1863. Vingt ans plus tard, M. Nessler qui, dès 1865, s'était rendu en Allemagne pour s'y vouer entièrement à la musique, avait acquis une grande réputation par ses deux opéras *Der Rattenfänger von Hameln* et *Der Trompeter von Säckingen.* En 1884, M. Nessler revint se fixer auprès de sa famille, à Strasbourg, d'où partiront à l'avenir, selon toutes les probabilités, ses mélodieuses compositions. Edmond Febvrel mourut en février 1870, à peine âgé de 28 ans, à la suite d'une maladie de langueur qui vint tristement interrompre la carrière bien commencée du pauvre jeune homme.

bouleverser toutes les règles qui régissaient avant lui la musique dramatique. Aura-t-il réussi ? J'en doute. Malgré la peine que se donne le parti wagnérien qui, en Allemagne, agit peut-être autant par fanatisme politique que par amour de l'art, il serait fort possible que dans cent ans d'ici on jouât encore les œuvres de Meyerbeer, alors que celles de Wagner ne vivront plus que dans un lointain souvenir.

Meyerbeer était né à Berlin le 5 septembre 1794 ; mais Paris l'attirait irrésistiblement et, à partir de 1831, où la première représentation de *Robert-le-Diable* avait consacré d'une façon si éclatante la gloire du grand compositeur, presque toutes ses œuvres y virent le jour. La France était devenue sa patrie adoptive.

Bien que Meyerbeer eût gardé un attachement réel à sa ville natale, puisqu'il avait demandé par son testament à être enterré à Berlin et bien qu'il eût occupé de hautes fonctions à la cour de Prusse, ses compatriotes, dans leur chauvinisme fanatique, semblent ne vouloir lui pardonner d'avoir doté la scène française de ses plus belles œuvres.

En 1876, le grand théâtre de Dresde fut reconstruit dans un style magnifique ; les noms des grands maîtres de l'art brillent sur la façade et sur le rideau. Un seul n'y a pas trouvé place... celui de Meyerbeer ! — Ce n'est qu'au plafond, confondu avec des noms insignifiants, qu'on a daigné inscrire le nom de l'illustre compositeur.

La mort le trouva surveillant les préparatifs qui devaient précéder les répétitions de l'*Africaine*, cette œuvre magistrale attendue depuis des années et pour laquelle il avait enfin trouvé des interprètes tels qu'il les désirait.

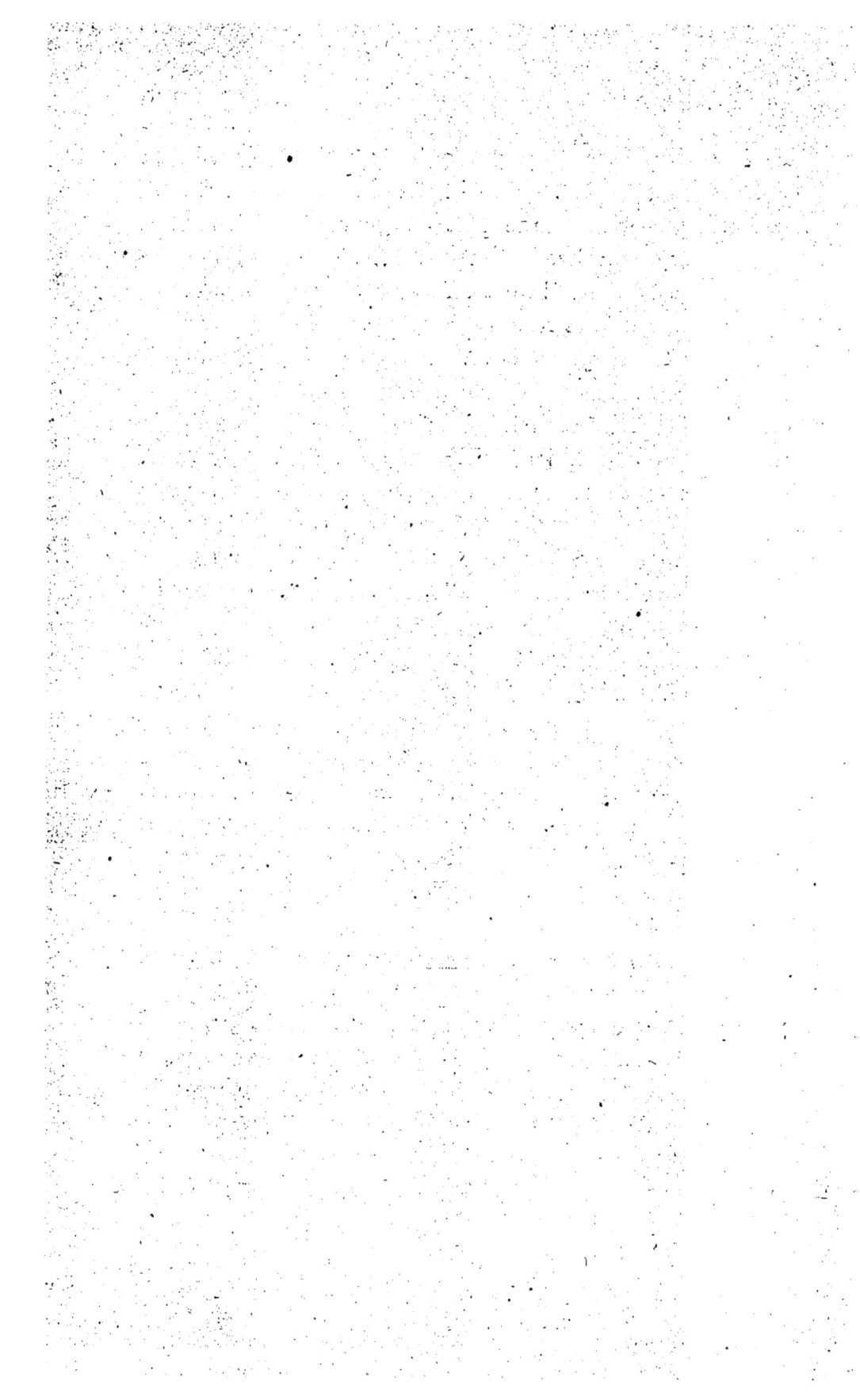

1865

~~~

SOMMAIRE

Élections municipales. — Réfugiés polonais à Strasbourg. — Mort du colonel Charras. — Assassinat du président Lincoln. — Mort de Richard Cobden. — Mort et testament de Strauss-Dürckheim. — Changements de préfets en Alsace. — Fondation de sociétés : des loyers ; de consommation ; de livrets de caisse d'épargne à Strasbourg ; des bibliothèques communales, dans le Haut-Rhin. Création de l'école de commerce à Mulhouse.—Affaire Ott-Eulenbourg.

Fin juillet eut lieu le renouvellement général des conseils municipaux. C'était pour Strasbourg la dernière élection municipale sous le régime français, car celle d'août 1870 fut interrompue par la guerre et les terribles suites qu'elle eut pour la malheureuse ville.

Sur 16,705 électeurs inscrits, il s'en présenta 10,999, contre 7,423 seulement en 1860. Les 36 conseillers furent élus dans l'ordre suivant :

1. Gérard, Louis-Édouard, président du tribunal civil.
2. Clog-Mertian, Joseph, ancien négociant.
3. Humann, Théodore, propriétaire.
4. Sengenwald, Jules, président de la chambre de commerce.
5. Hoerter, André, marchand de bois.
6. Zimmer, Louis-Frédéric, notaire.
7. Petiti, Eugène, architecte.

8. Stæhling, Charles, négociant, membre de la chambre de commerce.
9. Simonis, François, ancien négociant.
10. Hatt, Philippe, brasseur.
11. Kampmann, Louis-Chrétien, négociant, juge au tribunal de commerce.
12. Lix, Frédéric, propriétaire.
13. Cailliot, René, propriétaire.
14. Coumes, Jules, ingénieur en chef des ponts et chaussées.
15. Stromeyer, Charles-Geoffroi, ancien négociant.
16. Momy, Hippolyte, notaire.
17. Kratz, Édouard, notaire honoraire.
18. Cailliot, Amédée, professeur à la Faculté de médecine.
19. Dirr, Jean-Antoine, ancien négociant.
20. Simon, Joseph, négociant, juge au tribunal de commerce.
21. Kugler, Frédéric-Auguste-Théodore, avocat.
22. Boersch, Charles, rédacteur en chef du *Courrier du Bas-Rhin*.
23. Lemaistre-Chabert, Adolphe, propriétaire.
24. Lauth, Jean-Jacques, propriétaire.
25. Mallarmé, François-Joseph, avocat.
26. Flach, Georges, notaire.
27. Renouard de Bussierre, Alfred, député au Corps législatif.
28. Silbermann, Gustave, imprimeur.
29. Oberlin, Léon, professeur à l'école de pharmacie.
30. Huck, Michel, marchand de bois.
31. Stoltz, Joseph, professeur à la Faculté de médecine.

32. Wenger, Joseph, propriétaire.
33. Destrais, Charles, professeur à la Faculté de droit.
34. Imlin, Jean-Daniel-Frédéric, vétérinaire.
35. Hirtz, Marc, professeur à la Faculté de médecine.
36. Schaller, Ernest-Jules, docteur en médecine.

A Colmar, à Mulhouse, dans les autres villes d'Alsace et en général dans tout le pays, la population prit également une part plus active à ces élections, qui, bien que n'ayant pas un cachet politique, prouvèrent cependant que la France essayait de se réveiller du sommeil léthargique où le despotisme napoléonien l'avait plongée. Ces élections auraient dû engager le Gouvernement à consentir à quelques réformes, mais on ne fut que plus sévère à l'égard de la presse et de toute manifestation libérale. Par contre, on eut recours au vieux système : détourner l'attention des questions politiques et l'appeler sur d'autres pouvant exciter quelque intérêt. Sous le prétexte de simplifier et d'économiser, un décret prescrivit qu'à partir de 1867 on réunirait dans les mêmes mains les fonctions de receveur général et de payeur. On changea le gouvernement de l'Algérie en nommant le maréchal Mac-Mahon gouverneur général ; puis les journaux appelèrent l'attention publique sur les Polonais.

Après l'écrasement de l'insurrection polonaise de 1863-1864, Strasbourg vit arriver, pour la troisième fois dans ses murs, au printemps de 1865, quelques débris de l'héroïque armée polonaise. L'accueil qu'ils reçurent, sans avoir l'enthousiasme de 1831 (1), n'en fut pas moins

(1) Voir *Histoire de* 1830-1852, p. 38-40.

touchant. Le *Courrier du Bas-Rhin* avait été prié d'ouvrir une souscription par le vice-président du comité franco-polonais de Paris, M. Edmond de Lafayette, le petit-fils du général Lafayette. Dans sa lettre, il rappelle que son grand-père fut président du comité franco-polonais de 1831, et l'empressement des Alsaciens à répondre alors à la voix du grand patriote. Le journal ouvrit la souscription ; en peu de temps on réunit une dizaine de mille francs et une quantité de linge, de vêtements, etc. Le comité de Paris avait envoyé un délégué à Strasbourg pour recevoir les pauvres exilés, qui, à leur arrivée, furent logés dans les chambres disponibles, dans les casernes. Après s'être un peu reposés de leurs douleurs morales et physiques, ils furent dirigés sur l'intérieur.

Le 23 janvier, mourut à Bâle le colonel Charras (1). La nouvelle de sa mort se répandit assez vite pour permettre à de nombreux républicains français d'assister à l'enterrement du noble proscrit. Ceux de Strasbourg y furent représentés par une délégation nombreuse. La veille de l'enterrement, les sous-officiers de la milice bâloise avaient sollicité de Mme Charras l'honneur de porter eux-mêmes à sa dernière demeure le corps de l'illustre défunt. Ses trois beaux-frères, MM. Chauffour-Kestner, Risler-Kestner et Scheurer-Kestner, conduisirent le deuil. Les cordons du poêle étaient tenus par MM. Flocon, membre du gouvernement provisoire de la République de 1848, Edgar Quinet, Ch. Thomas, Étienne Arago, Lesueur, frère d'armes du colonel, et Ch. L. Chassin.

(1) Voir *Histoire de* 1830-1852, p. 394-395.

Voici en quels termes le journal démocratique de
Bâle, le *Volksfreund,* rend compte de la triste cérémonie :

« Nous entrerons dans la carrière
« Quand nos aînés n'y seront plus,
« Nous y trouverons leur poussière
« Et la trace de leurs vertus !
« Bien moins jaloux de leur survivre
« Que de partager leur cercueil,
« Nous aurons le sublime orgueil
« De les venger ou de les suivre ! »

« C'est par cette strophe de l'hymne national français que s'est terminé le dernier des discours, celui de
M. Chassin, et l'imposante solennité de l'enterrement du
noble Charras.

« Ce fut un moment saisissant, émouvant, quand la
maison mortuaire s'ouvrit et quand parut le cercueil du
colonel français proscrit, porté par des sous-officiers
suisses ; une couronne de chêne et de laurier, apportée
par une députation au nom de la jeunesse française, une
épée, brisée, nous pouvons bien le dire, par la force brutale
du coup d'État, cette épée que Charras avait si virilement
maniée pendant quinze ans pour sa patrie, — en étaient
les seuls ornements.

« Derrière le cercueil venaient de longues files de
vétérans de la République, proscrits aussi pour la plupart ;
de grosses larmes roulaient sur leurs barbes grises et
inondaient ces fiers visages pleins d'intelligence et d'é-
nergie, sillonnés par tant d'orages et les misères de notre
temps. C'était un émouvant spectacle ; on reconnaissait,
dans cette phalange d'élite, les vieux pionniers du progrès et de la liberté, les principaux représentants, en
France, de ce qui est beau et noble, les sommités intel-

lectuelles de ce pays ; à côté d'eux, on voyait aussi des hommes vigoureux et robustes, dont la tournure militaire indiquait d'anciens frères d'armes du colonel. Puis, venaient les représentants de la jeunesse, espoir d'un meilleur avenir, envoyés de France pour témoigner que l'esprit de la Liberté et du Droit, de la République et du Progrès, de la Civilisation et de la Justice, vit toujours dans les jeunes cœurs, bien qu'il soit aujourd'hui réduit au mutisme, sous l'oppression d'un joug d'airain.

« En silence, le cortège s'ébranla et se mit en marche à travers les rangs pressés d'une foule innombrable qui, découverte et respectueuse, formait la haie des deux côtés pour s'y rejoindre ensuite. Tout Bâle suivait le cercueil. Les membres des autorités, les officiers de toutes armes et de tous grades, bourgeois et habitants, un grand nombre de citoyens des environs et de toutes les parties de la Suisse se pressaient sur le champ du repos autour de la fosse ouverte qui reçut le cercueil, l'épée brisée et la couronne civique, sous une explosion de larmes et de sanglots des compatriotes et amis du colonel. »

———

Une autre mort, non moins regrettable, vint peu après attrister les amis de la liberté. Le 14 avril, Abraham Lincoln, le président des États-Unis d'Amérique, l'honnête, le modeste *Abe,* comme ses compatriotes le surnommèrent par estime plus encore que par familiarité, avait été assassiné par un sudiste forcené du nom de Booth dans la loge du théâtre de Washington, où le président avait accompagné ce soir Mme Lincoln. Dans la dépêche que M. Stanton, le ministre de la guerre des États-Unis, adressa à la légation américaine à Londres, il

désigne les rebelles du Sud comme ayant préparé cet
odieux complot par lequel devaient être tués, en même
temps, le ministre, M. Seward, et le général Grant. Une
proclamation ultérieure du vice-président, M. Johnson,
accusa Jefferson Davis, le président de la Confédération
du Sud, d'avoir excité à ces assassinats (1). Ces fanatiques ne comprenaient pas que la chute de l'esclavage, due
à la force morale autant qu'à la force matérielle, était
inévitable.

La mort de Lincoln produisit partout une vive impression. A Paris, un comité d'étudiants rédigea tout de
suite une adresse à la nation américaine, qu'il s'empressa
de porter, suivi de plus de douze cents jeunes gens, à
M. Bigelow, l'envoyé des États-Unis. Mais la police napoléonienne barra le passage au cortège à l'entrée du Pont-
Neuf, et l'obligea à se dissoudre. Strasbourg envoya
également une adresse à M. Bigelow qui, le 24 mai,
répondit : « ..... Rien ne m'a été plus agréable que de
voir la sympathie avec laquelle tant d'hommes distingués,
habitants de la ville de Strasbourg, se sont associés à
notre grand deuil national (2).

Oui, il était grand ce deuil, non seulement pour les
Américains, mais pour tous les amis de la liberté et surtout pour les républicains français. M. Ch. L. Chassin, à
Paris, le même qui était venu à Bâle assister à l'enterrement de Charras, eut l'idée de faire proposer par un journal une souscription pour offrir à la veuve de Lincoln une
médaille commémorative. Entre autres inscriptions, on
devait lire sur la médaille : « Lincoln, l'honnête homme,
abolit l'esclavage, rétablit l'union, sans voiler la statue
de la Liberté. »

(1) *Courrier du Bas-Rhin* du 15 mai 1865.
(2) *Courrier du Bas-Rhin* du 27 mai 1865.

L'empire refusa de laisser frapper la médaille à la Monnaie de Paris. C'était logique ; la vie de Lincoln était sa condamnation. On s'adressa à Bruxelles, où l'on trouva plus de complaisance.

Booth, après avoir fracassé la tête à Lincoln d'un coup de pistolet, sauta de la loge sur la scène en brandissant un poignard et en criant : *Sic semper tyrannis.* Ainsi périssent tous les tyrans (1) !

Cette devise de la Virginie se lit dans ses armes, au-dessous d'une sorte d'amazone coiffée d'un casque, la lance dans la main gauche, l'épée romaine dans la droite et foulant aux pieds un roi dont elle vient d'abattre la couronne et qui tient encore un *fouet* dans la main. Et ce sont ces Virginiens, les compatriotes de l'illustre Washington, qui osent appeler « tyran » le bon Abraham Lincoln, le libérateur de millions de malheureux qui, nés pour être hommes, avaient été ravilis par les esclavagistes à l'état de bétail humain ! Rarement l'égoïsme, inné dans l'homme, n'avait produit de plus grande monstruosité !

Dans cette même année, la mort enleva quelques autres hommes marquants. Le 2 avril, mourut, à l'âge de 61 ans, Richard Cobden, auquel le peuple anglais doit l'abolition des droits d'entrée, autrefois si élevés, sur les céréales. Lutteur infatigable, ses efforts ne se bornèrent pas aux réformes nécessaires à l'Angleterre. Dans la se-

(1) On s'empara de Booth quelques jours après, mais, pour le saisir, il avait fallu le blesser mortellement.

J'emprunte ces détails à l'*Histoire d'Abraham Lincoln* par Alphonse Jouault ; Paris, Hachette, 1875, et au petit livre : *Abraham Lincoln, histoire d'un homme du peuple,* par Aug. Marais, professeur à Sainte-Barbe. Paris, 1880, chez Martin, 15, rue des Saints-Pères.

conde partie de sa vie il se fit connaître comme un des amis les plus ardents de la paix, et l'humanité tout entière perdit en lui un de ses plus dévoués et plus courageux défenseurs. Par ses vues libérales en matière douanière, Cobden avait eu accès auprès de Napoléon III. Peut-être que cet apôtre de la paix serait parvenu à éviter l'affreuse guerre de 1870 si la destinée fatale n'avait brisé, avant l'âge, sa noble existence !

Le 12 novembre, mourut à Paris M. Dupin, sénateur, procureur général à la Cour de cassation, fonction que par son habileté il sut garder sous la monarchie de Juillet, sous le général Cavaignac et sous Napoléon III. Bien que défenseur, sous la Restauration, de Ney, de Béranger, il n'obtint jamais lui-même une véritable popularité ; aussi sa mort laissa peu de regrets. Il n'en fut pas de même du décès de Léopold Ier, roi des Belges, qui suivit de près. C'était un homme de sens et d'expérience, universellement estimé, aimé ; de plus, il se trouvait être le doyen des souverains européens, qui perdaient en lui un conseiller prévoyant et écouté. Il manqua à l'Europe au moment où elle allait avoir de lui le besoin le plus pressant, car la guerre de 1866, qui fut pour ainsi dire le prélude de celle de 1870, allait se préparer.

En 1848, lorsque le canon de Février avait fait chanceler les trônes des potentats européens et que ceux-ci, pour s'y maintenir, eurent parfois recours à des expédients cruels, Léopold avait agi en vrai sage. Il s'était déclaré prêt à résigner ses pouvoirs entre les mains de la nation, si celle-ci le désirait, et le peuple belge, au lieu de proclamer la république, pria le roi de rester sur le trône.

La même année vit mourir le complice de Napoléon III dans l'attentat du 2 décembre, le duc de Morny (1). Homme d'affaires autant qu'homme d'action, sa mort, tout en nous laissant froids dans le moment, fut une perte pour le pays, en ce sens que s'il avait vécu, il aurait probablement empêché l'empereur, dont il était l'intime conseiller, de risquer le tout pour le tout par la guerre de 1870.

Le 14 mars, mourut à Paris M. Strauss-Dürckheim, un de nos compatriotes qui avait acquis une place éminente dans le monde scientifique comme élève et collaborateur de Cuvier. M. Strauss-Dürckheim avait atteint l'âge de 75 ans, mais frappé de cécité vers la fin de sa vie, il avait par testament, dicté le 17 mai 1861 à Mᶜ Prestat, notaire à Paris, institué la ville de Strasbourg sa légataire universelle, sous la condition d'employer l'intérêt de sa fortune, sauf quelques dispositions particulières, au soulagement des aveugles. Les valeurs léguées à la ville furent évaluées par le maire au chiffre rond de 246,000 fr. (2).

Au mois de novembre 1865, le préfet du Bas-Rhin, M. Migneret, nous quitta pour aller à Paris, occuper les fonctions de conseiller d'État. Le baron Pron fut nommé à sa place. Le général Reibell avait été remplacé en 1861 déjà,

(1) M. de Morny, frère utérin de Napoléon III, est né à Aix-les-Bains, où sa mère, la reine Hortense, passait souvent des saisons entières. On croit que son père avait été le comte de Flahaut. (Taxile Delord, *Histoire du second empire,* tome IV.)

(2) Séance du conseil municipal du 22 avril 1865.

où il avait atteint sa limite d'âge (1), par le général d'Autemarre d'Ervillé qui, en 1865, eut pour successeur le général Ducrot. Ces deux fonctionnaires, MM. Pron et Ducrot, restèrent à Strasbourg jusqu'à l'époque de la guerre de 1870.

Le Haut-Rhin avait aussi changé de préfet. Après M. Cambacérès était venu M. Paul Odent, puis M. Ponsard ; M. Salles vint clore la liste des préfets de l'Empire dans ce département.

A cette époque, où l'on interdisait tout ce qui dans la vie publique avait, ne fût-ce que de loin, une couleur politique, quelques hommes dévoués portèrent leur activité sur la création d'institutions humanitaires. Strasbourg fut ainsi doté de la *Société des loyers* (2) et d'une *Société de consommation*. Cette dernière, malgré le zèle de ses organisateurs, n'a pas résisté au bouleversement politique complet que nous avons subi en 1871. La Société des loyers, par contre, existe encore et, malgré la difficulté des temps, grâce au dévouement des citoyens qui la dirigent, elle prospère. La première assemblée générale eut lieu le 20 janvier 1865. En 1864, les membres

(1) Le général Reibell mourut, à Strasbourg, le 20 octobre 1865, à l'âge de 69 ans.

(2) Elle se compose de membres honoraires, versant une cotisation annuelle, et de membres participants et elle reçoit des derniers, chaque dimanche, ce qu'ils peuvent par semaine économiser pour le loyer. La Société leur bonifie sur ces dépôts, quelque faibles qu'ils soient, à titre d'encouragement, 6 p. 100 d'intérêt et leur rend le dépôt, avec les intérêts à la fin du trimestre, pour payer le loyer et l'assurance du mobilier. La Société exerce de plus une surveillance sur les logements des déposants, alloue des primes à ceux qui les tiennent bien et signale les habitations insalubres.

participants, au nombre de 150 environ, avaient versé 10,404 fr. Les cotisations des membres honoraires s'élevèrent à 2,561 fr., sur lesquels 1,186 fr. avaient été dépensés en primes ou récompenses aux membres participants qui s'étaient distingués par leur régularité dans les versements ou la bonne tenue de leurs logements. En 1884, le nombre des participants a été de près de 1,000 et leurs versements se sont élevés à 137,897 fr. Par contre, le nombre des membres honoraires, dont le concours est si nécessaire, a plutôt diminué. Cela s'explique : beaucoup de Strasbourgeois aisés ont émigré, pour rentrer dans leur mère-patrie et les immigrants allemands ne s'intéressent guère à une œuvre qui date du temps français.

Vers la même époque, la loge maçonnique de Strasbourg, « les Frères réunis », créa la *Société des livrets de caisse d'épargne,* sous l'inspiration de son Vénérable, le Dr Schaller. Médecin et ami des pauvres, il connaissait leurs misères et espérait par cette institution relever le moral des déshérités de la fortune.

Convaincu que l'économie est une des meilleures digues contre le vice, sachant que beaucoup de pauvres iraient à la caisse d'épargne s'ils pouvaient se présenter avec un pécule suffisant pour l'obtention d'un livret, M. Schaller créait cette œuvre dont l'article 1er des statuts disait : « La Société a pour but de travailler à la moralisation ainsi qu'au soulagement matériel de l'ouvrier, de combattre le chômage du lundi, de faire naître des idées d'économie et d'ordre par la distribution de livrets de caisse d'épargne accordés à l'ouvrier actif, sobre et consciencieux. »

La Société était dirigée par un conseil émanant de la loge et secondée par un comité de dames dont la mission était de visiter les pauvres. Les ouvriers patronnés de

préférence étaient des pères de famille de 25 à 50 ans,
« attendu, dit l'article 4 des statuts, que dans cette période de la vie humaine, l'ouvrier, jouissant de la pléni-
tude de ses forces et de son intelligence, est, d'un côté,
plus apte à faire des économies ; de l'autre, étant plus
enclin à suivre ses penchants, il a plutôt besoin, dans ses
années de force et de vigueur, d'être dirigé vers le chemin qui conduit à une vieillesse honorable ».

En 1865, la Société a dépensé 961 fr. en livrets de
caisse d'épargne ; les souscriptions s'étaient élevées à
1,570 fr. (1).

Malgré son but vraiment humanitaire, l'institution
n'a pas eu de durée. Les événements politiques de 1870
avaient éloigné de Strasbourg beaucoup de ses membres
honoraires, et le D' Schaller (2) n'étant plus là pour en
recruter de nouveaux, la Société s'est dissoute.

Le département du Haut-Rhin fut doté de la *Société des
bibliothèques communales*. Créée déjà en 1863, par M. Jean
Macé (3), avec le concours dévoué de M. Engel Dollfus,
de Mulhouse, elle tint sa première assemblée générale le
4 novembre 1864, sous la présidence de M. Jean Dollfus.
Mais ce fut surtout dans le courant de 1865, que la Société, mieux connue au dehors par la brochure *Morale en
action,* de M. Jean Macé (collection Hetzel, 1865), prit un
développement considérable.

A Mulhouse, MM. Jules et Jacques Siegfried offrirent
à la Société industrielle une somme de 100,000 fr., pour

(1) Compte de gestion de 1865. Imprimerie Heitz, 1866.
(2) Le docteur Schaller ne mourut qu'en 1871, mais une maladie
paralysa pendant plusieurs années sa grande activité ; ce fut un ami
de l'humanité dans toute l'acception du mot.
(3) Aujoud'hui sénateur, alors professeur au pensionnat de Mlle
Vérenet à Beblenheim.

la création d'une école de commerce qui, disent-ils dans leur mémoire, pourrait fournir à l'industrie de l'Alsace et de la France entière, des sujets capables, afin d'étendre un jour nos relations avec les pays étrangers. L'école fut fondée le 24 décembre 1865, sous la direction du Dʳ Pénot et sous le patronage de la *Société industrielle.* Après la guerre, l'école a été transférée à Lyon, où le Dʳ Pénot, quoique très âgé, la dirigeait jusqu'à sa mort (1).

———

Un événement tragique faillit compromettre, en 1865 déjà, les bonnes relations entre la France et la Prusse.

Un Strasbourgeois, M. Eugène Ott, âgé de 37 ans, chef de cuisine dans un hôtel à Bonn, rentrait vers dix heures du soir à son domicile, en société de quelques amis ; dans une des rues les plus fréquentées de Bonn, ils furent assaillis par une troupe d'étudiants auxquels s'était joint un comte d'Eulenbourg, volontaire d'un an dans un régiment de hussards. Celui-ci blessa le pauvre Ott si grièvement qu'au bout de quelques jours il mourut des suites de sa blessure. Au dire de tous les témoins, il n'y avait pas eu la moindre provocation ni de la part d'Ott ni de celle de ses amis ; aussi l'indignation fut-elle générale et elle reçut une éclatante expression lors de l'enterrement de la victime. Toute la population de Bonn suivit le funèbre cortège. Quant au comte d'Eulenbourg, on l'a-

(1) Le docteur Pénot mourut à Lyon le 2 mars 1886. Il avait habité Mulhouse pendant près de cinquante ans, et fut un des membres les plus actifs et des plus distingués, par son intelligence supérieure, de la Société industrielle de Mulhouse, dont il avait été le vice-président durant vingt-cinq ans. (*Journal d'Alsace* du 9 mars 1886.)

vait laissé partir pour Berlin, afin d'y terminer, disait-on, son volontariat.

L'affaire en serait sans doute restée là sans la presse et l'intervention d'un parent et d'un ami du pauvre Ott, MM. Winter, photographe, et Schirmer, professeur à Strasbourg. Les feuilles de *Bonn*, de *Cologne*, de *Francfort*, la *Gazette d'Augsbourg*, donnèrent de la publicité au tragique événement ; le *Courrier du Bas-Rhin* en fit une relation complète dans son numéro du 20 août 1865. Bientôt les journaux de Paris s'en emparèrent et lui firent faire le tour de la France entière. MM. Winter et Schirmer, de leur côté, demandèrent la punition de l'auteur ou tout au moins une indemnité pécuniaire pour les deux vieilles sœurs d'Eugène Ott dont il avait été le soutien. A cet effet, ils firent circuler des pétitions au Sénat, revêtues de près de 20,000 signatures ; elles furent expédiées en octobre 1865 (1). Le Gouvernement, pourvu que l'on ne discutât pas ses propres actes, ne mettait aucune opposition à ces sortes de réclamations ; dans ce cas spécial, il espérait qu'elles lui procureraient un peu de popularité par l'appui qu'il aurait l'air de leur faire donner par l'ambassadeur français à Berlin.

Le tragique événement fut ainsi évoqué à la tribune du Sénat (2), mais peu à peu le silence se fit sur la triste affaire. Elle reparut dans la *Gazette d'Augsbourg* du 18 novembre 1865 ; toutefois, en terminant, la bonne *Gazette* a

(1) *Courrier du Bas-Rhin* du 18 octobre 1865.
(2) Le Sénat renvoya la pétition à une commission qui ne fit son rapport que dans la séance du 12 juin 1866. Le rapporteur, le baron de Butenval, après d'assez longs développements, conclut à passer à l'ordre du jour pur et simple, attendu que le comte d'Eulenbourg avait été condamné à 4 mois de détention dans une citadelle et qu'ainsi la justice régulière avait suivi son cours ! Le noble Sénat admit ces conclusions.

soin d'ajouter : « Il a, du reste, été impossible d'établir
par l'instruction d'une manière certaine que ce soit précisément le comte d'Eulenbourg qui aurait porté à la victime le coup mortel (*den tödlichen Kopfhieb*). »

Le 2 décembre, le *Journal de Bonn* annonça que le
comte d'Eulenbourg avait été condamné, par le tribunal
militaire, à 9 mois de détention ; mais, trois jours après,
la même feuille dut donner un démenti à cette nouvelle.

Ce qu'il y a de positif, c'est que les pauvres sœurs
de la victime de cet attentat n'eurent jamais un centime
de dédommagement, et que la dernière survivante, une
vieille fille de près de 70 ans, se trouve, à l'heure où
j'écris, à Strasbourg, dans une situation voisine de la
misère.

1866

Un incident électoral occupa vivement les amis de la liberté dans les premiers mois de cette année. On se rappelle qu'aux élections générales en 1863, il y avait eu un réveil de l'esprit public. Il était dû aux efforts des chefs du parti républicain, notamment à M. Garnier-Pagès, l'un des plus dévoués d'entre eux, qui entreprit une grande tournée électorale pour amener le parti tout entier à renoncer au système d'abstention. Ainsi Strasbourg, en 1863, à défaut d'un candidat alsacien, avait opposé M. Odilon Barrot à M. Alfred Renouard de Bussierre, lorsque ce dernier sollicita le renouvellement du mandat que, depuis le coup d'État, il avait exercé sans conteste.

Était-ce un mouvement libéral spontané, ou la concurrence de M. Odilon Barrot qui porta M. Renouard de Bussierre à terminer, en 1863, sa lettre aux électeurs par la phrase suivante : « Convaincu que vos vœux se réunissent pour *la réalisation prochaine des promesses de liberté faites par l'empereur*, vous pouvez être assurés qu'au besoin je saurai en apporter l'expression à Sa Majesté elle-même et que dans l'accomplissement de mon mandat législatif je ne cesserai de travailler à leur *prompte* réalisation. »

Au mois de mars 1866, lors de la discussion de l'adresse à l'empereur, par la Chambre des députés, M. Renouard de Bussierre aurait trouvé une excellente occasion de tenir sa promesse. Un amendement, signé par les dix-sept membres de la gauche, ayant été repoussé comme beaucoup trop libéral, quarante-cinq membres de la majorité, parmi eux deux députés de l'Alsace, MM. Lefébure et le comte Hallez-Claparède, proposèrent l'amendement suivant :

« Cette stabilité (l'adresse louait la stabilité du règne impérial) n'a rien d'incompatible avec le sage progrès de nos institutions. La France, fermement attachée à la dynastie qui lui garantit l'ordre, ne l'est pas moins à la liberté, qu'elle considère comme nécessaire à l'accomplissement de ses destinées. Aussi, le Corps législatif croit-il aujourd'hui être l'interprète du sentiment public en apportant au pied du trône le vœu que Votre Majesté donne à son grand acte de 1860 (1) les développements qu'il comporte. Une expérience de cinq années nous paraît en avoir démontré la convenance et l'opportunité. La nation, plus intimement associée, par votre libérale initiative, à la conduite des affaires, envisagera l'avenir avec une entière confiance. »

Napoléon III qui, de temps en temps, faisait des promesses libérales, mais pour ne jamais les tenir, et qui

(1) Allusion au programme impérial, sous forme de lettre au ministre d'État, annonçant toutes sortes d'améliorations telles que : achèvement de voies ferrées, de canaux, constructions d'églises, etc., etc., et finissant par ces mots : « J'ai la conviction que le Sénat et le Corps législatif me donneront leur appui pour inaugurer *une nouvelle ère de paix* et d'en assurer les bienfaits à la France ! ! ! »

ne se plaisait que dans l'arbitraire, fît combattre cet amendement avec la dernière violence par ses orateurs ordinaires, et notamment par le ministre d'État, M. Rouher, dont le discours dura trois heures et remplit quinze colonnes du *Moniteur*. Comme on pouvait s'y attendre de la part d'une Chambre aussi servile, l'amendement fut repoussé par 206 voix contre 63, mais la minorité n'avait jamais atteint un chiffre aussi élevé.

Voter pour l'amendement, avait déclaré M. Rouher, c'était faire opposition au Gouvernement. M. de Bussierre ne pouvait s'y résoudre, quoiqu'il eût pris, en 1863, l'engagement de travailler à la *prochaine et prompte réalisation des promesses de liberté faites par l'empereur*.

Le 16 mars 1866, il donna sa démission de député et, par sa circulaire du 19 mars, il expliqua ses scrupules à ses électeurs. En terminant, il dit : « Vous allez être appelés à élire un député. Si, comme moi, vous voulez affermir le Gouvernement dans la voie progressive des libertés dans laquelle il marche, et si vous me croyez encore digne de votre confiance, vous me renouvellerez votre mandat.... ; si, au contraire, vous trouvez que je n'ai ni compris, ni suivi vos sentiments et vos aspirations vers la liberté, vous reporterez vos suffrages sur un autre.... »

La démission de M. de Bussierre était un vrai coup de théâtre. Ceux qui se trouvaient derrière les coulisses savaient qu'il était à peu près sûr d'être réélu, d'autant plus que, le 21 mars déjà, un décret impérial convoquait les électeurs pour le 15 avril et qu'on avait eu soin d'accoler à Strasbourg, qui comptait 10,000 électeurs, quatre cantons ruraux, avec 86 communes, ensemble 20,000 électeurs, presque tous paysans ou valets de labour ! En outre, pour éviter l'influence que pourraient subir les électeurs, si on les réunissait au chef-lieu du canton, le vote avait

lieu dans chaque village. Malgré le délai si court et l'iné-
galité des chances, le parti libéral de Strasbourg accepta
la lutte en prenant pour candidat, sur la recommandation
des amis politiques de Paris, M. Ed. Laboulaye, membre
de l'Institut. La France entière avait les yeux sur Strasbourg. Les journaux indépendants, tant ceux de Paris que
ceux des départements, s'occupaient de cette élection. On
sentait qu'au fond il s'agissait d'une grande question de
principe. Les électeurs, en réélisant M. de Bussierre, dé-
clareraient qu'ils étaient de son avis, que tout était au
mieux dans le meilleur des mondes.

Les feuilles du Gouvernement exaltaient M. de Bussierre. La *Patrie* du 4 avril dit : « Aux actes de M. de
Bussierre, comme député, s'ajoutent ses actes comme
citoyen de l'Alsace, comme protecteur de toutes les œuvres de bienfaisance, comme promoteur de toutes les mesures destinées à répandre l'enseignement primaire, etc. »

Et le *Courrier du Bas-Rhin* (1) du 5 avril de répondre :
...« Nous connaissons M. Renouard de Bussierre comme
député, comme membre du conseil général du Bas-Rhin
et du conseil municipal de Strasbourg ; comme *directeur
de la Monnaie de Paris*, comme *membre du Conseil d'administration du Crédit mobilier*, comme *administrateur des chemins
de fer de l'Est* et *d'autres sociétés ou entreprises industrielles*,
mais c'est la première fois que nous l'entendons appeler le
protecteur de toutes les œuvres de bienfaisance (2), etc. »

(1) En 1866, il soutenait la candidature Laboulaye.
(2) M. Alfred Renouard de Bussierre est un homme charmant,
accueillant avec bienveillance tous ceux qui se présentent à lui.
Complaisant, ne craignant pas de se déranger pour rendre service.
En possession d'une grande fortune, doué d'une haute intelligence,
rompu aux affaires, jouissant d'une influence considérable, il eût pu
devenir pour Strasbourg, sa ville natale, une sorte de providence, si
à l'instar de quelques grands citoyens du Haut-Rhin, il avait voulu

Le baron Pron, en vrai préfet à poigne, mettait tout
en œuvre. Journaux de la préfecture envoyés gratis dans
les villages, maires, curés, pasteurs, maîtres d'école, police, gendarmerie, facteurs ruraux, gardes champêtres, tout
fut mis en mouvement. On ne recula pas même devant
les plus infâmes calomnies (1). L'opposition ne disposait
que du *Courrier du Bas-Rhin* et encore était-il obligé à
beaucoup de réserve, pour ne pas tomber sous le coup des
avertissements. Les réunions publiques étant interdites,
le vieux lutteur, M. Édouard Gloxin, négociant en houblons (2), convertit ses magasins en salons, et invita par
carte, comme à une réunion privée, les électeurs de
Strasbourg à assister à une conférence de M. Laboulaye.
Celui-ci était descendu à *l'hôtel d'Angleterre*, où avait
élu domicile son comité, présidé par M. Louis Dürr (3),

provoquer et encourager la fondation d'œuvres humanitaires ; mais
son principal objectif était le continuel accroissement de sa fortune.
Il y a réussi, seulement si, au déclin de sa vie, il jetait un regard
sur sa longue carrière, sa conscience ne lui dirait pas que ses grandes facultés ont été utilisées pour le bien public autant qu'elles
auraient pu l'être.

(1) Le *Moniteur du Bas-Rhin,* journal de la préfecture, termina
un de ses articles en criant : « Arrière les hommes hostiles ! arrière
les coalitions ! » ce qu'il traduisit dans le texte *allemand,* le seul lu
par les campagnards : *Zurück mit den Verschwœrern und den
Prellern !* On ne se gêna pas pour faire accroire aux paysans que
ceux qui étaient contre M. de Bussierre étaient des escrocs.

(2) Voir *Histoire de* 1830-1852, page 312.

(3) Louis Dürr est mort à Nancy, le 22 juillet 1886, à peine âgé de
60 ans. Vaillant patriote, républicain convaincu, les malheurs politiques de l'Alsace le déterminèrent, en 1871, à quitter Strasbourg, sa
chère ville natale, et à s'établir à Nancy. Là, comme à Strasbourg,
Dürr donna la mesure de ses sentiments démocratiques en se faisant
l'apôtre infatigable des idées de liberté et de progrès, et en s'efforçant de répandre les lumières et l'instruction dans les masses. Sa
mort fut une grande perte pour les amis de la cause démocratique.
Les républicains de Nancy ont montré, le jour de ses obsèques,

également un républicain de 1848, et composé d'une trentaine d'hommes dévoués qui ne craignaient pas d'aller dans les villages faire de la propagande.

Mais la lutte était trop inégale. A la campagne, l'influence administrative était omnipotente. A Strasbourg, sur 9,923 votants, M. Laboulaye eut 6,948 voix, M. Renouard de Bussierre 2,978 ; mais dans les villages ce dernier obtint 16,190 voix contre 3,446, données à M. Laboulaye. C'était le résultat du funeste système des candidatures officielles et de l'écrasement complet de la liberté de la presse.

Il conduisit la France à Sedan et l'Alsace-Lorraine à la séparation de sa mère-patrie.

Après cette bataille électorale, les esprits se tournèrent vers l'étranger, où le ciel politique était couvert de gros nuages.

La Prusse, ou plutôt M. de Bismarck, était sans doute arrivé à la conviction que, pour faire une Allemagne unie et forte, il fallait en finir avec cette vieille Confédération germanique, telle qu'elle avait été créée en 1815 et dont les représentants siégeaient, sous le nom de Diète (*Bundestag*), à Francfort-sur-Mein, alors ville libre. L'Autriche avait toujours voulu y jouer un rôle prépondérant, bien que la monarchie autrichienne, avec seulement quelques millions d'Allemands, mais avec ses Magyares, ses Tchèques, ses Dalmates, ses Croates, ses Italiens, puisqu'elle tenait encore le Véronais et la Vénétie, n'eût logiquement presque rien à faire dans la vraie

qu'ils savaient apprécier comme elle méritait de l'être une vie toute d'abnégation et de dévouement à la République.

Allemagne. Il fallait donc l'en expulser, car à l'amiable elle n'aurait pas consenti à en sortir. Pour y arriver, M. de Bismarck dut lui susciter toutes sortes de querelles. Il trouva un allié disposé à le seconder, dans le ministère italien, qui brûlait du désir d'expulser les Autrichiens des provinces qu'ils occupaient encore en Italie.

Prise ainsi entre deux puissances hostiles, l'Autriche se décida à la guerre ; à cet effet, elle fit un appel à ses anciens amis qui d'habitude avaient voté avec elle à la Diète de Francfort. C'étaient la Bavière, le Wurtemberg, le grand-duché de Bade, les Hesses, le Hanovre et la Saxe, mais, sauf ces deux derniers, tous mirent une grande lenteur à la mobilisation de leurs troupes ; l'Autriche elle-même n'était guère prête à faire face à deux ennemis qui l'attaquaient à la fois au nord et au sud. Elle mit l'armée du Nord sous le commandement du général Benedeck, qui s'était distingué dans la guerre d'Italie en 1859. Le commandement de l'armée du Sud fut confié à l'archiduc Albert. Il n'avait à opposer qu'une armée de 80,000 hommes à l'armée italienne, forte de 220,000 hommes, mais celle-ci fut néanmoins battue à Custoza, le 24 juin 1866. Cette défaite tint le roi Victor-Emmanuel dans l'inaction ; les Autrichiens, trop faibles, ne purent poursuivre leur victoire. Il y eut un temps d'arrêt de quatorze jours et quand les opérations reprirent, le 8 juillet, le sort de la Vénétie avait été décidé à Sadowa.

L'armée prussienne, au contraire, était toute prête et le plan de campagne admirablement organisé ; les Autrichiens se battirent vaillamment, mais ils furent écrasés, le 3 juillet 1866, à Sadowa, une des batailles les plus sanglantes du siècle. La Prusse y avait environ 215,000 hommes ; l'armée autrichienne, y compris le corps saxon, était évaluée à 205,000 hommes. Pendant que les Prussiens battaient les Autrichiens en Bohême, une partie de leur armée entrait dans le Hanovre, où elle rencontra la petite armée hanovrienne, qui fit si bravement son devoir sous les ordres du roi George. Celui-ci, quoique aveugle, voulut partager les périls de ses soldats. Ils devaient être rejoints par les Bavarois, mais le prince Charles de Bavière, au lieu de marcher à leur rencontre, attendit tranquillement dans son quartier général à Bamberg, l'achèvement de la mobilisation des troupes (1).

Ces retards perdirent les Hanovriens. Les Prussiens les battirent à Langensalza. Le roi George obtint, le 29 juin, une capitulation qui lui permit de se retirer où il voudrait, mais le royaume de Hanovre, l'électorat de Hesse (l'électeur avait été conduit à Stettin) et le duché de Nassau devinrent des provinces prussiennes.

Restait la ville de Francfort. Abandonnée par les alliés du Sud (Bavarois, Wurtembergeois et Badois), l'antique ville libre dut se rendre, le 16 juillet 1866, sous de très dures conditions (2), aux Prussiens, commandés par le général Vogel de Frankenstein, qui fut remplacé, le 20 juillet 1866, par le général de Manteuffel (depuis gouverneur d'Alsace-Lorraine).

Pendant que ces événements se passaient sur le Mein, les Autrichiens fuyaient dans la direction d'Olmutz, et François-Joseph, craignant que son armée ne fût enveloppée par les Prussiens, demanda un armistice qui mena à la convention de Nikolsbourg — 28 juillet 1866, — où

(1) Taxile Delord, *Histoire du second Empire.* Vol. 4, page 395.

(2) Voir les nombreux détails donnés par M. Othon Kanngieser, dans son très intéressant ouvrage: *Histoire de la prise de la ville libre de Francfort par les Prussiens en* 1866. Francfort, chez Henri Keller, 1877.

Napoléon III intervint comme médiateur amiable. Quatre millions d'habitants annexés à la monarchie prussienne, près de 230 millions de francs d'indemnités de guerre payés par l'Autriche et par les États du Sud, et une influence prépondérante dans toute l'Allemagne, tels furent les avantages que la Prusse retira de cette guerre de deux mois. L'Italie reçut le quadrilatère et la Vénétie. L'empereur François-Joseph, n'ayant pu se résigner à les remettre directement aux Italiens, les céda à Napoléon III, qui les rétrocéda à l'Italie.

Il est évident que des événements de cette gravité, se passant non loin de nos frontières, ne pouvaient manquer de nous préoccuper vivement. Les troupes prussiennes et autrichiennes, en garnison à Rastadt, avaient quitté cette ville dès les premiers jours de juin 1866.

Le départ du régiment autrichien Benedeck était beaucoup regretté. Chaque semaine, pendant la saison, son excellente musique jouait à Bade ; c'est elle qui nous fit connaître le *Fremersberg*, cette charmante composition de M. Kœnemann, son habile chef, et qui fut acclimatée à Strasbourg par la musique des pontonniers, sous l'intelligente direction de M. Tillié. Que de fois n'allions-nous pas l'applaudir au Broglie, dans le bon vieux temps !

La garnison de Kehl était allée rejoindre la division badoise, formée au camp de Forchheim, mais le colonel de Weiler était maintenu à Kehl, dans l'intérêt des bonnes relations existantes entre le grand-duché de Bade et Strasbourg.

L'empereur et l'impératrice devaient assister à des fêtes données en juillet 1866 à Nancy, d'où Leurs Majestés viendraient à Strasbourg. La guerre en Allemagne décida Napoléon III à renoncer à cette excursion, et Strasbourg économisa une centaine de mille francs, qu'elle aurait peut-être dû dépenser pour avoir l'honneur de loger, pendant quelques jours, le couple impérial.

De même qu'en 1849, l'Alsace était devenue le refuge de plusieurs grandes familles allemandes qui n'aimaient pas se trouver en contact avec les troupes prussiennes; le duc de Nassau avait même fait évacuer, sur Strasbourg, les vins renfermés dans ses caves de Wiesbaden, etc. Mais le prince avait compté sans la vigilance des agents prussiens, qui s'étaient emparés du pays de Nassau, et qui, ayant trouvé les caves ducales vides et appris que le précieux liquide avait pris la route de Strasbourg, firent, le 17 août, mettre saisie-arrêt entre les mains de l'agence de la Compagnie des chemins de fer de l'Est, par le ministère de Mᵉ H. Momy, alors notaire à Strasbourg. Cependant, par acte du 3 septembre, la saisie fut levée et le prince put disposer librement de ses vins (1).

Pendant que les Allemands se faisaient ainsi la guerre, ils ne s'occupèrent pas, selon leur coutume, de l'Alsace. L'année ne devait cependant pas finir sans qu'une revendication reparût. Le 1ᵉʳ décembre 1866, le *Courrier du Bas-Rhin* reproduisit un article de la *Gazette d'Anvers : « Des Arrière-pensées de la Prusse sur l'Alsace et la Lorraine »*, où le journal belge disait : « Le cabinet prussien se prépare à la guerre, dans l'espoir de reprendre un jour l'Alsace et la Lorraine... » L'article fut reproduit par les journaux *le Pays, la Liberté, le Siècle,* et le dernier ajouta « que le journal d'Anvers aurait dû savoir et ajouter qu'il n'y a pas un seul individu en Alsace et en Lorraine qui ne soit Français de cœur.....

« .....Il faudrait cependant en finir de ces mauvaises plaisanteries..... »

(1) *Courrier du Bas-Rhin* du 5 septembre 1866.

Hélas ! ce ne fut que trop sérieux et, par malheur, la politique tortueuse de Napoléon III prêtait à ces revendications.

Le 7 mai 1866, le couple impérial s'était rendu à la fête agricole de l'Yonne, où, dans son fameux discours d'Auxerre, Napoléon III dit, entre autres : « Le département de l'Yonne sait, comme la grande majorité du peuple français, que ses intérêts sont les miens et que je déteste, comme lui, ces traités de 1815, dont on veut faire aujourd'hui l'unique base de notre politique extérieure. »

Le jour même, le 3 p. 100, qui le 5 avait fermé à 64,65, perdait le cours de 63 ; la baisse fut de 1,80.

D'autres indices montraient que Napoléon III n'entendait pas être un médiateur complètement désintéressé ; on parlait de négociations avec la Prusse, — de compensations qui seraient annoncées le 15 août. — Mais le triste empereur avait trouvé son maître en M. de Bismarck. Il dut renoncer, pour le moment du moins, aux agrandissements qu'il rêvait. Pour détourner l'attention publique de ce qui s'était passé au delà du Rhin, on se rejeta sur les affaires du Mexique et sur l'Exposition universelle qui allait s'ouvrir en 1867.

Encore s'il avait été permis à la nation de faire connaître ses vues, mais la presse était plus muselée que jamais. Si elle avait été libre, plus d'une voix se serait fait entendre pour dire que la France se sentait assez grande et assez forte pour pouvoir se passer d'agrandissements, dont le but réel était de renforcer la dynastie et de faire supporter plus patiemment au pays, moyennant un peu de gloire, les chaînes que le despotisme napoléonien continuait à lui forger.

Au cours de cette année eut lieu l'inauguration du
bâtiment que la ville avait fait construire, en face de l'hôpital civil, pour la Faculté de médecine, qui depuis longtemps se plaignait de l'exiguïté des locaux mis à sa disposition.

Fidèle à cette générosité française si souvent méconn-
nue par nos voisins d'outre-Rhin, la Faculté avait fait gra-
ver sur le fronton de la façade principale les noms des
sommités médicales sans distinction de nationalité, et à
la place d'honneur, au-dessus de la grande porte d'entrée,
on lit les noms des anatomistes allemands *Blumenthal,*
Meckel, à côté de ceux de Paré, de Lavoisier, de l'Anglais
Jenner, etc., etc.

La façade de la nouvelle et grandiose Université dont
l'Allemagne a doté Strasbourg et qui a été inaugurée en
1885, est ornée de 36 statues : sauf Calvin, placé parmi
les réformateurs, elles représentent les savants les plus
distingués — de l'Allemagne. — Vainement on y cher-
cherait un nom étranger, ni surtout celui d'un Français.

L'empire allemand ayant fait construire, derrière
l'hôpital civil, de vastes édifices spécialement destinés à
toutes les branches de la médecine, le bâtiment inauguré
en 1866 fit retour à la ville en 1886. Une partie en est
destinée à un musée de serrurerie ; le reste sera occupé
par l'école municipale des arts industriels (1).

(1) *Journal d'Alsace* du 5 mai 1886.

1867

SOMMAIRE

Le corps d'occupation de Rome rentra en France dans les premiers jours de cette année. Il n'en fut pas de même des troupes du Mexique. Dans son discours d'ouverture de la session de 1866, Napoléon avait annoncé leur retour prochain. « Le Gouvernement du Mexique, dit-il, fondé sur la volonté du peuple, se consolide. L'opposition vaincue n'a plus de chef et le pays a trouvé des garanties d'ordre et de sécurité qui ont élevé son commerce avec la France de vingt et un à soixante millions, etc... »

C'étaient encore des mensonges. Au 1er janvier 1867, il n'y eut pas encore un seul Français de rapatrié, mais dans l'intervalle un autre facteur avait paru avec lequel il fallait compter.

La grande République des États-Unis, revenue au calme et à la force, après l'écrasement des esclavagistes, avait fait remettre au cabinet des Tuileries, dans le courant de 1866, diverses notes exprimant la ferme résolution de ne tolérer aucune intervention européenne sur le continent américain. De la question mexicaine allait ainsi naître une question américaine. Napoléon dut songer d'autant plus au retrait de ses troupes que les rapports du général Castelnau (1) n'étaient pas favorables au maréchal Bazaine. Cet officier, qui venait d'épouser une Mexicaine et qui d'abord ne songeait qu'à compléter sa fortune, avait intrigué pour forcer Maximilien à abdiquer, dans la pensée, sans doute, que le trône pourrait lui échoir (2).

Le 7 juillet 1866, jour de sa fête, le pauvre Maximilien voulut abdiquer, mais sa femme, l'impératrice Charlotte, lui arracha la plume des mains. Elle avait pris la résolution de tenter un dernier effort auprès de Napoléon III et de Pie IX, pour obtenir de l'un la continuation de l'occupation et de l'autre un concordat (3). Elle ne réussit chez aucun des deux. Napoléon III, sous la pression des événements politiques en Europe et des menaces des États-Unis, lui répondit : « J'ai fait pour votre mari tout ce que je pouvais faire, je n'irai pas plus loin. » La jeune femme, se levant pâle d'indignation, lui lança ces mots en partant : « J'ai ce que je mérite ; la petite-fille de Louis-Philippe d'Orléans n'aurait pas dû confier son avenir à un Bonaparte ! » A Rome, une seconde et plus cruelle déception l'attendait. Pie IX eut le courage de

(1) Envoyé au Mexique, en 1866, avec la mission de s'enquérir de la situation.
(2) Taxile Delord. Vol. 4, page 530.
(3) Taxile Delord. Vol. 4, page 516.

résister aux supplications de l'infortunée princesse, qui se traînait à ses genoux. Le désespoir provoqua, dit-on, les premiers symptômes de l'affreuse maladie qui allait s'emparer d'elle (1).

On connaît la fin déplorable de l'expédition. Dans les premiers jours de mars 1867, les Français se trouvèrent massés aux environs de Vera-Cruz ; le 13 mars, la flotte, qui ramena en France le maréchal Bazaine et l'armée, leva l'ancre. Maximilien, réduit à ses propres forces, composées de quelques milliers d'enrôlés, Belges, Autrichiens, Mexicains, ne put tenir tête à l'armée républicaine qui, depuis le départ des Français, grossissait à vue d'œil. Assiégé dans la ville de Quérétaro, il dut se rendre, sans conditions, au général républicain Escobedo, le 15 mai 1867. Traduit par ordre du ministère de Juarez, devant un conseil de guerre avec les généraux Miramon et Méjia, tous trois furent condamnés à mort et fusillés le 19 juin 1867. La malheureuse impératrice du Mexique était devenue folle !

Une grande partie de la presse européenne se montra très sévère pour les ordonnateurs de l'exécution de Maximilien ; les bonnes feuilles oubliaient le mal immense causé au Mexique par l'entreprise dans laquelle il avait eu la faiblesse de tremper ; elles oubliaient que l'Europe elle-même donna trop souvent de dangereux exemples par des exécutions politiques. Le propre frère de Maximilien n'avait-il pas laissé tomber, en 1849, de nombreuses et d'illustres victimes à Vienne, à Arad, à Brescia, etc., etc.? Napoléon Ier et Napoléon III n'avaient-ils pas fait entasser des cadavres dans les rues de **Paris, pour arriver et pour se maintenir au pouvoir?** Et

(1) Taxile Delord. Vol. 4, page 494.

Nicolas ! et même le czar Alexandre II ! et tant d'autres !

Pour justifier de telles exécutions, les princes invoquent la nécessité d'assurer le repos de leur pays ; mais Juarez et ses ministres ne pouvaient-ils pas, à aussi bon droit, opposer les mêmes raisons aux avocats de Maximilien ? Les motifs de leur conduite sont nettement exposés dans une lettre, que M. Romero, le chargé d'affaires du gouvernement républicain mexicain auprès des États-Unis, adressa à un de ses amis à New-York et qui fut publiée par l'*Evening-Post* du 4 juin 1867 :

« Washington, 31 mai 1867.

« Veuillez accepter mes sincères remerciements pour vos congratulations sur nos succès au Mexique. Ils ont été aussi complets que possible : nous n'avons pas accepté de conditions humiliantes de la part des Français ; nous ne sommes pas embarrassés par des traités avec d'autres puissances étrangères. Tous nos ennemis les plus marquants sont vaincus et tombés dans nos mains. Nous avons devant nous, pour ainsi dire, un nouveau point de départ...

« J'ai lu, avec intérêt, vos observations sur la manière dont nous devons traiter les ennemis du Mexique. J'ignore quelles sont les intentions du président Juarez à l'égard de Maximilien, mais je crains que, s'il lui est permis de retourner impunément en Europe, il ne devienne une constante menace pour la paix du Mexique. Il continuera à porter, à notre honte, le titre d'empereur du Mexique. Tous les Mexicains mécontents, tous les intrigants, entretiendront une correspondance avec lui, au sujet de sa prétendue popularité ici, et ces personnes pourront le pousser à revenir quelque jour, comme on a

fait avec Iturbide. Ceux qui en auront les moyens passe-
ront en Autriche et feront à Maximilien une cour mexicaine à Miramar, et il en aura assez pour former dans
cette place un gouvernement mexicain, comme a fait à
Rome le roi des Deux-Siciles, après son expulsion de
Naples. Certaines puissances européennes continueront
à le reconnaître comme empereur du Mexique, comme a
fait l'Espagne à l'égard du roi des Deux-Siciles.

« Toutes les fois qu'il nous arrivera d'avoir des com-
plications avec une nation européenne quelconque, la
première mesure que prendra la partie intéressée sera
d'intriguer avec Maximilien et de nous menacer de donner
appui à ce qu'ils appellent notre légitime souverain, pour
recouvrer son autorité sur les usurpateurs, si nous refu-
sons d'accepter les conditions qu'on voudra nous imposer.

« De plus, si Maximilien est pardonné et autorisé à
retourner dans son pays, personne en Europe, j'en suis
certain, ne dira que nous l'avons fait par magnanimité,
attendu que les nations faibles ne sont jamais réputées
généreuses. Mais, on dira, au contraire, que nous avons
agi par crainte de l'opinion publique en Europe, et parce
que nous n'avons pas osé traiter avec sévérité un prince
européen, se disant notre souverain.

« Je ne veux pas dire que Maximilien doive être nécessairement fusillé. Ce que je veux dire, c'est que tout
pouvoir de faire aucun mal au Mexique doit lui être absolument enlevé avant qu'il lui soit permis de partir.

« M. Romero. »

Cette lettre explique pourquoi toutes les interventions pour sauver Maximilien furent inutiles. La responsabilité de sa mort revient, en définitive, à celui qui

abusa de sa jeunesse pour le jeter dans une aventure où il devait l'abandonner plus tard, c'est-à-dire Napoléon III. Il la porte devant l'histoire (1).

Mais le drame mexicain eut d'autres conséquences que, dans le moment, on ne prévoyait pas ; il fut, pour une grande partie, la cause des malheurs de l'Alsace-Lorraine. Cette expédition insensée qui coûta des sommes énormes à la France et absorba une partie de son armée, paralysa les moyens d'action de Napoléon III, en 1864, lors de la campagne contre le Danemark, et surtout, en 1866, quand la guerre éclata entre l'Autriche et la Prusse. Après les agrandissements de cette dernière puissance, Napoléon III, pour maintenir son prestige, tenta, en 1867, d'obtenir quelques compensations territoriales. M. Drouyn de Lhuys, le ministre des affaires étrangères, se serait contenté de convertir les provinces allemandes de la rive gauche du Rhin en État neutre (2). M. Rouher, qu'on appelait le vice-empereur, voulait Landau et Sarrelouis. L'impératrice qui, pour notre malheur, se mêla chaque année davantage de la politique, demandait la rive gauche. N'ayant rien pu obtenir de M. de Bismark, elle exigea que l'on se rejetât sur le Luxembourg, qui relevait à la fois de la Hollande et de la Confédération germanique ; on rachèterait à la Hollande ses droits et, l'ancienne Confédération étant dissoute, on espérait obtenir cette concession

(1) Taxile Delord. Vol. 5.

(2) Voir *Les Papiers secrets du* 2e *Empire,* no 3, page 10. Bruxelles, Office de publicité, 1871.

M. Rothan, dans ses intéressants ouvrages : *la Politique française en* 1866 et *les Affaires du Luxembourg* (Paris, Calmann-Lévy, 1879 et 1882), dit que c'est M. Drouyn de Lhuys qui a revendiqué Mayence et le Palatinat, et que pour dégager sa responsabilité dans une faute qui a eu les conséquences les plus funestes pour la France, il prétendait n'avoir agi qu'avec l'approbation de l'empereur.

de M. de Bismark. Mais, au moment favorable pour se
faire écouter, c'est-à-dire avant l'explosion de la guerre
de 1866, Napoléon se trouvait embourbé au Mexique, et
si la France, en 1867, grâce aux mensonges des journaux
officieux et au mutisme imposé aux autres, ignorait que
les forces du Gouvernement impérial fussent si peu à la
hauteur de ses exigences (1), M. de Bismarck, lui, en était
bien informé. Au lieu d'accorder à la France le Luxem-

(1) En 1866, après Sadova, le général Jeanningros, ayant été
nommé au commandement de la subdivision de Lille, convoqua le
lendemain de son arrivée tous les chefs de service, infanterie, artillerie, génie et intendance, et il leur dit :

    « Messieurs,

    « Je suis autorisé, par le ministre de la guerre à vous dire que
bientôt nous ferons campagne. J'arrive du Mexique et il y a quatre
ans que je n'ai vu ma femme et mes enfants. J'ai demandé au maréchal une permission de quarante-huit heures, pour aller les embrasser ;
il me l'a refusée. Donc, il y a urgence. Je vous ai réunis, pour être
renseigné sur les forces de mon commandement. »

    Puis s'adressant à chaque chef :

    « — Colonel Labarthe (du 6e de ligne), quel est l'effectif de votre
régiment ?

    « — 1,050 hommes, fut-il répondu.

    « — Colonel Giraud (du 5e de ligne), et le vôtre ?

    « — 1,080.

    « — Commandant Liénard (de l'artillerie), avez-vous le matériel
nécessaire à la défense de la place? Combien de canons?

    « — Je n'ai rien.

    « — Colonel Jehan (commandant le génie de la place), dans quel
état est la place de Lille?

    « — Les crédits ont été supprimés, la place est ouverte, l'enceinte
n'est pas terminée, les ouvrages extérieurs ne sont pas commencés.

    « Au sous-intendant : Quel est l'état de vos magasins ? »

    « — Ils sont vides.

    « Le général était atterré.

    « Les régiments d'ici n'étaient qu'au tiers de leur effectif régle-
mentaire et il en était de même des 98 autres ; quant à la cavalerie,
elle était encore loin d'être aussi bien partagée. » — (Lettre du lieutenant-colonel d'artillerie Liénard, publiée par l'*Écho du Nord* et reproduite par le *Siècle* et par plusieurs journaux du 2 février 1873.)

bourg, il en demanda la neutralisation. Napoléon III dut céder et accepter une conférence à Londres, qui, le 13 mai, neutralisa le Luxembourg. Cette décision déplut au parti impérialiste, mais elle rassura le pays. On espérait que le Gouvernement renoncerait à ses rêves chimériques d'agrandissement dont la France, au fond, se souciait fort peu, et qui devaient uniquement consolider le trône.

Il était temps que la détente vînt. Pendant les quatre premiers mois de 1867, les journaux ne parlant que de guerre, l'inquiétude était devenue générale, malgré les nobles et généreux efforts faits dans un but d'apaisement. Le parti républicain de Paris avait délégué MM. Garnier-Pagès et Hérold (1) à Berlin, où ils conférèrent avec MM. Simon, de Trèves, Jacoby, Schulze-Delitzsch et autres membres du parti libéral.

Les étudiants de Paris avaient envoyé aux étudiants allemands l'adresse suivante :

« Frères allemands !

« L'horizon se montre sombre et menaçant. Des bruits de guerre se font entendre des deux côtés du Rhin. Les nations regardent, inquiètes, ce que l'avenir leur prépare. Et cependant le temps des haines nationales n'est-il pas passé? Loin de nous ces idées d'un autre âge ! Les peuples sont grands non par leurs territoires, mais par leurs institutions. Ce n'est pas l'extension de leurs fron-

---

(1) Garnier-Pagès, né à Marseille en 1803, mort à Paris en 1878, membre du Gouvernement provisoire en 1848 et en 1870, fut un des plus infatigables champions de la cause républicaine.

Ferdinand Hérold, fils du célèbre compositeur Hérold, né à Paris en 1828, mort préfet de la Seine en 1881, un des représentants les plus nobles de la cause républicaine, depuis 1849, où il fut inscrit au barreau de Paris, jusqu'au jour de sa mort.

tières, mais celle de leurs libertés que doivent vouloir
la France et l'Allemagne !

« Nul homme de cœur n'a jamais craint la guerre,
tout honnête homme doit la détester. Haïssons-la pour
les misères qu'elle entraîne et pour le despotisme qu'elle
engendre.

« N'appartient-il pas aux étudiants d'affirmer hautement ces grandes vérités ? Ne marchons-nous pas ensemble dans cette voie féconde, frères allemands ?

« Que par vous, avec vous, ce soit la paix avec ses
splendeurs qui conduise désormais les nations à la prospérité, à la grandeur, à la liberté (1) ! »

Le parti ouvrier également prêcha la fraternité, et
l'Association des ouvriers de Berlin envoya aux ouvriers
de Paris une adresse dont j'extrais les passages suivants (2) :

« *Au peuple français.*

« Français, ouvriers frères !

« Le bruit d'un danger imminent de guerre a été
provoqué par la question du Luxembourg... Nous, les
ouvriers de Berlin, nous voulons de nouveau manifester
notre sentiment pour le maintien durable de la paix et en
faire parvenir l'expression à toute la nation française.
C'est au sein du travail et de la vie de famille que nous
voulons fonder notre bien-être et non au service du des-

_____

(1) Moi-même j'avais fais traduire en allemand et imprimer cette
adresse en un millier d'exemplaires qui furent répandus en Allemagne
par mes correspondants ; mais les universitaires et leurs journaux
avaient depuis si longtemps prêché la haine contre la France, l'*Erbfeind,* que, sauf auprès du parti ouvrier, ces manifestations ne produisirent pas le moindre effet. Malheureusement, la politique napoléonienne ne justifiait que trop ces dispositions haineuses.

(2) Ces documents furent publiés par le journal *le Temps,* en
avril et mai 1867.

potisme, qui aspire à la puissance par des lauriers san-
glants et qui finit toujours par abuser du sentiment national après l'avoir aiguillonné pour conquérir des territoires
et des peuples...

« *Signé :* ROBERT KREBS,

« *Président de l'Association des ouvriers de Berlin.* »

A Strasbourg aussi, on signa une pétition contre la
guerre ; elle était adressée aux quatre députés du Bas-Rhin.
L'écrivain de ces lignes, accompagné de M. André
Hoerter (1), membre du conseil municipal, alla la porter
à M. Alfred Renouard de Bussierre, député de Strasbourg. Comme on savait que le désir de Napoléon III
d'annexer une portion de territoire allemand était le point
de départ de cette fièvre guerrière, la pétition contenait
cette phrase significative : « *Que la France, par l'organe
de ses députés, du haut de la tribune parlementaire déclare,
qu'elle se sent — telle qu'elle est aujourd'hui — assez grande
et assez puissante et qu'elle ne veut pas d'extension de territoire...* »

M. de Bussierre n'aimait pas la guerre, mais faire
une pareille déclaration, si diamétralement opposée aux
projets de l'empereur et de sa camarilla, n'entrait pas
dans ses vues. Il nous pria de reprendre notre pétition,
complètement inutile, disait-il, puisqu'il n'y aurait pas de
guerre (2) !

(1) M. Hoerter se fixa à Nancy, après la guerre.

(2) Une pétition contre la guerre n'aurait pas dû rencontrer
d'opposants, pensera-t-on. — Il s'en trouva cependant quelques-uns.
Ainsi on m'écrivit :

« Strasbourg, le 8 mai 1867.

« Monsieur,

« J'apprends à l'instant qu'il circule sous votre couvert une pétition en faveur de la paix.

« On est venu aujourd'hui chez moi me demander une signature

Sauf de rares exceptions, les journaux français et
allemands firent de leur mieux pour attiser le feu, et le
Courrier du Bas-Rhin n'était pas le moins actif dans cette
triste besogne. Il s'en prit surtout au *Temps* (1) qui, par
la plume de M. Nefftzer, plaidait éloquemment la cause
de la paix. Le parti libéral savait parfaitement qu'il ne
pouvait que perdre par une guerre. Napoléon victorieux,
c'était le renforcement du césarisme et de son hideux
cortège. Battu, c'était le démembrement de la France !
Car, déjà les feuilles allemandes ne se bornaient plus à
parler de l'Alsace ; depuis qu'elles savaient que Napoléon
avait sérieusement parlé de l'annexion d'une portion de
la rive gauche du Rhin, jusqu'à Mayence au moins, elles
ripostaient en revendiquant la Lorraine avec les évêchés
de Metz, de Toul et de Verdun ; quelques-uns parlaient
même de Montbéliard et de la Franche-Comté !

Il est hors de doute qu'en Allemagne la recrudescence de la haine contre la France était due en grande
partie aux machinations de Napoléon III. Il est à peu
près certain que si le néfaste personnage n'a pas com-

de votre part ; comme j'avais du monde, je n'ai pas pris la peine de
lire la pièce que l'on me présentait, supposant qu'elle se rapportait
à l'affaire Hirsch.

« Je crois devoir vous prévenir que dans le cas où ma bonne foi
aurait été surprise, et si mon nom venait à figurer parmi ceux des
adhérents à la ligue de la paix, je me verrais dans la nécessité de
protester de toutes mes forces contre cet abus.

« Recevez, etc.

                              « *Signé :* Elser. »

Le sieur Elser s'était enrichi comme marchand et fabricant d'instruments de chirurgie et en assistant des médecins dans leurs opérations. Était-ce par impérialisme ou parce qu'il s'agissait de faire la
guerre à la Prusse hérétique qu'il protestait contre la paix ? N'importe, quand trois ans plus tard il a vu Strasbourg en ruines, il a dû
regretter amèrement sa protestation.

(1) *Courrier du Bas-Rhin* du 12 mai 1867.

mencé la guerre en 1867 déjà, c'est que l'armée était désorganisée et le trésor à sec.

A cette raison majeure d'ajournement était venue se joindre l'ouverture, en avril 1867, de la grande Exposition universelle au Champ de Mars. Rien n'avait été négligé pour en assurer la splendeur. Le plan de l'Exposition formait une série de cercles : celui de l'extérieur comprenait les restaurants, les cafés, les brasseries, et l'industrie strasbourgeoise de la bière se fit un honneur d'y être dignement représentée. Dans les cercles intérieurs étaient exposés les produits industriels du monde entier. L'Alsace y tenait un rang des plus distingués ; elle ne pensait pas que, onze ans plus tard, elle se trouverait exclue de la partie française de l'Exposition universelle de 1878 (1).

Après avoir eu la visite, tour à tour, de presque tous les souverains de l'Europe, Napoléon III procéda le 2 juillet à la distribution solennelle des récompenses décernées aux exposants (2). Il y prononça un discours où il dit entre autres : « Qu'il était convaincu que de ces grandes réunions, qui paraissent n'avoir pour objet que des intérêts matériels, il se dégage toujours une pensée de con-

(1) Comme province allemande elle eût pu figurer à l'Exposition de 1878, mais la plupart de nos industriels préférèrent s'abstenir.

(2) Le Bas-Rhin figure dans la liste des récompenses avec 46 médailles et 11 mentions honorables. Les médailles d'or furent décernées à MM. de Dietrich à Niederbronn, Coulaux à Molsheim, Roswag à Schlestadt, Herrenschmidt à Strasbourg, à la Brasserie collective de Strasbourg, à l'Administration des mines de Bouxwiller.

Le Haut-Rhin obtint 79 médailles et 21 mentions honorables. Les médailles d'or furent données à MM. Zuber à Rixheim, Bourcart à Guebwiller, Mieg, Steinbach, Kœchlin, Fr. Kœchlin, Thierry-Mieg, Ducommun à Mulhouse , Viellard-Migeon à Novillard , Stehelin à Bitchwiller, Japy à Beaucourt, Kestner à Thann, Gros-Roman, Marozeau et Cie à Wesserling. Société industrielle et Société des cités ouvrières à Mulhouse. (*Courrier du Bas-Rhin* du 2 et du 4 août 1867.)

corde et de conciliation ; les nations, en se rapprochant, apprennent à se connaître, à s'estimer, les haines s'éteignent... Félicitons-nous d'avoir montré aux souverains cette France telle qu'elle est, grande, prospère et libre... La fibre nationale est toujours prête à vibrer en elle quand il s'agit d'honneur et de patrie, mais cette noble susceptibilité ne saurait être un sujet de crainte pour le repos du monde... »

Cette pompeuse phraséologie, dit M. Taxile Delord (tome V), ne faisait illusion à personne. L'empereur Alexandre, le roi de Prusse, M. de Bismarck qui l'accompagnait, ne pouvaient se tromper sur la prospérité, plus apparente que réelle, de l'Empire et sur tout ce qu'il y avait de mensonges dans les paroles de l'empereur. Au moment où il parlait de l'extinction de la haine entre les nations, il faisait des préparatifs pour une nouvelle guerre. L'ancien fusil fut transformé en *chassepot* (1) ; une loi ordonnant le service obligatoire pour tous fut présentée et, en attendant qu'on la votât, un décret fixa à 3,000 fr. le prix d'exonération du service militaire et à 600 fr. le prix d'exonération pour chaque année restant à faire. La somme était considérable, mais il fallait remplir la caisse. Un autre moyen indirect, pour atteindre ce but, fut la suppression des musiques de tous les régiments

(1) Chassepot, né en 1833. Fils d'un ouvrier armurier, il entra comme ouvrier dans les manufactures de l'État et passa contrôleur d'armes principal en 1864. Après des modifications au fusil ordinaire, il étudia spécialement le fusil à aiguille prussien, y apporta des perfectionnements et réussit à constituer une arme qui reçut le nom de son inventeur.

Il est étonnant qu'en France on n'ait songé qu'en 1867 à cette transformation (après Sadowa), alors que les Prussiens étaient déjà armés du fusil à aiguille en 1849, quand nous les vîmes arriver dans le grand-duché de Bade pour écraser la Révolution.

d'artillerie et de cavalerie, ordonnée par décret impérial
du 4 avril 1867. La musique du régiment des pontonniers, en garnison à Strasbourg, seule fut exceptée. Enfin, un projet de déclassement de 98 places fortes fut mis
à exécution, par décret impérial du 26 juin 1867. « Considérant, dit-il, que plusieurs places ont cessé d'être in-
dispensables à la défense de l'empire et que leur conservation serait une cause de gêne pour les populations et
de dépense pour le Trésor, etc. »

En vertu de l'article 1er de ce décret, les immeubles,
le matériel, etc., de 17 places fortes furent vendus. Haguenau se trouvait dans cette catégorie.

L'article 2 déclassait 11 places, mais qui seraient
conservées provisoirement dans le domaine de l'État.
Wissembourg et Lauterbourg en firent partie.

L'article 3 désignait 39 places où les servitudes militaires seraient supprimées. Lichtenberg et le Fort Mor-
tier, près de Neuf-Brisach, y étaient compris.

Enfin, l'article 4 portait que le produit de la vente
des bâtiments, des terrains militaires, du matériel et
généralement de toutes les valeurs mobilières et immobi-
lières, affectées au département de la guerre, sera utilisé
aux travaux d'amélioration à exécuter dans les principales
places de l'empire !

Quelle imprévoyance ! ! On médite en secret une
guerre contre l'Allemagne et on démolit les forteresses
protégeant les frontières de l'Alsace. Si, en 1870, l'armée allemande s'était trouvée arrêtée par Wissembourg
et par Haguenau, l'Alsace n'aurait pas été envahie si
promptement et l'armée de Mac-Mahon aurait eu le temps
de s'organiser et de se rallier.

Ces choses se passaient sans que ni la Chambre ni
le Sénat daignassent s'en occuper. Quand un orateur de

l'opposition signalait des abus, la majorité était toujours là pour les absoudre. Le Sénat, du reste, avait bien autre chose à faire. M. Duruy ayant présenté une loi sur l'instruction publique, le Sénat la trouva trop libérale et ses orateurs l'attaquèrent violemment. M. Ségur d'Aguesseau, faisant allusion à la nomination de M. Renan, qu'il appelle « scandaleuse », M. Sainte-Beuve, sénateur, proteste contre une accusation « dirigée contre un homme de conviction et de talent dont il a l'honneur d'être l'ami ». Cent voix furieuses crient à l'ordre ! M. de Chapuis Montlaville, M. de Maupas, le maréchal Canrobert l'attaquent; ce dernier, se tournant contre M. Sainte-Beuve, lui crie : « Vous n'êtes pas ici, Monsieur, pour défendre un homme qui a nié la divinité de Jésus-Christ. » M. Lacaze ajoute: Non vous n'êtes pas ici pour cela.

Dans la séance du 21 juin 1867, on lut une pétition de quelques habitants de Saint-Étienne, signalant au Sénat le danger de laisser l'administration de la bibliothèque populaire de cette ville à un conseil municipal qui ne craignait pas de répandre les œuvres de Voltaire, de Rousseau, de Michelet, de Renan, etc. M. Sainte-Beuve protesta et, faisant allusion aux récentes interruptions, dit : « De toutes ces paroles qui m'ont assailli, une seule m'est restée sur le cœur ; un des membres de cette assemblée que, depuis ce moment, je ne puis plus appeler mon collègue, s'est oublié jusqu'à m'adresser ces mots, qu'il n'a pas rétractés : « Ce n'est pas pour cela que vous êtes ici. »

« Je ne les rétracte pas », interrompit M. Lacaze.

Quelques jours plus tard, M. Lacaze, se disant offensé par M. Sainte-Beuve, lui fit demander réparation par les armes, et obtint de M. de Heeckeren, sénateur, et de M. de Reinach, député, qu'ils servissent d'intermé-

diaires. M. Sainte-Beuve répond à ces messieurs qu'il
n'accepte pas cette jurisprudence sommaire, qui consiste
à étrangler une question et à supprimer un homme en
quarante-huit heures. Et quand M. de Heeckeren revient à
la charge, M. Sainte-Beuve écrit : « Je ne vois pour juge
compétent que le public, le grand public, tout le monde,
ce quelqu'un qui a autant d'esprit que personne et autant
d'honneur que qui que ce soit. »

Cette lettre mit fin à l'affaire ; M. Sainte-Beuve eut
en effet les sympathies du public pour lui, mais il est
d'autant plus à regretter que deux Alsaciens aient consenti
à accepter contre lui une pareille mission (1).

Les alarmes qu'avait données l'affaire du Luxembourg sont à peine oubliées, que déjà une nouvelle cause
d'inquiétude surgit. Le 23 août, à 10 heures du soir, arrive dans notre gare le couple impérial, de passage à
Strasbourg, à son retour de Salzbourg, où il était allé
faire une visite aux Majestés autrichiennes. Les journaux
du pays donnaient pour motif à cette entrevue une visite
de condoléance à propos de la mort de Maximilien. Les
feuilles officieuses françaises (2), moins réservées, parlaient, avec fracas, de longues entrevues de Napoléon III
avec le premier ministre de François-Joseph, M. de
Beust, l'ennemi juré de la Prusse, d'une alliance austro-
française, etc., etc. Les journaux de la Prusse ne cachè-
rent pas l'irritation que causait dans leur pays cette entrevue et leur langage hostile surexcita l'opinion publique

---

(1) *Courrier du Bas-Rhin* du 9 juillet 1867. Extrait de la *Presse.*
Taxile Delord, vol. V, pages 19-25.
(2) *L'Epoque,* la *Patrie,* etc., du 20-31 août.

en France. L'inquiétude devint plus grande encore quand on apprit que Napoléon III, dans la matinée du 24 août, s'était rendu sur les remparts de Strasbourg pour visiter les fortifications et qu'il n'avait cessé de s'entretenir avec le directeur et les officiers du génie. Le 24, à onze heures du matin, le couple impérial partit, par train spécial, pour Paris.

Si la politique astucieuse de Napoléon III fut cause des malheurs qui accablèrent la France trois ans plus tard, l'égoïsme des députés de la majorité et des sénateurs, l'intérêt qu'ils avaient à se montrer serviles, n'y ont pas moins contribué. On ne saurait assez le répéter. Ces serviteurs de l'empire sont d'autant plus coupables, que plus d'une fois l'occasion de donner un avertissement salutaire leur avait été fourni. Ainsi, à la séance de la Chambre des députés du 19 mars 1867, M. Thiers avait tenu un discours magistral sur la politique extérieure du Gouvernement et, traitant la question des races et des nationalités qui se partagent l'Europe :

« On irait, s'était écrié M. Thiers, chercher dans nos origines, dans quelques traits de nos visages, dans les patois restés au fond de nos provinces, le signe de notre nationalité !... *Non ! notre nationalité, c'est ce que le temps a fait de nous, en nous faisant vivre pendant des siècles les uns avec les autres, en nous inspirant les mêmes goûts, en nous faisant traverser les mêmes vicissitudes, en nous donnant pendant des siècles les mêmes joies et les mêmes douleurs. Voilà ce qui constitue la nationalité et celle-là est la seule véritable, la seule universellement reconnaissable parmi les hommes.*

« Faudrait-il donc aller sur telle de nos frontières ou sur telle autre et rechercher quelle langue on y parle? Faudrait-il aller dans cette héroïque Alsace, la dernière rattachée à notre territoire et qui, quoique le dernier venu des fils de cette France, n'est pas le moins attaché à sa mère ; dans cette Alsace qui, à l'époque de la Révolution, s'est défendue contre l'invasion comme aurait pu le faire une vieille province française... (*très bien, très bien!*) dans cette Alsace, dont nous avons vu les enfants dans nos armées, qui nous a donné Kléber, l'un de nos héros légendaires. Faudrait-il lui dire : « *Vous parlez allemand, il faut vous séparer de nous!* »

« Assurément, ce n'est pas la France (ajoute le *Courrier du Bas-Rhin* du 17 mars 1867) qui tiendrait jamais ce langage et qui consentirait jamais à se mutiler ainsi de ses propres mains. Et si l'étranger élevait quelque prétention de ce genre et venait, prétextant la vieille nationalité germanique de l'Alsace, revendiquer notre province, comme un membre détaché de l'empire d'Allemagne, l'Alsace tout entière se lèverait, unanime et résolue, telle qu'elle s'est dressée au siècle dernier et lors des désastres de 1814 et 1815, pour protester de son inaltérable attachement à la grande famille française, pour mettre au service de la France toute sa population valide, comme elle a versé, depuis 1789, pour la cause de la France et sur tous les champs de bataille du monde, le meilleur sang de ses enfants.

« Le patriotisme français de l'Alsace dans le passé, rappelé par M. Thiers, est la garantie de ce que saurait être son dévouement patriotique dans l'avenir. »

Mais, sauf M. Hallez-Clarapède qui avait signé la demande d'interpellation de M. Thiers, aucun de nos députés s'est levé pour répondre en quelques mots, partis du cœur, au nom de nos villes et de nos campagnes, par une brève et énergique adhésion à cet appel fait au patriotisme alsacien. Et quand la majorité servile proposa l'ordre du jour pur et simple, 219 voix contre 45 le votèrent et tous les députés de l'Alsace, sauf M. Hallez-Claparède, figuraient parmi les 219.

Peu après le voyage de Salzbourg, siégeait à Genève le premier Congrès général des amis de la paix. M. Jacoby et quelques-uns de ses collègues de Berlin avaient envoyé leur adhésion. M. Schulze-Delitzsch, par contre, répondit à l'appel du comité de Paris par un refus assez dur, mais qui était parfaitement motivé par la politique napoléonienne. « La démocratie allemande, dit-il entre autres, compromettrait toute son influence en adhérant au Congrès dans un moment où on ne parle que des armements de la France... »

M. Schulze-Delitzsch avait raison, comme ont raison aujourd'hui, à près de vingt années de distance et dans de tout autres conditions, ceux qui qualifient d'utopies les efforts généreux des amis de la paix. Utopies, certes, tant que l'Europe a trois millions de soldats sous les armes. Utopies, aussi longtemps que l'Alsace-Lorraine sera une pomme de discorde entre l'Allemagne et la France, empêchant toute paix *réelle*, alors cependant qu'une entente, une alliance entre ces deux grands pays, les plus *civilisés* du continent, leur permettrait de rendre toute guerre à peu près impossible en Europe.

Le Congrès de Genève avait offert la présidence à Garibaldi qui l'avait acceptée, probablement en vue de profiter de l'occasion pour soulever l'opinion publique contre la papauté. En quittant Genève, Garibaldi rentra à Caprera, où depuis quelque temps il préparait un mouvement révolutionnaire contre Rome ; il éclata vers la fin d'octobre 1867. L'armée papale n'étant guère en mesure de résister aux Garibaldiens, et Victor-Emmanuel montrant peu d'ardeur à combattre ces derniers, les journaux cléricaux français sommèrent en quelque sorte Napoléon III d'intervenir une seconde fois. Il hésita ; mais l'impératrice réclama impérieusement l'intervention immédiate. Elle l'emporta, et le 30 octobre 1867, le corps d'expédition, sous le commandement du général de Failly, entra à Rome. Le 5 novembre, la petite armée garibaldienne fut écrasée à Mentana. Elle laissa 600 hommes sur le champ de bataille, tandis que Français et Papalins réunis n'eurent qu'une centaine d'hommes tués et blessés. « Les chassepots ont fait merveille », ces mots terminaient le rapport du général de Failly, publié dans le *Moniteur*. Aussitôt répandus par la presse européenne, ils acquirent une triste célébrité.

Garibaldi, arrêté après sa défaite, avait été interné, par le gouvernement de Victor-Emmanuel, au fort Varignano, près de la Spezzia, mais les manifestations en sa faveur ne firent qu'augmenter. Napoléon essaya d'apaiser les colères excitées en Italie par sa seconde intervention, en faisant annoncer que les troupes françaises quitteraient dès que la tranquillité serait rétablie. Mais l'Italie se souvint qu'en 1849 Napoléon avait annoncé qu'il n'allait pas à Rome pour imposer aux Romains un gouvernement malgré eux, et cependant le premier acte de l'armée française avait été d'assiéger Rome et d'en chasser les républicains. Si, en 1870, et même depuis, l'Italie s'est montrée peu sympathique à la France, ces deux malheureuses

interventions, que Napoléon ne faisait que pour ne pas
perdre l'appui du clergé, y sont pour beaucoup.

Dimanche, le 16 juin 1867, à 2 heures de l'après-
midi, eut lieu la cérémonie de la pose de la première
pierre de la nouvelle église catholique Saint-Pierre-le-
Vieux. Elle se fit en grande pompe. Une estrade avait été
construite, sur laquelle prirent place le préfet, le maire,
des membres du conseil municipal et le clergé de Strasbourg, Mgr Raess en tête. Cette construction répondait à
un vœu très légitime de la paroisse qui se trouvait trop à
l'étroit dans l'ancienne église, formée par le chœur de la
primitive collégiale Saint-Pierre-le-Vieux. L'histoire de
cette église a été écrite par tant de chroniqueurs, que
j'estime pouvoir la passer sous silence. Si je parle de la
nouvelle construction, c'est pour répondre à des critiques,
également très légitimes, qui se sont fait jour en 1867
déjà et qu'on entend encore exprimer aujourd'hui. La
nouvelle église fait tellement saillie sur la place Saint-
Pierre-le-Vieux, qu'en venant de la place Kléber dans la
rue du Jeu-des-Enfants, on croit qu'elle ferme cette dernière. Cette saillie est en outre gênante, aujourd'hui que
la rue Küss, comme principale artère de la gare, est mise
en communication directe avec la place Saint-Pierre-le-
Vieux. Puis la nef de l'ancienne église, laissée comme
temple aux protestants après la réunion de Strasbourg à
la France en 1681, se trouve maintenant, avec son vieux
clocher, si singulièrement adossée à la nouvelle église
catholique et son clocher neuf, que l'aspect en est vraiment disgracieux. Tout cela aurait pu être évité.

Il eût fallu commencer par construire, sur un autre

emplacement, un temple aux protestants ; dans l'intérêt de la paix religieuse, ils s'y seraient installés malgré leur attachement au vieux temple où, depuis près de deux siècles, ils célébraient leur culte. Toute la grande place occupée par l'ancienne collégiale, devenant alors disponible, on eût pu édifier aux catholiques une grande et belle église qui, en même temps, aurait formé pour la ville un beau monument. Mais le maire, M. Humann, quoique administrateur éclairé, exempt de tout fanatisme religieux, craignit d'affronter l'irritabilité de ses coreligionnaires qui, pensait-il, serait excitée à un haut degré si la ville commençait par construire un temple aux protestants et si la reconstruction de l'église catholique de Saint-Pierre-le-Vieux se trouvait ainsi reculée de deux ou trois ans. Quoique à contre-cœur, il présenta le projet de l'église, aujourd'hui exécuté, au conseil municipal, celui-ci, non sans quelques vives critiques, y donna son approbation, en grande partie, afin d'éviter qu'on n'interprétât un refus comme un manque de sympathie pour le culte catholique.

———

Le 11 octobre, mourut à Wesserling, à l'âge de 94 ans, M. Aimé-Philippe Roman qui, pendant plus de 60 années, avait été l'un des chefs de l'important établissement de Wesserling. M. Roman était né à Genève, le 20 octobre 1774. A 16 ans, il parcourut la moitié de l'Europe, comme vendeur de montres, dont Genève avait alors une sorte de monopole. En 1792, il fut appelé à Paris dans la maison d'un de ses parents, qui l'envoya à Beauvais pour y diriger un petit établissement d'impression. C'est de cette époque que date la carrière industrielle de

M. Roman. En 1803, il entra dans la maison de Wesserling, où il prit immédiatement un rôle prépondérant. Sa
vigoureuse et intelligente impulsion donna l'essor à l'industrie naissante, dont bientôt l'importance fut telle que
M. Roman, ne pouvant seul suffire à tout, appela auprès
de lui M. Jacques Gros, déjà attaché à la maison. De
cette époque date l'association de ces deux hommes de
bien, qui a duré 60 ans. Unis par une sincère affection,
ils mirent toute leur activité à faire réussir et prospérer
la vaste entreprise qu'ils rêvaient. Mais ce n'est pas seulement comme industriels que leurs noms méritent d'être
rappelés. M. Roman, comme homme public, a largement
contribué à répandre les bienfaits de l'instruction et les
progrès moraux dans le département du Haut-Rhin. Membre et souvent président du conseil général, il prit une
part active à ses travaux les plus importants. Maire de
Husseren depuis 1808 jusqu'à sa mort, il y a établi des
salles d'asile, des écoles, fait construire une église, et par
sa charité il a soulagé bien des infortunes. L'immense
cortège qui l'accompagna à sa dernière demeure, était
loin de contenir tous ceux qui avaient honoré son nom,
admiré son génie ou béni sa main charitable. Que son
souvenir soit un exemple et un encouragement dans la
voie du bien, du travail et du progrès!

*(Extrait d'une notice lue à la Société industrielle
de Mulhouse, par M. Jacques Rieder.)*

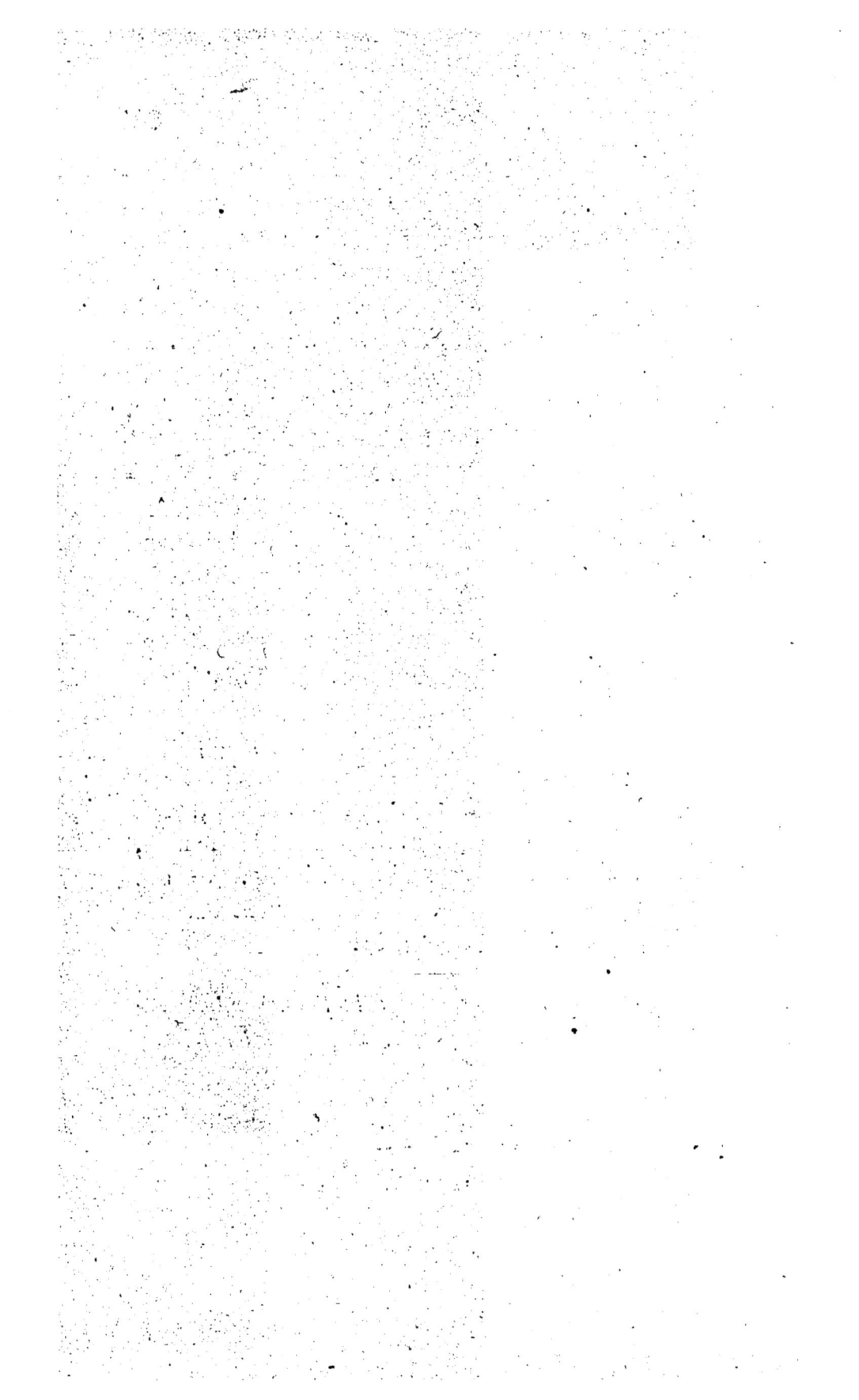

1868

SOMMAIRE

Loi sur un système nouveau de recrutement et sur la création de la garde nationale mobile. — Recrudescence de la réaction. — Lettre de M. Wurtz, adressée au ministère de l'instruction publique. — Pétition au Sénat. — La *Lanterne* de M. de Rochefort. — Le livre de M. Ténot. — Godefroy Cavaignac. — Proposition de M. Guizot sur le désarmement; M. Émile de Girardin. — Procès Baudin; Gambetta — Réfugiés hanovriens en Alsace. — Mort à Strasbourg du comte Walewski. — Mort de Rossini; soirée solennelle au théâtre de Strasbourg en son honneur.

La loi sur un système nouveau de recrutement de l'armée et sur la création de la garde nationale mobile fut votée le 8 février. Le 12 avril suivant, le *Moniteur de l'armée* publia le tableau de l'organisation de la garde nationale mobile dans les onze départements de l'Est, compris dans le commandement du 3e corps d'armée (1).

L'Alsace, placée aux avant-postes de la frontière de l'Est, y était comprise pour 22,270 hommes dont 11,510 pour le Bas-Rhin, devant fournir 5 bataillons d'infanterie et 15 batteries d'artillerie. Le Haut-Rhin pour 10,760 hommes, qui auraient à fournir 5 bataillons d'infanterie et 5 batteries d'artillerie.

Mais tout dans ce mauvais gouvernement étant men-

(1) Le siège en était à Nancy.

songe, tromperie, la garde nationale mobile ne fut organisée que sur le papier. Loin de donner des armes à cette
milice nationale, on n'ose pas même la réunir, de crainte
que d'un pareil milieu ne sorte quelque manifestation dé-
plaisante pour l'empereur ou son auguste moitié : il faut
étouffer en germe le moindre réveil des idées libérales.

On arrête à Paris des jeunes gens qui avaient poussé
quelques cris de « Vive la République ! » d'autres pour
avoir chanté la *Marseillaise* ; ils sont condamnés à quinze
jours, d'autres à un mois de prison. Peu après a lieu le
procès, fait à dix journaux, pour comptes rendus illicites ;
ils sont frappés chacun d'une amende de 1,000 fr.

Les restes de Manin, l'illustre défenseur de Venise
en 1848, de sa femme et de sa fille, enfermés dans le tom-
beau de la famille du peintre Ary Scheffer, en furent retirés le 3 mars pour être transportés en Italie. Mais la
commission italienne chargée de les recevoir et de les
accompagner à Venise n'est pas autorisée à se rendre à
Paris. On craint quelque manifestation libérale au cimetière Montmartre.

D'un autre côté, sous l'influence de l'impératrice,
le Gouvernement se montrait chaque jour plus disposé à
céder aux exigences du parti clérical. Celui-ci essayait
d'imposer à l'enseignement supérieur l'orthodoxie religieuse et déjà le bruit s'était répandu qu'il avait obtenu
de l'empereur, pour prix de son appui aux prochaines
élections, la révocation de M. Duruy.

Dans une discussion au Sénat sur la liberté de l'enseignement, il avait été question d'une lettre que notre
compatriote, M. Ad. Wurtz (1), doyen de la Faculté de

(1) Charles-Adolphe Wurtz, né à Strasbourg le 26 novembre 1817,
fit ses études à notre Gymnase protestant, puis étudia la médecine à
la Faculté de notre ville, où il fut chef des travaux chimiques de

médecine de Paris, avait adressée au ministère de l'instruction publique. M. Wurtz y proteste avec énergie contre les tentatives faites au Sénat ; il élève la voix au nom de la liberté de conscience, et il demande qu'on respecte les droits de l'Université. Le compte rendu officiel avait donné cette lettre d'une manière très abrégée, mais les journaux de Paris en reproduisirent le texte complet et M. de Girardin ajouta :

« Simplement résumer de telles lettres, c'est manquer du respect qui leur est dû ; on les cite sans en retrancher un seul mot, afin qu'elles soient applaudies comme elles le méritent (1).

Cette lettre avait été provoquée par des brochures de Mᵍʳ Dupanloup, évêque d'Orléans, de M. de Bonnechose, archevêque de Rouen, et par une pétition au Sénat, où deux mille signataires, sous prétexte de demander la liberté d'enseigner, réclamaient non le droit pour chacun d'enseigner librement ce qu'il croit vrai, mais celui de prêcher leurs doctrines dans leurs chaires à eux, à moins

1839 à 1844. Il avait été reçu docteur en 1843. S'étant rendu à Paris, il devint chef des travaux chimiques à l'École des Arts et Manufactures (1846-1851); professeur à l'Institut agronomique de Versailles (1851), et après la retraite de M. Dumas et la mort d'Orfila, il devint titulaire de leurs deux chaires réunies, sous le nom de Cours de chimie médicale. De 1866 jusqu'en avril 1875, où il donna sa démission, il fut doyen de la Faculté de médecine de Paris. Nommé chevalier en 1850, il était grand-officier de la Légion d'honneur au moment de sa mort.

Auteur d'un grand nombre de découvertes en chimie, M. Wurtz publia d'importants mémoires et livres sur ces matières. En 1865, il reçut un prix biennal de 20,000 fr., fondé par Napoléon III ; en 1878, une grande médaille de la Société royale de Londres et, en 1881, il fut élu sénateur inamovible. Comblé d'honneurs et de distinctions, il mourut à Paris le 12 mai 1884.

(1) Elle se trouve *in extenso* dans le *Courrier du Bas-Rhin* du 29 mai 1868.

qu'on ne préférât livrer au clergé et à ses fidèles les chaires des Facultés. En outre, on s'en prit spécialement à l'École de médecine, qui était accusée de matérialisme, etc., etc.

A cette occasion, le Sénat se montra raisonnable : après quatre séances très agitées, du 19 au 24 mai, il passa à l'ordre du jour, par 84 voix contre 31, sur la question de l'enseignement, et par 80 voix contre 43 sur les reproches faits à l'École de médecine.

En mai, parut le premier numéro de la *Lanterne*, journal hebdomadaire fondé par M. Henri de Rochefort; 50,000 exemplaires furent enlevés en un instant. Pendant quelque temps le Gouvernement fit semblant de ne pas s'apercevoir de l'existence de la *Lanterne*, mais dès le 8 août, il la fit saisir partout. M. de Rochefort, condamné en police correctionnelle à 13 mois de prison et 10,000 fr. d'amende, se réfugia à Bruxelles, d'où il continua à faire paraître sa *Lanterne*. Des ballots entiers en furent expédiés à Kehl ; elle devint alors un véritable objet de contrebande.

Dans le même mois d'août parut le livre de M Ténot, *Paris en décembre 1851, Étude historique sur le coup d'État*. Cet ouvrage porta, lui aussi, un rude coup à l'empire. Enfin, à la distribution des prix au grand concours de la Sorbonne, où le prince impérial était assis à côté de M. Duruy, Godefroy Cavaignac, fils de l'ancien président du Pouvoir exécutif de la République de 1848, refusa, aux applaudissements de ses condisciples, de recevoir son prix des mains du ministre, en présence du prince impérial.

Mais l'événement capital de l'année fut le procès Baudin.

Le retour de l'empereur de Biarritz, fin septembre, avait été comme d'habitude le signal de toutes sortes de bruits. Les uns prétendaient que Napoléon avait l'intention d'associer le prince impérial au Gouvernement, d'autres qu'il revenait avec un programme de réformes libérales ; enfin, les pessimistes disaient que la dictature serait encore renforcée. M. Guizot, dans un article publié dans la *Revue des Deux-Mondes* de fin septembre, proposait de mettre sincèrement l'armée sur le pied de paix, comme seul remède à l'inquiétude universelle. M. Émile de Girardin, par contre, soutenait qu'il fallait une guerre à la France pour la délivrer de toute crainte de guerre. Si M. Guizot avait souvent donné de mauvais conseils (1), en cette circonstance son avis fut bon.

La France jouissait encore en 1868 d'un prestige suffisant pour que l'on n'eût pas osé l'attaquer si elle avait, par la réduction de l'armée sur le pied de paix, manifesté son désir sérieux, sincère, de ne pas nourrir des projets de guerre. Mais l'idée paradoxale de M. de Girardin prévalut ; on savait qu'il avait des intelligences dans le Gouvernement et on supposa, sans doute non à tort, qu'elle avait été émise d'accord avec ce dernier.

Ces tiraillements secouaient la foi en l'homme providentiel et firent renaître l'espoir parmi les républicains. La manifestation Manin n'ayant pu avoir lieu, on songea à Baudin.

Le corps de ce noble représentant, tué le 3 décembre 1851 en défendant les lois, avait été déposé au cimetière Montmartre. Il fut décidé qu'on profiterait du **jour des**

(1) Voir *Histoire de* 1830-1852, pages 237-239, 300-302.

morts pour rendre un hommage public à cette victime du coup d'État. On se rendit sur la tombe de Baudin, on y déposa des couronnes et, après quelques paroles qui furent suivies de cris de *Vive la liberté ! * Vive la République! on se donna rendez-vous sur la même tombe pour le 3 décembre, anniversaire de la mort de Baudin. Les journaux libéraux racontèrent les détails de la manifestation et ouvrirent une souscription pour élever un monument à Baudin. Le Gouvernement les somma de clore la souscription ; mais, comme ils n'en tinrent pas compte, ils furent saisis. En même temps, on commença une instruction sur la manifestation du 2 novembre et journalistes et manifestants furent renvoyés devant la police correctionnelle, pour manœuvres à l'intérieur. La poursuite judiciaire communiqua à la souscription un immense élan. Les journaux des départements, suivant l'exemple de leurs confrères parisiens, ouvrirent des souscriptions, même le *Courrier du Bas-Rhin* fut de ce nombre. Dans son numéro du 12 novembre 1868, il publia la première liste de souscription qui fut suivie de beaucoup d'autres.

La poursuite était une faute dont le parti libéral sut profiter. Ce procès lui procurait une belle occasion de mettre en scène le coup d'État et de flétrir ses auteurs. Les débats s'ouvrirent le 13 novembre. M. Challemel-Lacour, qui se trouva parmi les prévenus, comme rédacteur en chef de la *Revue politique,* proposa de choisir pour la défense quelques hommes jeunes, libres de ces considérations personnelles qui imposent parfois aux caractères les plus fermes des précautions et des réserves. A MM. Crémieux, E. Arago, Leblond, Hubbard, il proposa de joindre deux jeunes membres du barreau, MM. *Gambetta* et Laurier.

Après quatre éloquents plaidoyers, dont celui de

M. Arago finissait par ces paroles . « Morny et Baudin !
Rappelez-vous ces deux hommes et frémissez du contraste !
Que le second empire dresse des statues à ses complices,
mais qu'il nous laisse une tombe pour Baudin, c'est-à-
dire pour la vertu, la fermeté, pour tout ce qui fait les
bons citoyens. » M. Gambetta prend la parole. — C'est
une révélation. — Sa voix pénétrante s'empare de l'oreille
et du cœur de l'auditoire. En termes énergiques il flétrit
l'acte du 2 décembre : « Ces hommes sans honneur, perdus de dettes et de crimes, qui se sont groupés autour du
prétendant, ces gens complices à toutes les époques des
coups de la force, ces gens dont on peut répéter ce que
Salluste a dit de la tourbe qui entourait Catilina : « Éter-
nels rebuts des sociétés régulières. » Avec ce personnel
on sabre depuis des siècles les institutions et les lois, et
malgré ce défilé sublime des Socrate, des Thraséas, des
Caton, on écrase le droit sous la botte d'un soldat. »

M. Aulois, avocat impérial, s'était levé à ces mots de
« gens perdus de dettes et de crimes », pour déclarer que
ce n'était pas là de la plaidoirie et qu'il allait se voir
obligé de requérir du Tribunal qu'il retirât la parole à
Mᵉ Gambetta. Mais celui-ci, sans presque lui donner le
temps de finir sa phrase, continue son discours avec une
nouvelle véhémence et, ayant encore été interrompu par
M. Aulois, Mᵉ Gambetta continue comme s'il n'entendait
pas, et finit par ces mots : « Nous ne redoutons ni vos menaces, ni vos dédains ; vous pouvez frapper, vous ne pouvez ni nous déshonorer, ni nous abattre. »

Accablé par la chaleur, par la fatigue, par l'émotion,
il retombe sur son banc, au milieu des applaudissements
que le président essaie mollement de réprimer, et qui
vont se répercutant de la salle dans l'escalier et de l'escalier dans la cour. Les prévenus se jettent dans les bras

de M⁰ Gambetta dont l'éclatant triomphe est, le lendemain, salué par la France entière (1).

C'est de ce jour que date l'espoir que le parti libéral mettait en cette personnalité puissante et tous les cœurs patriotiques en Alsace partageaient cette impression. Elle ne fut jamais déçue ; Gambetta resta l'espoir des Alsaciens jusqu'au jour fatal qui l'enleva si prématurément.

En 1868, l'Alsace devint le refuge de 7 à 800 Hanovriens qui, ne voulant pas servir la Prusse, s'étaient réfugiés en Hollande, puis en Suisse ; les deux pays, sous la pression de la Prusse, durent les expulser. Fin janvier, ils arrivèrent en Alsace et furent répartis dans différentes petites villes où ils reçurent le meilleur accueil. Mais, là encore, la Prusse trouva qu'ils pourraient être dangereux et, pour se conformer à ses désirs, le Gouvernement les fit diriger sur l'intérieur (2).

Le 28 septembre, mourut subitement à Strasbourg, à l'hôtel de la Ville-de-Paris, où il était descendu à son retour de Bade à Paris, le comte Walewski, ancien ministre des affaires étrangères et ancien président de la Chambre des députés. M. Walewski, né en 1810, fils naturel de Napoléon I⁰ʳ et d'une noble Polonaise, fut admis dans l'armée française par Louis-Philippe. Il en sortit capitaine de hussards et entra dans la carrière diplomatique que M. Thiers, qui avait autant de sympathie que le roi pour ce qui tenait des Napoléon, lui ouvrit avec empressement. La révolution de Février le trouva ministre de France à Buenos-Ayres. L'élection de Louis-Napoléon à

(1) Voir, pour d'autres détails, Taxile Delord, *Histoire du second empire.* Vol. V, pages 361-364.
(2) *Courrier du Bas-Rhin* des 8 et 12 février 1868.

la présidence lui ouvrit de nouvelles perspectives. Napoléon, devenu empereur, accueillit volontiers un homme dont la réputation n'avait pas reçu d'atteinte par le coup d'État, et il le nomma successivement embassadeur à Londres, ministre des affaires étrangères, président du Congrès de Paris (1856) et, après la mort de M. de Morny, président du Corps législatif. Mais M. Walewski ayant des velléités libérales, ne trouva pas chez les impérialistes purs la sympathie qu'ils avaient pour M. de Morny, le complice de l'homme du 2 décembre, et, avec l'aide de M. Rouher, ils parvinrent à le renverser dès le 2 avril 1861.

Resté l'ami de Napoléon III, sa mort fit une nouvelle brèche dans le groupe des fidèles de l'empereur. M. Walewski y représentait l'élément libéral et il passait pour influencer les décisions impériales de tout le poids de son amitié personnelle pour Napoléon, chaque fois qu'il s'agissait de combattre une proposition rigoureuse ou de soutenir une pensée plus modérée. Sa mort subite nous a été fatale ; il est plus que probable que, deux ans plus tard, il aurait combattu l'influence prépondérante de l'impératrice quand elle voulut avoir « sa guerre à Elle ».

———

Le 17 novembre, nous reçûmes la nouvelle du décès de Rossini. Né à Pesaro le 29 février 1792, le grand maëstro était près d'atteindre sa soixante-dix-septième année. Depuis plus de 20 ans, il était l'hôte de la France, et si l'Italie lui a donné la vie, l'éducation et la gloire, on peut dire que la France lui a gardé son cœur jusqu'au dernier jour.

Peu de mois avant sa mort, l'Opéra avait repris *Guillaume Tell* avec un immense succès, et le Théâtre-Italien de Paris avait rouvert sa saison d'hiver avec le *Barbier de Séville*.

Fidèle à la tradition, le théâtre de Strasbourg donna le 1ᵉʳ décembre 1868 une soirée solennelle en l'honneur de l'illustre défunt, devant un nombreux public, désireux de s'associer à cet hommage rendu au prince de la mélodie.

La représentation se composait de l'ouverture et du deuxième acte du *Barbier*, puis de l'ouverture et du deuxième acte de *Guillaume Tell*, rapidement appris pour cette circonstance. Une longue salve d'applaudissements salua l'ouverture et un rappel vint célébrer la gloire de Rossini, dans la personne des interprètes de sa sublime partition. C'étaient Mᵐᵉ Dupuy (Mathilde), MM. Genevois (Arnold), Rougé et Courtois (Guillaume et Walter). Puis, tous les artistes passèrent en s'inclinant et en déposant une couronne devant le buste (1) de Rossini.

Le public, par ses manifestations, fit comprendre que lui aussi tenait à offrir sa couronne à la mémoire du maître illustre, dont les œuvres resteront impérissables.

Ce fut, hélas ! la dernière solennité de ce genre qu'une troupe française devait donner et à laquelle les habitués du théâtre français devaient assister dans cette salle de spectacle qui, pendant près de cinquante années, nous avait offert tant de jouissances musicales et dramatiques.

Deux ans plus tard, elle fut complètement détruite avec tous les objets d'art qu'elle contenait, à la suite de l'incendie allumé par les bombes et les obus que l'armée allemande lança pendant le siège sur notre malheureuse cité.

---

(1) Le buste, d'une ressemblance frappante, et qui était dû à notre concitoyen, M. Dock, a été détruit dans l'incendie du théâtre pendant le siège.

1869

~~~~~~~~~~~~~~~~~

SOMMAIRE

Le 14 mai, mourut à Bouxwiller M. Charles-Henri Schattenmann (1), directeur des mines de Bouxwiller. Dans sa longue carrière il avait rendu de grands services à notre département et l'on peut dire au pays tout entier. Après avoir relevé l'établissement de Bouxwiller (avant son entrée, vers 1830, il se trouvait dans d'assez mauvaises conditions), M. Schattenmann s'occupa de questions d'intérêt général. Aimant l'agriculture et y voyant un grand élément de richesse pour l'Alsace, il entreprit le défrichement d'une vaste propriété près de Bouxwiller et y fonda une sorte de ferme modèle. Tout en s'occupant d'engrais naturels et artificiels et de l'amélioration des

(1) Il était né le 30 décembre 1785 à Landau, alors que cette ville appartenait encore à la France. Pendant de longues années, il fut membre du conseil général du Bas-Rhin et du conseil municipal de Bouxwiller. La monarchie de Juillet le créa chevalier, et l'Empire officier de la Légion d'honneur.

races bovines, il songea au perfectionnement des voies de communication. C'est lui qui introduisit l'usage du rouleau compresseur, que nous voyons encore fonctionner sur nos routes.

Le canal de la Sarre, destiné à approvisionner l'Alsace de houille à bon marché, est en grande partie son œuvre ; c'est encore lui qui poussa des premiers à la réduction ou à la suppression des droits de canaux. Il ne négligea pas pour cela la question des chemins de fer et il seconda énergiquement la création des voies ferrées appelées alors lignes d'intérêt local. (Barr-Rothau-Bouxwiller, etc.)

Jugeant que l'instruction est le premier élément de prospérité d'un peuple, il poussa à l'établissement des salles d'asile et des écoles primaires, et le collège de Bouxwiller eut une large part dans ses efforts en vue du développement de l'instruction publique.

Un des côtés saillants du caractère de M. Schattenmann était sa persistance. Quand il s'était tracé un but, aucun sacrifice de volonté, de temps, de travail et d'argent ne lui coûtait pour l'atteindre. Sa conviction et son énergie le portaient même jusqu'à la rudesse ; il s'attira par là certaines inimitiés, mais qui ne l'arrêtèrent pas ; il savait qu'en fin de compte il avait pour lui l'opinion publique qui lui savait gré du bien qu'il faisait au pays.

Dimanche le 23 mai, eurent lieu les élections générales pour le renouvellement des membres de la Chambre des députés. Depuis des mois on se préparait à la lutte. Le Gouvernement et ses préfets en calomniant les candidats du parti libéral, en les qualifiant de révolutionnaires

869

qui ne songeaient qu'à faire un nouveau 93 ; le parti libéral en flétrissant par tous les moyens les députés bonapartistes. En Alsace, cette tâche n'aurait pas été difficile, sauf M. Hallez-Claparède, tous avaient constamment voté avec servilité ce que demandait le Gouvernement. Mais les préfets n'en étaient pas moins sûrs de leur victoire ; on avait si habilement groupé les circonscriptions électorales.

Dans le Bas-Rhin, les candidats du Gouvernement furent : pour Strasbourg, M. Alfred Renouard de Bussierre ; pour Saverne, M. Coulaux ; pour Wissembourg, M. le comte de Leusse ; pour Schlestadt, M. le baron Zorn de Bulach ; les deux derniers en remplacement de MM. de Cœhorn et Hallez-Claparède (1), qui ne s'étaient pas représentés.

(1) M. Hallez-Claparède mourut à Paris en avril 1870. Né en 1812, il n'était âgé que de 58 ans. Le *Temps* du 12 avril 1870, par la plume de M. A. Neiftzer, lui voua l'article nécrologique suivant, auquel s'associèrent en Alsace tous ceux qui avaient connu le défunt.

(Extrait du *Temps* du 12 avril 1870.)

« Nous apprenons le décès de M. le comte Hallez-Claparède, ancien député du Bas-Rhin. Cette mort causera de vifs regrets, non seulement à la Chambre, où M. Hallez-Claparède ne peut qu'avoir laissé d'excellents souvenirs, mais parmi tous ceux qui ont eu occasion de connaître ce caractère si aimable, si sûr et si distingué, cette intelligence alerte, ce cœur généreux. M. Hallez-Claparède était loin d'être un irréconciliable, mais il est un des premiers députés qui, sous l'Empire, se soient ressouvenus de la liberté, et qui aient compris la nécessité d'une transformation complète des institutions de 1852. Cela lui valut d'être combattu avec le dernier acharnement aux élections de 1863. Il ne put alors rentrer à la Chambre qu'après avoir fait casser, pour abus de pression administrative, l'élection de son concurrent, M. le chambellan Zorn de Bulach. En 1869, sa santé, déjà fort atteinte, ne lui permit plus d'affronter une lutte où le Gouvernement lui opposait de nouveau le même adversaire. S'il eût continué de siéger à la Chambre, sa place eût été sans nul doute dans la partie du centre gauche la plus voisine de la gauche. Le régime représentatif perd en lui un loyal et ferme défenseur. Ses

L'opposition avait porté pour Strasbourg, M. Charles Boersch, rédacteur en chef du *Courrier du Bas-Rhin*; pour Wissembourg, M. Rodolphe de Türckheim. Elle n'avait de candidat ni à Saverne, ni à Schlestadt.

A Strasbourg, M. Boersch obtint 7,597 voix contre 4,302 données à M. Renouard de Bussierre. Mais le vote de la ville se trouva complètement noyé dans celui des 80 villages qu'on lui avait accolés; ils donnèrent 12,389 voix à M. Renouard de Bussierre, contre 4,456 à M. Boersch.

Il en fut de même pour l'arrondissement de Wissembourg, où M. le comte de Leusse l'emporta par 18,966 voix, contre 9,688 à M. de Türckheim.

La préfecture avait mis un véritable acharnement à faire échec à M. Boersch. Le triomphe du candidat de l'opposition, contre M. Renouard de Bussierre, eût été un rude coup pour le prestige de l'empire. Pour l'éviter, on mit tout en œuvre; les maires furent appelés à la préfecture, commissaires de police, gendarmes, gardes champêtres, tout fut sur pied. Finalement on obligea le clergé de s'en mêler (1).

Les deux candidats étaient protestants, cependant, comme rédacteur du *Courrier du Bas-Rhin,* M. Boersch savait presque toujours se garer contre l'inimitié du clergé catholique, alors que M. Renouard de Bussierre avait encouru plus d'une fois son animosité, notamment en rompant des lances pour les fondations de Saint-Thomas. La préfecture n'était donc pas complètement rassurée sur les

obsèques, très simples, ont eu lieu hier à l'église de la Madeleine. Bien des sympathies, acquises à l'homme public et à l'homme privé, se fussent groupées autour de son cercueil si, par sa volonté dernière, toute invitation n'avait été interdite. »   A. Nefftzer.

(1) Le *Temps* du 5 juin 1869. — *Courrier du Bas-Rhin* du 26 mai 1869.

dispositions des villages catholiques. Elle fit alors ce qu'elle jugeait être un coup de maître. Dans la nuit du vendredi, 21 mai, on imprima une circulaire de l'évêché, invitant les curés à appuyer de toute leur influence la candidature Renouard de Bussierre, et samedi, dans la journée, elle fut portée dans les villages par des gendarmes à cheval. L'élection ayant lieu le lendemain dimanche, il n'était plus possible à l'opposition de déjouer l'effet de cette manœuvre.

Dans l'arrondissement de Wissembourg, ce ne fut également qu'à l'aide du clergé que le comte de Leusse put l'emporter. Une lettre de lui aux curés en fournit la preuve. Par une circonstance fortuite, elle tomba entre les mains du *Temps,* qui la publia le 2 septembre ; le *Courrier du Bas-Rhin* la reproduisit dans son numéro du 4 septembre 1869. En voici quelques fragments :

Reichshofen, 6 juin 1869.

Monsieur le Curé,

« Je vous demande pardon d'avoir tant tardé à vous remercier de la part que vous avez prise à mon succès.

« Je sais le rôle prépondérant que l'influence du clergé a exercé dans mon élection..... Je ne l'oublierai jamais. Mais que mon succès serve de leçon aux catholiques de notre arrondissement ; qu'ils voient qu'unis, ils peuvent tout dans les élections....

« Il y avait chez nous des catholiques, il y a maintenant, je l'espère, un parti catholique. Il ne tiendra qu'au clergé de le constituer fermement, en poussant toujours en avant des hommes de notre bord dans toutes les positions. J'y aiderai de tout mon pouvoir, et le Gouvernement, qui a vu maintenant où sont ses vrais amis, nous soutiendra, j'en suis persuadé.

« ... J'espère, avec l'aide de Dieu, ne point faillir à *la mission que l'unanimité des catholiques m'a confiée.*

« Recevez, Monsieur le Curé, etc.

« *Signé :* De Leusse. »

Le *Temps* ajoute : « Cet aveu cynique des influences qui ont fait réussir M. de Leusse, et cet appel aux rivalités religieuses forment un des plus fâcheux documents électoraux qui nous aient passé sous les yeux. »

Un an plus tard, le comte de Leusse vota servilement la guerre et il peut se vanter d'avoir contribué pour une bonne part aux malheurs de l'Alsace. Elle était belle, la mission que l'unanimité des catholiques lui avait confiée, — style de sa lettre — et qu'il espérait accomplir avec l'aide de Dieu !!!

Dans le Haut-Rhin, la lutte avait été vive également :

A Altkirch, M. Viellard-Migeon obtint 14,321 voix contre 13,046 données à M. de Reinach.

A Colmar, le parti libéral avait porté M. Fréd. Hartmann, de Munster, contre M. Lefébure ; ce dernier l'emporta par 18,693 voix, contre 11,737 à M. Hartmann.

A Guebwiller-Wesserling-Thann, M. Keller eut 15,066 voix, contre 7,793 données à M. Gros.

Ces deux dernières élections avaient une couleur toute religieuse. M. Keller, comme défenseur zélé du pouvoir temporel du pape, n'était pas soutenu par la préfecture ; il ne devait son immense succès qu'à l'appui du clergé (1).

---

(1) Le *Temps* du 3 juin.
Journal de Paris du 4 juillet et *Courrier du Bas-Rhin* du 8 juillet 1869.

A Mulhouse, la campagne libérale fut conduite par
M. Alfred Kœchlin-Steinbach (1). M. Tachard, le candidat du parti, l'emporta par 15,291 voix contre le candi-

(1) Alfred Kœchlin était né à Mulhouse le 19 septembre 1819. Fils
de Daniel, neveu des Jacques et des Nicolas Kœchlin, il était bien
de la lignée de ces Kœchlin qui, de 1814 à 1870, ont joué un rôle si
prépondérant dans le Haut-Rhin, soit en luttant pour les idées
libérales, soit en contribuant pour une large part au développement
industriel de l'Alsace. (Voir *Histoire de* 1830 *à* 1852, pages 51, 70, etc.)

Homme actif et énergique, M. Alfred Kœchlin travailla autant que
possible au relèvement de l'esprit public dans le Haut-Rhin. Ses affaires ne lui permettant pas de prendre une part directe dans la politique, il porta deux fois son ami M. Tachard comme député. En
1863, le candidat bonapartiste M. Gros l'emporta (voir page 134), mais
M. Kœchlin ne se lassa pas ; il continua la lutte et entre temps réussit
à faire entrer dans le conseil municipal quelques hommes jeunes et
capables d'y amener un peu plus de vitalité ; il fut ainsi obligé, tout
en le regrettant, de mettre de côté des hommes plus âgés, qui ne
partageaient pas ses convictions politiques fermes et ardentes.

Ayant travaillé sans relâche, Alfred Kœchlin était plein d'espoir
pour la réussite de son ami Tachard dans les élections de 1869, quand
quelques notabilités commerciales de Mulhouse demandèrent à
M. Jean Dollfus d'accepter la candidature offerte en remplacement
de M. Gros, qui se portait ailleurs. Kœchlin estimait M. Dollfus et lui
devait de la reconnaissance, comme lui doit tout citoyen de Mulhouse ;
il alla le voir lui déclarant que s'il acceptait, devant sa personnalité,
mais devant sa personnalité seule, M. Tachard et lui abandonne-
raient le terrain. A ce moment M. Dollfus déclarait qu'il était décidé
à refuser. Quelques jours plus tard, cédant aux instances, il revint
sur cette détermination ; mais la candidature Tachard était lancée,
et Kœchlin se trouva ainsi dans la pénible nécessité de combattre
M. Jean Dollfus.

Lors du plébiscite (mai 1870), Alfred Kœchlin lutta avec fièvre ;
là encore il eut la satisfaction d'un succès à Mulhouse. Mais la fatalité commença ; fin juin 1870 les grèves, puis la guerre. A ce moment
M. Alfred Kœchlin, comme membre du conseil municipal, s'occupa
beaucoup des affaires de Mulhouse. En 1871, il fit partie de l'Assemblée de Bordeaux ; il en revint le cœur brisé par le vote qui céda
l'Alsace à l'Allemagne, après la protestation lue par son ami M. Grosjean. Kœchlin mourut le 3 juillet 1872. Homme de bien, patriote
dans toute l'acception du mot, sa mort prématurée fut un deuil
pour l'Alsace entière.

dat officiel, M. Jean Dollfus, qui n'en obtint que 6,428.
Ce fut une grande victoire pour l'opposition ; mais elle
était chèrement acquise, car pour triompher, elle dut se
montrer ingrate envers M. Jean Dollfus, le vieux lutteur
pour les libertés douanières et le promoteur infatigable
de tout ce qui pouvait contribuer à la prospérité de sa
ville natale et au bien-être de la classe ouvrière.

A Paris, l'opposition l'avait emporté partout, sauf
dans quatre circonscriptions où il fallait un ballottage
dont le résultat ne pouvait que lui être favorable ; elle
avait gagné près de 80,000 voix dans la capitale et l'aug-
mentation était la même proportionnellement à Lyon, Marseille, Bordeaux, Rouen. En général, les élections s'étaient
passées avec calme. Sauf Paris, où dans ces occasions il
est presque impossible d'éviter quelque désordre, il n'y
eut que de légères scènes de tumulte à Toulouse, Marseille, Amiens, Lille et Strasbourg. Encore la police s'en
empara-t-elle avidement pour en grossir l'importance et
pour faire accroire aux timorés que sans la dictature impériale un nouveau 93 éclaterait.

A Strasbourg, dans la soirée du 24 mai, un groupe de
jeunes gens s'étaient réunis, rue de la Nuée-Bleue, devant
l'hôtel de M. Renouard de Bussierre et en guise de protestation contre son élection avaient entonné la *Marseillaise*.
La police intervint brutalement, se jetant pêle-mêle sur
les manifestants et sur les spectateurs ; quinze jeunes
gens furent arrêtés, puis relâchés après 36 heures de
prison.

Le lendemain soir, la place Kléber et la rue de la
Nuée-Bleue furent occupées militairement ; de l'infanterie, des chasseurs, voire même des escadrons d'artillerie
étaient sur pied. Le préfet, M. Pron, et le général Ducrot
auraient sans doute été contents de voir éclater quelque

émeute, mais ils en furent pour leurs frais ; tout resta tranquille.

Des troubles plus graves avaient éclaté à Paris ; les blouses blanches, cette invention de la police napoléonienne, avaient fait leur apparition. Ces individus parcouraient en toute liberté les boulevards extérieurs, poussant des cris ignobles et menaçants. Le Gouvernement rendit la presse responsable de ces troubles, qui durèrent du 6 au 12 juin ; ce dernier jour, une forte pluie mit fin au désordre.

L'ouverture du Corps législatif eut lieu le 28 juin. Les débats sur la vérification des pouvoirs se traînèrent pendant des semaines et fournirent à l'opposition l'occasion de signaler les innombrables illégalités dont étaient entachées les élections des candidats officiels. L'opinion publique était vivement excitée, des bruits de changements ministériels ne cessaient de circuler. Un grand Conseil, auquel avait assisté l'impératrice, avait eu lieu à Saint-Cloud le 16 juillet ; on espérait quelques concessions, mais tout se borna à un message impérial insignifiant, lu par M. Rouher dans la séance du 17 juillet, et à quelques modifications ministérielles. Le ministère d'État fut supprimé et M. Rouher eut la présidence du Sénat, qui était vacante. Un décret du même jour prorogea la Chambre à une date que l'empereur se réservait de fixer ultérieurement. Un autre décret convoqua le Sénat, le 4 août, pour transformer en sénatus-consulte les quelques concessions mentionnées dans le message du 17 juillet. La plus importante de ces concessions donnait aux députés l'initiative des lois ; mais elle était illusoire, le Sénat ayant la faculté de s'opposer à la promulgation d'une

loi. Après d'assez longues discussions, le sénatus-consulte fut voté à l'unanimité, moins trois voix. Un décret
du 6 septembre prononça la clôture de la session du Sénat ; elle eut lieu aux cris habituels de *Vive l'empereur !*

A cette époque les esprits furent distraits de la politique par deux crimes épouvantables qui, en Alsace, eurent un grand retentissement.

M. Émile Mathiss, établi à Fribourg, neveu de notre
concitoyen, M. Auguste Mathiss (1), fut trouvé assassiné
dans une forêt des environs du bain d'Antogast (Bade),
où il s'était rendu pour faire une cure. Les assassins
étaient deux ouvriers cordonniers travaillant à Strasbourg :
Doebich, Wurtembergeois, et Steidel, Bavarois.

Voulant d'après leurs propres aveux « faire un coup »,
ils s'étaient rendus le 15 août dans le pays de Bade, dont
les nombreuses stations balnéaires devaient facilement
leur fournir une victime. Ils achetèrent à Kehl une paire
de pistolets avec les munitions nécessaires et passèrent
la nuit du 16 à Oppenau. Le lendemain ils se mirent à
rôder dans les environs d'Antogast.

Ce jour, comme d'habitude, une partie de la société
s'était mise en route, entre dix et onze heures du matin,
pour une promenade avant le dîner ; elle voulait faire le
chemin que l'on appelait alors le tour de la forêt sombre,
mais la chaleur étant forte, on proposa de revenir sur ses
pas. L'infortuné Mathiss, seul, continua la promenade.
Les deux misérables voyant un jeune homme mis élégam-
ment, le choisirent pour leur victime ; ils le suivirent et,

(1) Voir la notice sur M. Mathiss. *Histoire de* 1830-1852, page
285.

au milieu de la forêt, déchargèrent sur lui à bout portant leurs pistolets. Mathiss tomba sans proférer un cri.

A une table d'hôte de cent personnes, son absence ne fut guère remarquée, et quand le soir il n'avait pas reparu, on pensa qu'il était allé voir un ami à Rippoldsau. L'idée d'un crime ne vint à personne. Ce ne fut qu'au bout de quelques jours, un membre de la famille, inquiète de son silence, étant venu s'informer de lui, que des battues furent faites dans la forêt et qu'à l'aide de chiens, on finit par découvrir le malheureux dans un fourré, la tête cachée sous un rocher, le corps couvert de branches d'arbres ; il était à moitié dévoré par des insectes et dépouillé de presque tous ses vêtements, entre autres des bottines toutes neuves, que l'un des ouvriers cordonniers avait pu mettre et qui le trahirent. Traduits devant la cour d'assises d'Offenbourg, les deux assassins furent condamnés à mort ; mais le grand-duc de Bade mû par le noble sentiment de ne pas signer d'arrêt de mort, commua leur peine en détention perpétuelle. Quelque beau que paraisse ce sentiment, il était exagéré en cette occurrence, où il s'agissait de deux coquins fieffés qui, de parti pris, pour le plaisir de faire ce qu'ils appelaient un coup, c'est-à-dire pour se procurer de l'argent servant à leurs dissipations, avaient commis ce meurtre. Les misérables ne pouvaient invoquer le besoin comme circonstance atténuante ; c'étaient deux membres nuisibles à la société, dont celle-ci en de pareilles circonstances a le droit, voire même le devoir de se défaire.

Un crime beaucoup plus abominable encore fut commis à la même époque, celui de Jean-Baptiste Troppmann. Habile ouvrier mécanicien, il fut envoyé en 1868, à l'âge de 18 ans, à Paris, pour y monter quelques machines que son père, qui possédait à Cernay un petit atelier de constructions mécaniques, y avait vendues. A Paris, il rencontra un compatriote chez lequel il demeura à Pantin, près du Chemin-Vert, ce champ où plus tard il enterra une partie de ses victimes. L'ouvrage terminé, Troppmann fut envoyé par son père, également pour monter des machines, à Roubaix; il y fit la connaissance d'une famille Kinck, qui le reçut avec la plus grande hospitalité. Jean Kinck était natif de Bühl, près Guebviller. Arrivé à Roubaix comme ouvrier mécanicien, il était parvenu, à force de travail et d'économie, à monter un atelier pour son propre compte. Il s'était marié avec une brave personne du pays et se trouva, en 1869, propriétaire de trois maisons et à la tête d'une famille de six enfants : l'aîné, Gustave, avait 16 ans ; puis venaient quatre garçons de 13, 10, 8 et 7 ans et une petite fille de 3 ans ; enfin, la mère était enceinte d'un septième enfant.

Jean Kinck ayant gardé un grand attachement à l'Alsace, parlait de s'y retirer. Troppmann sut habilement exploiter cette disposition. Étant du pays, il s'offrit de s'y rendre pour se renseigner sur quelque achat à faire. Il quitta Roubaix le 18 août et dès le 21, il écrivit à Jean Kinck de venir ; Jean Kinck arriva le 25 à Bollwiller, où Troppmann l'attendait à la gare. Après avoir dîné ensemble à Soultz, ils s'éloignèrent dans la direction de Wattwiller. De ce moment le pauvre Kinck ne parut plus. Le 26 novembre seulement, on trouva son cadavre caché sous des pierres, dans une forêt d'Uffholz.

N'arrivant pas à retirer — muni des papiers de sa victime — une lettre contenant 5,000 fr. en billets de banque, que Mme Kinck avait envoyée à son mari, poste restante, à Guebviller, Troppmann se rend à Paris. Il y attire d'abord Gustave Kinck, puis Mme Kinck, puis les enfants, sous le prétexte que Jean Kinck l'avait chargé de les conduire en Alsace ; il les tue tous et les jette dans une fosse, au Chemin-Vert, à Pantin, où, le 20 septembre suivant, un laboureur les découvre.

Neuf jours plus tard, Troppmann est arrêté au Havre, au moment où il allait s'embarquer pour l'Amérique, emportant les valeurs qu'il avait trouvées sur ses 8 victimes.

Condamné à mort par la Cour d'assises de la Seine, il fut exécuté le 19 janvier 1870.

Il faut avoir lu les différentes péripéties de cet épouvantable drame, pour se rendre compte de ce qu'il doit y avoir eu de profondément mauvais dans ce monstre précoce. Il est possédé par le démon de la cupidité ; il veut devenir riche. Son père ne pouvant lui fournir de l'argent, il conçoit le plan le plus exécrable pour s'en procurer, et le consomme avec une précision et une énergie diaboliques.

Certains esprits chagrins accuseront la perversité du siècle, l'absence de religion ! Qu'on ne s'y trompe pas, Troppmann n'était pas un de ces pauvres déshérités, un de ces malheureux nés dans la boue, et qu'une destinée cruelle, à moins d'un hasard extraordinaire, condamne à une vie de misère, menant trop souvent au crime.

Non, Troppmann avait été élevé dans une famille très pieuse ; sa première école, à Cernay, était la salle d'asile catholique (puisque l'intolérance religieuse avait obtenu que dès leur plus tendre jeunesse les enfants fussent parqués selon le culte de leurs parents) ; de là il entra à l'école primaire dont il suivit les diverses classes jusqu'à la première, dirigée alors par M. Armbruster, instituteur chef. Il reçut l'instruction religieuse par M. Bauer, vicaire de feu le curé Ulmer, et aujourd'hui curé à Saint-Amarin ; il fit sa première communion en 1863, et fut confirmé (en patois du pays, *gefirmelt*) par Mgr Raess en 1867.

Troppmann avait donc reçu une éducation relativement soignée. Au dire des témoins, caractère réservé, peu communicatif, il s'était occupé en dehors de la mécanique, d'études chimiques, sans doute aussi d'autres lectures, et si, par hasard, il avait lu certains romans, par exemple ceux de M. Ponson du Terrail, fort à la mode de 1860 à 1870, l'influence n'en a pu être que pernicieuse sur un cœur pervers.

La lecture de l'histoire également a pu fournir un contingent de mauvaises pensées. Sans remonter aux guerres du premier Empire où des millions d'hommes furent sacrifiés pour satisfaire l'ambition d'un seul, il y avait le guet-apens du 2 décembre où Louis-Napoléon, au mépris de la foi jurée, avait fait massacrer ceux qui s'étaient levés pour défendre la loi et la Constitution, et où l'on voyait en outre le spectacle écœurant du crime absous par des hommes de loi, approuvé, même dans des *Te Deum,* par le clergé. De tels exemples, qui du reste fourmillent dans l'histoire, pouvaient faire naître les résolutions les plus épouvantables dans un cerveau dont s'était emparé le démon de la cupidité.

1870

—◦—◦✦◦—◦—

PREMIÈRE PARTIE

Ministère Ollivier. — Assassinat de Victor Noir par le prince Pierre
Bonaparte. — Réveil de l'esprit public ; création en Alsace de journaux libéraux ; société pour la propagande de l'instruction obligatoire. — Plébiscite du 8 mai ; efforts patriotiques pour résister
à la pression gouvernementale. — Grèves dans le Haut-Rhin. —
Révolution en Espagne ; candidature Hohenzollern ; Déclaration
de Gramont du 6 juillet ; négociations diplomatiques ; renonciation
du prince de Hohenzollern au trône espagnol ; la France respire.
— Nouvelles exigences des Tuileries ; intervention de l'impératrice pour avoir « *sa guerre à elle* ». Vraies et fausses dépêches.
Débats orageux à la Chambre des députés. — La majorité et le
Sénat approuvent la politique du Gouvernement. — Le 15 juillet,
la guerre est votée.

1870

Date fatale dans l'histoire de l'humanité en général,
et de celle de l'Alsace-Lorraine en particulier (1).

(1) Ces pages étaient depuis longtemps écrites, quand je trouvai
dans la *Nouvelle Revue* du 1er octobre 1886 (page 671) les idées émi-
ses par M. Bonghi, l'éminent homme d'État italien, sur cette année
néfaste.

« L'année 1870, écrit M. Bonghi, n'a point été heureuse pour la
paix et pour la civilisation de l'Europe : c'est à cette année fatale
que nous devons l'absurdité étonnante de l'excès toujours croissant
des dépenses militaires, et par les impôts et les ressources détour-
nées du travail, les troubles économiques qui ont une si grande part

Préoccupé du réveil de l'esprit public, Napoléon III, sous la pression des circonstances, avait chargé M. Émile Ollivier, l'ancien député de l'opposition, de la formation d'un ministère qui inaugurerait un « *Empire libéral* ». Le décret de nomination des nouveaux ministres parut au *Journal officiel* le 4 janvier. Malgré quelques concessions, ni légitimistes, ni orléanistes, ni républicains, ne désarmèrent ; d'un autre côté, ces concessions, quelque anodines qu'elles fussent, n'étaient pas du goût des impérialistes purs ; le nouveau cabinet éprouva ainsi, dès son début, des difficultés qu'un événement imprévu vint accroître.

La *Revanche,* journal démocratique récemment fondé à Bastia, avait publié un article violent sur le premier Bonaparte ; le prince Pierre-Napoléon Bonaparte, l'un des fils de Lucien Bonaparte, répondit à cet article dans l'*Avenir de la Corse* sur un ton encore plus violent.

M. Pascal Grousset, correspondant à Paris de la *Revanche,* envoya le 10 janvier deux de ses amis, MM. Victor Noir et Ulric de Fonvielle à Auteuil pour demander raison de ses injures au prince Pierre. Celui-ci, après quelques paroles vives, tue d'un coup de revolver M. Victor Noir ; M. de Fonvielle reçoit un coup qui traverse son paletot.

Vers le soir, la nouvelle de l'événement se répand dans Paris et surexcite (1) à tel point l'opinion publique,

---

dans les désordres sociaux. Depuis cette année, l'accord entre les nations de l'Europe est dissous ; lorsqu'il prend envie à un peuple de violer les droits des autres, il lui suffit qu'il en ait la force. C'est à cette année fatale que l'Europe doit d'avoir perdu tout idéal de concorde et de justice, et que cet idéal a été remplacé dans le sentiment général par cette idée que tout doit être jugé au point de vue de l'intérêt. »

(1) Les journaux avancés y contribuèrent de leur mieux. Le numéro de la *Marseillaise* du 11 janvier parut encadré de noir, avec

que M. Émile Ollivier est obligé de faire arrêter le prince. Traduit devant une haute Cour de justice, il fut acquitté sur le chef du meurtre et condamné simplement à 25,000 fr. de dédommagement envers la famille du jeune Noir. Celle-ci les refusa et le prince les versa pour les pauvres au maire de Tours, où la haute Cour avait siégé.

L'effervescence provoquée par « l'attentat d'Auteuil » (c'était le terme dont se servaient les journaux radicaux) augmenta lors de l'enterrement de Victor Noir. Une foule immense d'ouvriers et de jeunes gens s'y étaient rendus et M. de Rochefort eut beaucoup de peine à faire compendre à ces masses, surexcitées par les paroles de vengeance (1) prononcées sur la tombe, qu'elles n'étaient pas

ces lignes imprimées en gros caractères en tête de sa première colonne :

Assassinat commis par le prince Pierre
Napoléon Bonaparte sur le citoyen
Noir.
Tentative d'assassinat commise par le
prince Pierre-Napoléon Bonaparte sur le citoyen
Ulric de Fonvielle.

« J'ai eu la faiblesse de croire qu'un Bonaparte pouvait être « autre chose qu'un assassin !

« J'ai osé m'imaginer qu'un duel loyal était possible dans cette « famille où le meurtre et le guet-apens sont de tradition et d'usage. « Notre collaborateur Pascal Grousset a partagé mon erreur et au- « jourd'hui nous pleurons notre pauvre et cher ami Victor Noir, « assassiné par le bandit Pierre-Napoléon Bonaparte. Voilà dix-huit « ans que la France est entre les mains ensanglantées de ces coupe- « jarrets qui, non contents de mitrailler les républicains dans les « rues, les attirent dans des pièges immondes pour les égorger à do- « micile.

« Peuple français, est-ce que décidément tu ne trouves pas qu'en « voilà assez ?

« Henri ROCHEFORT. »

(1) « Je jure, s'écria M. Ulric de Fonvielle, en présence de cette tombe et devant le peuple souverain que Victor Noir a été lâchement assassiné par Pierre Bonaparte. Si nous n'obtenons rien de la justice

en mesure de se battre contre les nombreuses troupes mises sur pied par le Gouvernement.

On allait se calmer quand la discussion au Corps législatif, sur la demande en autorisation de poursuites contre M. de Rochefort, puis sa condamnation à six mois de prison et à 3,000 fr. d'amende, enfin son arrestation, vinrent ranimer l'agitation. Pendant plusieurs semaines, il y eut chaque soir du tumulte ou de petites émeutes que la police avait beaucoup de peine à réprimer. Elles devinrent encore plus sérieuses quand on eut la nouvelle de l'acquittement de Pierre Bonaparte.

Le professeur Tardieu, qui passait pour avoir fait une déposition entachée de partialité en faveur de l'accusé, fut accueilli, en rentrant dans sa chaire à la Faculté de médecine, par les cris : « A la porte, Tardieu ! à la porte, le Corse, le défenseur des assassins ! ... » M. Tardieu fut forcé de disparaître ; M. Wurtz, notre compatriote, doyen de la Faculté, ayant vainement essayé d'intervenir, les cours et examens furent suspendus jusqu'au 1er mai par arrêté du ministre de l'instruction publique.

Sauf quelques tumultes à Marseille, il n'y eut pas de troubles dans les départements ; mais l'esprit public s'était vivement réveillé et le parti libéral, comptant sur les promesses de M. Émile Ollivier, se mit à l'œuvre pour fonder des journaux indépendants.

Dans le Bas-Rhin, quelques patriotes, à leur tête M. Émile Küss (1), ce vétéran parmi les lutteurs pour la cause démocratique, créèrent le *Volksblatt*. Mulhouse suivit cet exemple en fondant, sous l'impulsion de MM. Alfred

impériale, nous aurons recours à la justice du peuple. — Victor Noir, mon ami, mon frère, je te vengerai. » — Taxile Delord, *Histoire du deuxième Empire,* tome VI.

(1) Voir *Histoire de* 1830-1852, page 352.

Kœchlin (1), Scheurer-Kestner, Chauffour, etc., l'*Électeur souverain.*

Les deux feuilles s'adressaient particulièrement aux habitants des campagnes chez lesquels tout sentiment patriotique s'était émoussé par les vingt années de despotisme napoléonien, aidé de l'influence délétère qu'avait exercée dans les villages deux petites feuilles fanatiquement cléricales, rédigées en langue allemande, le *Volksfreund,* de Strasbourg, et le *Volksbote,* de Rixheim (Haut-Rhin).

A la même époque s'était constituée à Strasbourg une société de propagande en faveur de l'instruction populaire. Elle fit circuler dans la France entière une pétition au Corps législatif en faveur de l'instruction obligatoire et gratuite, et au 1er juillet 1870 on avait réuni 252,055 signatures.

Ce magnifique mouvement, dû en grande partie à l'activité du comité de Strasbourg (2), fut malheureusement perdu. Le Gouvernement pensait mettre une digue à ces aspirations libérales en provoquant la guerre; elle les enraya en effet, — momentanément, — tandis qu'elle engloutit ceux qui avaient eu l'infernale idée de s'en faire un instrument d'oppression.

———

Les petites émeutes successives de Paris, les inter-

(1) Voir note 1869 (page 219).
(2) Parmi les membres figurent : MM. Wolff, avoué ; Jean Macé ; Ad. Lereboullet ; Noiriel, libraire, etc.
Voir : *Projet d'adhésion au principe de l'instruction obligatoire et gratuite.*
Pétition de 250,000 *signatures en faveur de l'instruction obligatoire et gratuite.*
Deux brochures. Typographie Silbermann, à Strasbourg, 1870.

pellations de MM. Thiers, Favre, Gambetta, Jules Simon, Jules Ferry, etc., se suivant coup sur coup sur des questions diverses à la Chambre des députés, firent naître en Napoléon III l'idée du plébiscite. D'abord combattue par M. E. Ollivier et quelques-uns de ses collègues, le ministère entier finit par s'y rallier. Un décret du 23 avril prorogea la Chambre au jeudi 12 mai.

Le *plébiscite avait été fixé au dimanche 8 mai.*

Le peuple français était convoqué pour accepter ou rejeter le plébiscite suivant : « Le peuple approuve les « réformes libérales opérées dans la Constitution depuis « 1860 par l'empereur, avec le concours des grands « corps de l'État et ratifie le sénatus-consulte du 20 avril « 1870 (1). »

Le plébiscite une fois décidé, le Gouvernement entre résolument en campagne pour le faire réussir. Il fait publier partout une proclamation où, dans beaucoup de phrases creuses, Napoléon parlait de la prospérité du pays, de la large part faite à la liberté, de l'affection que le peuple lui a toujours témoignée et où il ajoutait :

« Donnez-moi une nouvelle preuve de votre affection. « Par un vote affirmatif vous conjurerez les menaces de « la révolution, vous associerez sur une base solide l'ordre « et la liberté, et vous rendrez plus facile dans l'avenir la « transmission de la couronne à mon fils....

« A la demande que je vous fais de ratifier les réfor- « mes libérales, répondez *Oui*. Quant à moi, fidèle à mon « origine, je me pénétrerai de votre pensée, je me forti-

(1) Modifications à la Constitution octroyée par Napoléon III. Quoique au fond peu importantes, elles furent longuement discutées par le Sénat dans ses séances du 12 au 20 avril, et adoptées par lui à l'unanimité, au cri trois fois répété de : *Vive l'Empereur !* (Séance du Sénat du 20 avril 1870.)

« fierai de votre volonté, et confiant dans la Providence,
« je ne cesserai de travailler sans relâche à la prospérité
« et à la grandeur de la France.

« Palais des Tuileries, 23 avril 1870.

« NAPOLÉON. »

Le 24 avril, les ministres adressent aux fonctionnaires de l'empire une circulaire collective. Exprimant
les mêmes idées que celle de l'empereur, elle se termine
comme suit :

« C'est aux citoyens que nous nous adressons, nous
vous transmettons non pas un ordre, mais un conseil patriotique, il s'agit d'assurer à notre pays un tranquille
avenir, afin que sur le trône comme dans la plus humble
demeure, le fils succède en paix à son père. »

Les bonapartistes mirent tout en œuvre pour la réussite du plébiscite.

De son côté l'opposition lança, le 19 avril, un grand
manifeste aux électeurs dans lequel, expliquant clairement tout ce que les promesses du Gouvernement contenaient de mensonger, il est dit entre autres : « Si vous
avez retenu la leçon des événements, si vous n'avez oublié
ni les dix-huit années d'oppression, d'outrage à la liberté,
ni le Mexique, ni Sadowa, ni la dette accrue de cinq
milliards....., vous ne pouvez pas voter *oui*. »

Un manifeste conçu dans le même sens fut adressé à
l'armée. Ces pièces portaient les signatures de dix-sept
députés, parmi lesquels je citerai MM. Jules Ferry, Arago,
Gambetta, Garnier-Pagès, Glais-Bizoin, Jules Grévy, etc.
Bien que la députation de l'Alsace n'y figurât pas, notre
province ne prit pas moins une part active au grand mouvement politique qui agita la France entière.

« Les départements, sans attendre le mot d'ordre de

« Paris, dit M. Taxile Delord (vol. VI, p. 117), avaient
« commencé la guerre contre le plébiscite. *L'opposition ne*
« *fut nulle part mieux organisée qu'en Alsace. Il semblait*
« *qu'un secret pressentiment l'avertit des terribles conséquences*
« *que cet acte devait avoir pour elle.* »

Hélas oui ! Tous ceux qui suivaient la politique
avaient la conviction que le plébiscite n'était qu'un nouveau piège tendu à la crédulité publique. Mais que pouvaient-ils faire contre les timorés, aux yeux desquels,
dans les villes, on faisait miroiter le spectre rouge (1)?
Que pouvaient-ils faire contre ces millions de campagnards qui suivaient aveuglément les conseils des acolytes
du Gouvernement, maires, curés, gendarmes, gardes
champêtres, eux-mêmes poussés par la préfecture et par
les députés qui faisaient de vraies tournées plébisci-
taires. En Alsace, les maires furent réunis dans des banquets :

A Saverne, à Saar-Union, etc., par M. Coulaux ; à
Entzheim, à Truchtersheim, etc., par M. Renouard de
Bussierre ; à Reichshoffen, à Wissembourg, etc., par
M. de Leusse ; enfin M. le baron Zorn de Bulach les in-
vita par fournées à de grands dîners dans son château
d'Osthausen.

Dans une lettre adressée par M. de Bulach au *Courrier
du Bas-Rhin*, il dit : ..... « Outre MM. les maires, j'ai déjà
engagé et j'engagerai encore à venir chez moi, d'honora-

---

(1) Le 1er mai, une affiche placardée partout annonça la découverte d'un complot contre la vie de l'empereur ; le nommé Beaury,
venu de Londres, et d'autres individus furent arrêtés. Une circulaire
de M. E. Ollivier adressée à la magistrature l'invite à poursuivre
l'Internationale qui a des ramifications partout.

Le *Journal officiel* du 20 octobre 1870 dit que les complots ont
été organisés à l'instigation de la police secrète par Piétry, Ballot,
Beaury, etc. *Courrier du Bas-Rhin* du 13 octobre 1870.

bles membres du clergé, mes collègues du conseil général, les membres du conseil d'arrondissement et d'autres personnes influentes et considérables, etc. (1). »

La députation du Haut-Rhin se montre moins obséquieuse envers le pouvoir. M. Viellard-Migeon engage ses électeurs par lettre du 26 avril à voter *oui*, plutôt par nécessité que par conviction (2). Quant à MM. Keller et Tachard, le premier invite à voter *non* ou à s'abstenir (3), le second est franchement antiplébiscitaire.

Les comités antiplébiscitaires se mirent hardiment à l'œuvre. M. Scheurer-Kestner, par une lettre de Thann du 25 avril, envoya aux journaux le manifeste du comité d'action formé à Thann. Il porte les signatures de MM. E. Bindschedler, V. Chauffour, Dr Conraux, A. Ihler, Ch. Kestner, Aug. Lauth, Chauffournier, Scheurer-Kestner et Stehelin-Scheurer. Sous son impulsion, d'autres comités se formèrent à Mulhouse, à Ensisheim, à Colmar, ce dernier sous la présidence de MM. Gérard, Hartmann et Titot.

Strasbourg eut deux comités.

Leurs circulaires portent, l'une les signatures de MM. E. Gloxin, M. Engelhard, Jacques North, Ch. Grün, Louis Dürr, etc., l'autre celles de MM. J. Kablé, J. Klein, E. Lauth, A. Bœswillwald, Noiriel, Th. Seyboth, Aug. Schneegans (alors un des rédacteurs du *Courrier du Bas-Rhin*), Kreitmann, etc. (4). D'autres comités se constituèrent à Bischwiller, à Barr, à Wasselonne, à Schlestadt. Ce dernier, sous l'impulsion de M. Melsheim, avait, le 30 avril déjà, lancé une circulaire aux électeurs. Elle

(1) *Courrier du Bas-Rhin* des 29 et 30 avril et 1er mai.
(2) *Courrier du Bas-Rhin* du 30 avril.
(3) *Courrier du Bas-Rhin* du 29 avril.
(4) *Courrier du Bas-Rhin* du 14 mai.

portait les signatures de MM. Melsheim, J. Lang, Catala, Gsell, Anstett, etc. (1).

La campagne fut bien conduite, mais le courage et le dévouement de ces vaillants lutteurs se brisèrent contre l'influence gouvernementale. L'administration ne recula devant rien. D'une part, elle promit des chemins de fer (2), des routes, etc. ; d'autre part, elle viola le secret des lettres (3), fit saisir des journaux et destitua les rares fonctionnaires qui montrèrent des velléités d'indépendance. Elle trompa les braves villageois en leur faisant accroire que voter *non* c'était la guerre; *oui* ce serait la paix. Enfin elle fit aux ouvriers des promesses honteuses qui, un peu plus tard, faillirent aboutir à de grandes grèves (voir page 237).

Le dimanche 8 mai, les électeurs furent appelés aux urnes, comme d'habitude au son des cloches.

C'était, hélas ! le glas de mort d'un million de braves gens qui, trois mois plus tard, allaient être lancés les uns contre les autres pour s'entretuer. C'était le glas funèbre des vœux des républicains alsaciens, qui, au moment où ils voyaient la France avoir en perspective la délivrance du despotisme napoléonien, allaient être violemment séparés de leur chère patrie.

Le recensement général des votes donna, pour le département du Bas-Rhin :

Électeurs inscrits, 150,991. Votants, 120,843. *Oui,* 97,587. *Non,* 20,676. *Nuls,* 2,560.

Pour le Haut-Rhin :

Électeurs inscrits, 123,622. Votants, 102,459. *Oui,* 80,883. *Non,* 19,617. *Nuls,* 1,957.

(1) *Courrier du Bas-Rhin* du 3 mai.
(2) *Courrier du Bas-Rhin* du 4 mai.
(3) Taxile Delord. Volume VI, page 120.

Pour la France entière :

Oui, 7,350,142. *Non,* 1,538,825. 112,975 bulletins nuls.

Les *non* furent assez considérables dans l'armée, et le chiffre des votants fit connaître à la Prusse le total de nos forces militaires (1).

Ainsi, plus de sept millions étaient censés approuver ce qui avait été fait depuis le guet-apens du 2 décembre ; ils s'en remettaient de nouveau à l'homme *providentiel* pour la future conduite de leurs destinées.

Les habitants des campagnes, auxquels on avait fait accroire que voter *oui* leur assurerait une longue ère de paix et de tranquillité et qui avaient fourni cette majorité écrasante, allaient bientôt être cruellement déçus.

A deux mois de distance, une agitation d'une autre nature vint succéder dans le Haut-Rhin à celle du plé-biscite. Un commencement de grève éclata à Mulhouse le samedi 2 juillet ; c'étaient d'abord des ouvriers en bâti-ment qui demandaient aux entrepreneurs une diminution dans les heures de travail ; le 4 juillet, la grève s'éten-dit aux ouvriers fileurs, tisseurs, etc. Presque en même temps le mouvement éclata à Guebwiller et au Logelbach, près Colmar ; à Mulhouse il avait pris une telle extension que des troupes durent y être dirigées depuis Belfort ; cependant il n'y eut pas de graves excès. La grève se ter-mina par la diminution d'une heure dans la journée nor-male, réduite de 12 à 11 heures ; elle se termina surtout parce que les événements politiques vinrent faire diver-sion. Comment la grève avait-elle pris naissance ? On ne l'a jamais su exactement, la guerre ayant, peu après, bou-leversé toute l'Alsace.

(1) Taxile Delord. Volume VI, page 138.

Lors du plébiscite, le Gouvernement avait dirigé sur le Haut-Rhin une agence pour déterminer les ouvriers à voter *oui*. On ne se bornait pas à leur donner de l'argent, mais on ajoutait que l'empereur leur accorderait une grève s'ils votaient *oui*. La manœuvre avait réussi ; les ouvriers votèrent *oui*, mais la mauvaise semence, elle aussi, avait levé, et elle aurait peut-être encore porté des fruits amers, si des événements bien plus graves n'avaient surgi.

Une révolution avait eu lieu en Espagne.

Le général Prim, qui en fut un des principaux auteurs, était à la recherche d'un remplaçant à la reine Isabelle, qu'il venait de détrôner. Il avait d'abord jeté les yeux sur le roi de Portugal, qui refusa. Puis sur le duc de Montpensier, mari de la sœur de la reine déchue, mais Napoléon III, consulté, ne crut pas ce choix compatible avec ses intérêts dynastiques. Après quelques autres tentatives (1), le général Prim eut finalement l'idée de faire offrir la couronne d'Espagne au prince Léopold, fils du prince Antoine de Hohenzollern.

Dans l'intervalle, M. de Gramont, notre ambassadeur à Vienne, avait été nommé ministre des affaires étrangères en remplacement de M. Daru, démissionnaire. Les bonapartistes purs triomphaient. Leurs journaux, comme s'ils obéissaient à un mot d'ordre, célébraient à l'envi tantôt son « grand air », tantôt sa « prestance à la tribune ». L'un d'eux s'écriait : « En l'entendant parler, on

(1) Séance des Cortès du 11 juin 1870 : Prim déclare qu'il a cherché successivement quatre candidats à la couronne mais inutilement.

« sent que nous avons un ministre des affaires étran-
« gères. »

Bien que, par suite d'indiscrétions, l'affaire Hohenzollern eût été ébruitée, la dépêche de M. Mercier de Los-
tende, ministre de Napoléon III auprès du gouvernement espagnol, annonçant officiellement la candidature du
prince de Hohenzollern, n'en causa pas moins une vive
émotion à la cour. M. de Gramont y était accouru, et
immédiatement il transmit à M. Lesourd, chargé d'affaires
à Berlin, l'ordre de faire connaître à M. de Bismarck l'impression fâcheuse produite sur l'empereur et sur ses conseillers par le projet de faire monter un prince prussien sur
le trône d'Espagne (1).

Dès le début, l'affaire se trouve ainsi mal engagée.
Les Tuileries veulent la guerre. M. de Bismarck est loin
de la redouter. Il connaît la force de la Prusse et la faiblesse de la France. Celle-ci n'avait pas d'alliés. En 1869,
l'empereur avait fait faire des démarches, mais inutilement, pour conclure une alliance avec Victor-Emmanuel.
La question romaine était un obstacle. A la veille même
de la guerre, on reprit les négociations. Elles aboutirent,
dit M. Taxile Delord (2), à un projet de traité : 60,000
soldats devaient entrer en Allemagne par le Tyrol. Victor-
Emmanuel, cette fois, ne mettait à son concours d'autre
condition que l'occupation de Rome. « *Plutôt une défaite
sur le Rhin que l'abandon du pape* (3) », répondit Napoléon.

(1) Taxile Delord. Volume VI.
(2) Volume VI, page 136.
(3) L'auteur de *Fidus, Journal d'un impérialiste* (Paris, Fetscherin et Ghuit, éditeurs, 1886), dit page 18 : « Au moment où commençait la guerre, M. de Beust mit pour condition à l'alliance de l'Autriche l'abandon du pouvoir temporel par la France et l'occupation
de Rome par les Piémontais. L'empereur refusa. . . . .
« En apprenant la rupture de ces négociations, l'Italie s'émut et

Si l'on ne saisit pas trop bien l'entrée des Italiens en
Allemagne par le Tyrol, puisqu'il eût fallu la permission
de l'Autriche de passer sur son territoire, on comprend
la réponse de l'empereur. Sa fanatique épouse n'avait-elle
pas dit qu'elle voulait la guerre avec la Prusse hérétique
pour être saluée fille aînée de l'Église (1)!

L'Angleterre se défiait de Napoléon depuis la fin de
la guerre de Crimée. La Russie penchait du côté de la
Prusse, avec laquelle elle avait un intérêt commun : la
répression de toute insurrection en Pologne. L'Autriche
aurait volontiers pris une revanche pour Sadowa, mais
pouvait-elle risquer une nouvelle guerre contre la Prusse,
avec un allié aussi peu sûr que Napoléon III !

Dès le commencement de la crise, M. de Beust, le
ministre de François-Joseph, avait fait comprendre au
gouvernement français qu'il ne devait pas compter sur
l'Autriche (2).

Ainsi, bien que dûment averti, le Gouvernement,
répondant à l'interpellation du député Cochery, fit lire à
la séance de la Chambre du 6 juillet, par M. de Gramont,
cette fameuse déclaration où, parlant de l'acceptation par
le prince Léopold de Hohenzollern, de l'offre à lui faite
par le général Prim, il était dit : .....« Nous ne croyons
« pas que le respect des droits d'un peuple voisin nous
« oblige à souffrir qu'une puissance étrangère, en plaçant
« un de ses princes sur le trône de Charles-Quint, puisse
« déranger à notre détriment l'équilibre actuel des forces

envoya M. Vimercati près de l'empereur à Metz. M. Vimercati pressa
ardemment l'empereur et offrit 100,000 hommes qui marcheraient
immédiatement. L'empereur fut inébranlable. »

(1) Arsène Houssaye, *Confessions,* tome IV, page 242.

(2) Taxile Delord. Volume VI, pages 134-147. Dépêches du comte
de Beust au comte de Metternich. — Et dépêche du comte de Metternich au comte de Beust.

« en Europe et mettre en péril les intérêts et l'honneur de
« la France. Cette éventualité, nous en avons le ferme
« espoir, ne se réalisera pas.

« Pour l'empêcher, nous comptons à la fois sur la
« sagesse du peuple allemand et sur l'amitié du peuple
« espagnol. S'il en était autrement, forts de votre appui,
« Messieurs, et de celui de la nation, nous saurions rem-
« plir notre devoir sans hésitation et sans faiblesse. »
C'est la guerre ! tel était le sentiment général.

Vainement MM. Picard, J. Favre, Crémieux, Glais-
Bizoin, demandaient-ils la production de pièces diplomatiques ou des explications, avant d'engager le pays. « Les
« documents sont inutiles, s'écrie M. Granier de Cassa-
« gnac, quand la dignité et la sécurité de la France sont
« en jeu. » — Les protestations de l'opposition furent
étouffées par les clameurs de la majorité servile.

Du 6 au 13 juillet, une série de dépêches et de télégrammes avaient été échangés entre M. de Gramont et
M. Benedetti, l'ambassadeur français à Berlin, qui, dans
l'intervalle, avait eu l'ordre de se rendre à Ems, où se
trouvait le roi de Prusse. Celui-ci venait d'obtenir du
prince Léopold de Hohenzollern sa renonciation au trône
d'Espagne.

Le *Constitutionnel*, journal du garde des sceaux,
M. Émile Ollivier, dans son numéro du 12 juillet, annonce cette renonciation en ajoutant : « Satisfaction a été
« donnée à une juste demande..... nous accueillons avec
« orgueil la solution pacifique..... C'est une grande vic-
« toire qui ne coûte pas une goutte de sang..... » La détente est générale. Le 3 p. 100, qui à la Bourse du 11 était
à 68,45, remonte le 12 à 70,55 !

Le pays respire.

Mais cette solution pacifique, poursuivie et obtenue

par M. Émile Ollivier, ne fait l'affaire, ni de ses collègues belliqueux du ministère, ni des sénateurs et des députés partisans de la guerre, ni surtout de la cour, et M. de Gramont dut mander à M. Benedetti que la réponse du roi de Prusse ne suffisait pas à l'empereur.

Dans la soirée du 13, il y eut conseil des ministres à Saint-Cloud, où résidait la cour. La discussion fut vive entre les deux partis, mais on se calma finalement, et M. E. Ollivier se crut d'autant plus sûr de rapporter la paix à Paris qu'il connaissait la phrase de Napoléon III à MM. de Metternich et Nigra (1) en leur annonçant dans l'après-midi son intention de se contenter du désistement : « C'est une bonne occasion perdue, mais la paix vaut peut-être mieux (2). »

C'est à ce moment qu'a dû se produire l'influence néfaste de l'impératrice. M. Arsène Houssaye (3), impérialiste à tous crins, et dont le témoignage ne saurait être

(1) Les ambassadeurs d'Autriche et d'Italie.

(2) Taxile Delord. Volume VI, page 173.

(3) M. Arsène Houssaye n'est pas le seul bonapartiste qui attribue la guerre à l'impératrice.

Dans *Fidus, Souvenirs d'un impérialiste* (Paris, Fetscherin et Ghuit, éditeurs, 1886), l'auteur, après avoir dit (pages 26-27) que l'empereur aurait désiré éviter la guerre, ou l'ajourner le plus qu'il pourrait, continue ainsi : « L'impératrice, elle, ne redoutait pas la guerre. « Elle voyait avec peine, avec effroi même, les concessions faites par « l'empereur à l'opinion libérale..... et les suites que devaient avoir « ces concessions. Elle était encouragée dans cette répulsion, que, je « n'ai pas besoin de le dire, j'approuve entièrement, par quelques « hommes imbus du sentiment de l'autorité, tels que M. Granier de « Cassagnac, et elle envisageait la guerre comme un moyen de chan- « ger le courant politique, etc., etc. »

La *Gazette universelle* de Munich, commentant l'ouvrage *Fidus,* dit que l'auteur est un sieur Loudon, ancien secrétaire du duc de Bassano, intendant de la cour « *de la canaille de Chislehurst* », nom que donnent les cardinaux romains au César tombé, ajoute la malicieuse Gazette.

suspecté, dit dans ses *Confessions* (tome IV, pages 175 et 176), en parlant de l'impératrice : « Elle eût été une souveraine idéale (M. Houssaye veut sans doute dire pour « les courtisans), si elle ne se fût avisée, un jour d'aveuglement, de faire de la politique et de faire la guerre. « Car c'est bien à elle que la France doit tous ses désastres.

« Une nuit fatale entre toutes, elle alla s'asseoir aux « conseils des ministres, comme future régente. Cette nuit, « elle perdit son empire et fit perdre à la France deux « provinces..... On tint un dernier conseil : beaucoup « d'épées hors du fourreau. Napoléon III sourit tristement « à ces prouesses ; peu à peu, à force de raison, il remit « au fourreau toutes les épées. On signa la paix. Un am-« bassadeur devait partir le lendemain avec la branche « d'olivier ; l'empereur alla se coucher ; mais à peine « était-il endormi, que l'impératrice, reprenant les minis-« tres un par un, les rappela au conseil. Il était minuit. « L'impératrice fut éloquente..... elle imprima aux mi-« nistres un élan chevaleresque..... Plus d'un était homme « d'État ; quand elle eut parlé, ce n'étaient plus que des « hommes de cour..... Ils obéirent.....

« .....On promit de signer avec enthousiasme la dé-« claration de guerre. On réveilla l'empereur,..... on lui « donna une plume et il écrivit son nom en rêvant, ce « rêveur légendaire. — Celui qui me conta ce revirement « fatal, c'était un ministre..... Il ne se consola pas d'avoir « été un homme galant devant l'impératrice, au lieu d'être « resté un galant homme devant la France. »

Et un million d'hommes va mourir ; des milliers de familles vont être plongées dans le malheur, des villes et des campagnes vont être brûlées, ruinées, parce qu'il plaît à l'impératrice d'avoir sa guerre à elle ! Et M. Houssaye, qui la peint comme un ange de bonté, de charité ! pauvre histoire comme on t'estropie ! Pauvres peuples, qui vous abandonnez à des hommes « *providentiels !* »

Après ce second conseil tenu en dehors de l'empereur et de M. Ollivier, celui-là s'étant retiré pour aller se coucher (1), celui-ci ayant repris le chemin de Paris, où il pensait rapporter la paix, M. de Gramont, par une nouvelle dépêche, charge M. Benedetti de faire un effort auprès du roi pour lui demander de *garantir* que le prince de Hohenzollern ne reviendrait pas sur sa renonciation.

Cette dépêche se croise avec une dépêche de M. Benedetti expédiée le même jour à sept heures du soir..... « Le roi consent à donner son approbation *entière et sans* « *réserve* au désistement du prince de Hohenzollern ; il ne « saurait faire davantage. »

Que pouvait-on exiger de plus ? La dernière dépêche de M. de Gramont obligeait cependant M. Benedetti à faire une nouvelle demande d'audience.

Un passage de cette dépêche, longtemps ignoré, a été révélé par un acteur dans le drame qui se jouait à Ems et publié comme suit par le journal de Libourne, le *Progrès des Communes,* dans son numéro du 23 juillet 1876 : « On « sait bien que l'insulte n'a existé que dans les déclara- « tions mensongères des ministres, mais où est le texte de « la dépêche expédiée de Paris à Ems qui aurait servi de

---

(1) D'après M. Arsène Houssaye. — M. Houssaye était un admirateur de l'Empire, sous lequel il avait obtenu la direction du Théâtre français. Aussi est-il très indulgent pour Napoléon III, qu'il traite simplement de *rêveur*. Sans doute, il aura rêvé aussi, quand il a fait son échauffourée de Strasbourg en 1836, — et quand il a fait sa descente à Boulogne en 1840 pour chasser du trône le roi Louis-Philippe, son bienfaiteur ! Il aura rêvé quand il a fait massacrer les républicains dans son guet-apens du 2 décembre ! La reconnaissance est une belle vertu, mais il ne faut pas qu'elle s'exerce aux dépens de la vérité.

« prologue aux insultes, si nécessaires aux valets de la
« femme qui s'écriait : « C'est ma guerre à moi? »

« Ce texte le voici..... *Brusquez le roi*. Oui, voilà les
« mots qui partaient des Tuileries pour l'ambassadeur de
« France en Prusse... . Hohenzollern renonce ! Le pré-
« texte va nous échapper ! *Brusquez le roi!* Interpellé di-
« rectement à la gare par M. Benedetti, le roi s'est con-
« tenté de répondre : « Mon cher, je n'ai rien à ajouter à
« ce que je vous ai dit hier ; adieu, mon cher, adieu. » —
« Ainsi le dernier prétexte recherché ne se produisit pas.
« — Alors on l'inventa. »

M. Benedetti avait répondu : « Je viens de voir le roi
« à la gare. Il s'est borné à me dire qu'il n'avait plus rien
« à me communiquer et que les négociations qui pour-
« raient être poursuivies seraient continuées par son Gou-
« vernement (1). »

Le lendemain l'agence Havas (2) publia cette dépêche,
mais en la terminant par les mots : « Le roi *refusa de*
« *recevoir de nouveau M. Benedetti et lui fit dire par l'adjudant*
« *de service que Sa Majesté n'avait plus rien à lui communi-*
« *quer.* »

Une dépêche se terminant également par les mots
« Le roi a refusé alors de recevoir l'ambassadeur français »
avait paru dans la *Gazette de Cologne* sous forme de télégramme d'Ems du 13, et fut transformée en note officielle
portée à la connaissance des agents de la Prusse à l'étranger. Elle fournit à M. de Gramont un prétexte pour augmenter l'importance que, pour les besoins de sa cause, il
croyait pouvoir lui donner. Il convoque ses collègues aux
Tuileries, où l'empereur était revenu tout exprès de Saint-

(1) Taxile Delord. Volume VI, page 175.
(2) *Courrier du Bas-Rhin* du 14 juillet 1870.

Cloud. Un nouveau conseil se réunit à dix heures du soir ; l'impératrice y assiste. On ne tient plus compte ni de la renonciation du prince de Hohenzollern, ni de la déclaration du roi de Prusse qui approuve le désistement. La dépêche de la *Gazette de Cologne* est taxée d'insulte à la France. On décide qu'elle sera considérée comme un *casus belli*. — M. de Bismarck ne pouvait espérer mieux. — C'est lui qui l'emporta dans ce combat à dépêches plus ou moins vraies ; car, tout en désirant la guerre à laquelle il s'était préparé de longue date, il laissa à Napoléon — donc aux yeux des Allemands à la France — le mauvais rôle de la déclarer.

M. Benedetti avait été mandé à Paris ; il rendit compte verbalement aux ministres de ses négociations et ne fut pas peu surpris d'apprendre qu'il avait été insulté, et la France avec lui, par le roi de Prusse. Nul, mieux que lui, n'était en état de remontrer au cabinet son erreur, mais l'impératrice voulait la guerre et l'*empereur* subissait sa volonté.

On était au 15 juillet, date néfaste pour l'Alsace-Lorraine, dont le triste sort fut indirectement décidé ce jour. Le conseil des ministres fini, MM. de Gramont, l'amiral Rigault de Genouilly et le maréchal Lebœuf se rendirent au Sénat ; M. de Gramont y lut la longue déclaration (1) où, après avoir exposé les négociations à sa façon, il eut l'audace de dire : ... « Notre désir de conser-« ver la paix était tel que nous ne rompions pas les négo-« ciations, lorsque hier nous avons appris que le roi de « Prusse avait notifié par un aide de camp à notre ambas-« sadeur qu'il ne le recevrait plus. »

Le Sénat accueillit cette déclaration avec des applau-

(1) Elle se trouve *in extenso* dans les journaux du 16 juillet.

dissements frénétiques. — Le président, M. Rouher, se
lève : — « Personne ne demande la parole ? » De toutes
parts : « Non, non, plus de discours, des actes ! » — M. Rouher : « Le Sénat, par ses bravos enthousiastes a donné sa
haute approbation à la conduite du Gouvernement. Je
propose de lever la séance comme témoignage d'ardente
sympathie pour les résolutions prises par l'empereur. » —
De toutes parts : « Bravo ! »

M. E. Ollivier, accompagné des autres ministres, se
rendit à la Chambre, où il lut aux députés la même déclaration, en la faisant suivre d'une demande de crédit de
50 millions et en réclamant l'urgence. Voici un résumé
de cette séance mémorable ; je l'extrais de la correspondance parlementaire du *Courrier du Bas-Rhin* du 16 juillet
1870 :

« Tout le monde se lève à droite pour voter l'ur-
« gence. La gauche seule reste assise. La droite crie : A
« l'ordre ! les mots les plus durs sont échangés. Dix mi-
« nutes d'orage sans pareil.

« M. Thiers obtient enfin la parole. On l'interrompt
« à tout instant. « Vous ne me lasserez pas ! s'écrie-t-il.
« J'ai la conscience de remplir un devoir difficile en ré-
« sistant à des passions dangereuses..... »

« M. Thiers insiste pour qu'on donne communication
« des dépêches..... »

M. E. Ollivier, au début de la question ami de la
paix, se sentant impuissant à lutter contre le torrent, avait
passé dans les rangs des partisans de la guerre, et se montra aussi ardent que la majorité. Dans sa réponse à
M. Thiers, après avoir dénaturé les faits et dit que l'exposé contient ce que le Gouvernement peut communiquer,
il prononce ces paroles : « De ce jour commence pour le
« cabinet une grave responsabilité, nous l'acceptons *le*

« *cœur léger* (Vives réclamations à gauche) et confiant, .
« parce que la guerre, nous la subissons. »

« —'Vous la faites ! » s'écrie M. Arago.

M. Ollivier : « Le Gouvernement dans toute cette affaire
a le désir de faire connaître la vérité. Quand il refuse les
dépêches, c'est qu'il n'y en a pas.

« — Si vous voulez la guerre, c'est que vous la voulez à
tout prix ! » s'écria M. Arago.

M. Thiers demande de nouveau la parole, la majorité
la lui refuse.

M. Picard intervient. Un tumulte épouvantable
s'élève.

Enfin M. J. Favre obtient la parole ; il propose un
ordre du jour motivé qui demande la communication des
dépêches. On le rejette par 164 contre 83 voix.

MM. Horace de Choiseul, Gambetta, Jules Grévy,
Thiers, insistent de nouveau pour la communication des
dépêches.

MM. de Piré, Jérôme David, Belmontet, Granier de
Cassagnac interrompent violemment M. Thiers : — il est
traité d'émigré, de traître, etc.

M. Buffet, du centre gauche, n'est pas plus heureux
que les orateurs de la gauche. Il propose que le Gouvernement soit tenu de montrer les dépêches à la commission
qui examinera la demande des 50 millions. La proposition
est repoussée par 159 voix contre 84.

La commission s'enquit néanmoins des dépêches,
mais les ministres répondirent évasivement et elle finit
par juger inutile de s'assurer de la vérité par la lecture
des documents diplomatiques.

Elle s'en tint aux hâbleries (1) de M. de Gramont.

_____

(1) **Taxile Delord**. Volume VI, page 194.

A neuf heures du soir, la séance est reprise. M. Schneider préside. A neuf heures et demie, M. Talhouet, le néfaste rapporteur de cette commission fatale, monte à la tribune pour lire son rapport. Il commence par dire que le Gouvernement a toujours mis en avant les mêmes exigences et que déjà la première dépêche du 7 contient la phrase : « Pour que la renonciation produise son effet, il « est nécessaire que le roi de Prusse nous donne l'assu- « rance qu'il n'autorisera pas de nouveau cette candida- « ture. » — C'était faux ; cette phrase ne se trouvait que dans la dépêche du 12. La demande de garantie n'avait été imaginée que lorsqu'on avait obtenu satisfaction et que l'impératrice persista néanmoins à vouloir la guerre. Tout le reste du rapport est dans le même esprit et conclut à l'adoption pure et simple du projet de loi.

Ce rapport provoque les plus violentes réclamations de la gauche, mais la majorité est pressée d'en finir.

Le crédit est accordé à l'unanimité moins **21** voix de la gauche.

La guerre était votée.

Tous les députés de l'Alsace, sauf MM. Tachard et Renouard de Bussierre absents par congé, avaient voté pour !

C'étaient, pour le Bas-Rhin : MM. Coulaux, de Strasbourg ; le comte de Leusse, de Reichshoffen ; le baron Zorn de Bulach, d'Osthausen. — Pour le Haut-Rhin : MM. Keller, Lefébure et Viellard-Migeon (1).

Un bonapartiste pur sang, M. *Ernest Dréolle*, qui faisait partie de cette commission, aurait dit plus tard (2) :

(1) *Courrier du Bas-Rhin* du 18 juillet 1870.
(2) Voir : Albert Sorel, *Histoire diplomatique de la guerre franco-allemande,* pages 187 à 198, Paris, Plon et Cie, 1876.

« Je dois à la vérité de dire que les documents n'étaient pas suffisants pour donner une conviction à un homme qui aurait été en dehors du mouvement qui régnait (M. Dréolle aurait dû dire de la comédie qui se jouait), et qu'il n'y avait pas là de quoi justifier une déclaration de guerre. J'ai suivi le courant avec regret, mais je l'ai suivi » — (c'est-à-dire, M. Dréolle (1) a été un plat valet de la cour, jusqu'à la suivre dans ses plus abominables projets). « Sommés de s'expliquer sur les dépêches, les commissaires répondirent qu'ils les avaient vues, et M. Ollivier, feignant l'indigné, s'écria : « Que nous importent les protocoles de chancellerie, les dépêches sur lesquelles on peut discuter ?... Sur notre honneur d'*honnêtes* gens, nous affirmons un fait: ... c'est que, d'après les récits de la Prusse, notre ambassadeur n'a pas été reçu par le roi, et qu'on lui a refusé par un aide de camp d'entendre une dernière fois l'exposé *courtois, modéré, conciliant* d'une demande dont la justesse est irréprochable. » — Et la dépêche : Brusquez le roi!!! Tout était mensonge, fourberie, dans ce gouvernement indigne qui a causé le malheur de l'Alsace-Lorraine.

(1) On ne saurait faire à M. Dréolle le reproche de ne pas être resté fidèle à ses principes, puisque, d'après le *Journal de Bordeaux* du 16 août 1886, à l'issue du banquet impérialiste du 15 août 1886, l'adresse suivante à l'ex-impératrice, a été votée par acclamation *sur l'initiative de M. Dréolle:*

« A la veuve, à la mère, les bonapartistes fidèles de la Gironde envoient leurs respectueux hommages. »

Quel triste personnage que ce M. Dréolle !

1870

Revenons à la pauvre Alsace et à notre malheureux Strasbourg.

Si, pendant la période de 1852 à 1870, presque aucun fait propre à relever l'esprit public ne s'était produit, le pays paraissait du moins prospère au point de vue matériel.

Avec le mois de juillet 1870, la scène change : tandis que la nation française, sous le poids d'un immense malheur, reprend ses droits, les Alsaciens-Lorrains en sont exclus ; ils sont condamnés à servir de victime expiatoire pour la faute commise par la France entière d'avoir supporté pendant vingt ans le joug napoléonien.

La déclaration lue le 6 juillet par M. de Gramont consterna le parti libéral alsacien. Une guerre malheureuse : ce serait l'occupation de l'Alsace par l'Allemagne, les publicistes allemands n'ayant pas cessé de faire accroire à leurs compatriotes que les Alsaciens avaient le vif désir de rentrer dans le giron de la bonne Germanie et que celle-ci avait le droit de les revendiquer (1).

L'Empire victorieux : ce serait l'anéantissement de ce qui restait de liberté en France, l'avènement du césarisme le plus absolu, et, ce qui était pire encore, du cléricalisme le plus intolérant. Celui-ci, pareil à la mauvaise herbe qui revient toujours, avait trouvé dans les vingt années de dictature impériale, comme on a pu le voir par les chapitres précédents, un terrain excessivement propice à son développement.

Depuis le plébiscite, il était devenu en Alsace et surtout dans le Haut-Rhin, très agressif. On eût cru qu'une voix secrète lui avait soufflé que voter *oui* signifiait la guerre contre la Prusse hérétique, et, dans son fanatisme aveugle, ne doutant pas de la victoire, il pensait que ce serait l'anéantissement de la prépondérance du protestantisme en Prusse. En France, il allait de soi qu'on en finirait une bonne fois avec l'hérésie et la franc-maçonnerie,

(1) Voir *Hist. de* 1830-1852, pages 259, 261, 264, 265, 279, 282, 409, etc.

tout autant exécrée. On trouve à ce sujet des détails piquants dans l'intéressant ouvrage de M. Julien Sée, *Journal d'un habitant de Colmar, de juillet à novembre* 1870 (1).

« Le *Journal de Mulhouse,* dit M. Sée, en recherchant les causes de la grève, l'attribue à la prédication haineuse du *Volksbote* (2), qui, grâce à une tolérance inexplicable, s'est donné pour mission d'exciter les ouvriers contre les patrons et les catholiques contre tous ceux qui n'admettent pas l'infaillibilité du pape. »

« MM. les rédacteurs de cette feuille pieuse, ajoute le *Journal de Mulhouse,* n'ont pas prêché dans le désert, et ils doivent être flattés de voir que leurs lecteurs se sont montrés dociles à leurs exhortations. »

Le 31 juillet, M. Sée fait une visite au président des vignerons à Colmar. Il est question des élections municipales fixées au 7 août ; M. Sée apprend qu'on fera la guerre aux francs-maçons ; qu'on ne veut plus de MM. Titot, Ernst, Scheurer, Stephan, etc., connus pour libéraux. La femme du président et sa conseillère jure que le Prussien sera abattu au point de redevenir un simple petit *Churfürstle* (3).

Le *Volksbote* du 30 juillet contient au sujet des élections l'article suivant :

« Pendant que nos soldats combattent sur le champ de bataille pour l'honneur et la sécurité du pays, les citoyens catholiques de Mulhouse ne doivent pas oublier qu'eux aussi ont à combattre pour des droits longtemps méconnus.....

(1) Paris, Berger-Levrault et Cie, 5, rue des Beaux-Arts. 1884.
(2) Voir page 231.
(3) Même ouvrage de M. Sée, page 33. On sait que jusqu'en 1701 les souverains en Prusse étaient de simples électeurs de l'empire d'Allemagne.

« De même que certains, en ce moment, déclarent très
injuste la guerre contre la Prusse et l'imputent aux jésuites ou aux catholiques, de même ils qualifient d'inique au
plus haut point, la prétention des catholiques d'être plus
largement représentés au conseil municipal qu'ils ne l'ont
été jusqu'à ce jour.

« Toujours le même son protestant et prussien ; prussien et protestant..... »

Dans son numéro du 6 août, le *Volksbote* dit :

« Qui a fait la grandeur de la Prusse ? Le protestantisme, que la France a nourri en Allemagne pendant la
guerre de Trente ans.

« Qui a fait la grandeur de la Prusse ? La franc-maçonnerie..... La franc-maçonnerie s'efforce de placer la
Prusse à la tête de l'Allemagne ; un empereur protestant
à la tête de tout le pays..... Le peuple allemand a été
trahi par la franc-maçonnerie au profit de la Prusse.

« Qui a fait la grandeur de la Prusse ? Beaucoup de
Français, par libéralisme bête, par manque d'esprit catholique. »

Le manifeste électoral clérical affiché à Colmar le
4 août disait entre autres :

« Surtout nous ne voulons ni francs-maçons, ni li-
gueurs de l'enseignement, ni ennemis de la religion, qui
toujours nous mènent par le bout du nez, veulent nous imposer des écoles obligatoires avec un enseignement païen
et qui, par leur ruse, ne cessent de nuire aux intérêts catholiques. »

Malheureusement, dans les campagnes et dans les
vallées catholiques on ne se borna pas aux affiches ou à
la simple lecture du *Volksbote*. Les excitations enveni-
mées de la petite feuille provoquèrent de nombreux excès
contre tout ce qui avait une teinte libérale, et quand l'occupation de l'Alsace par les Prussiens eut mis un frein à
ces manifestations haineuses, on s'adressa à la presse de
Paris dont certains organes n'eurent pas honte d'accueillir
ces calomnies, grotesquement absurdes, autant que mé-
chantes. Ainsi, le *Paris-Journal* du 23-24 août publiait
un article signé Daclin : *l'Alsace. Pourquoi a-t-elle été envahie ?* où l'auteur, expliquant à sa façon comment les
Prussiens avaient pu s'emparer si facilement de cette belle
province, profite de l'occasion pour faire une charge à fond
contre les fondations de Saint-Thomas. Il dit entre autres:
« Plusieurs fois on voulut restituer à son véritable propriétaire, le chapitre catholique de Strasbourg, la propriété
de ces revenus, qui ne s'élèvent pas à moins de 12 millions de francs (1), mais toujours il fallut y renoncer à la
suite de l'intervention du roi de Prusse et du grand-duc
de Bade. C'est qu'il existe en Allemagne une vaste association qui étend ses ramifications en Alsace sous le nom de
Gustav Adolphs Verein et que ces deux princes sont les
chefs de cette vaste franc-maçonnerie luthérienne.

« Le comité de Strasbourg est composé, en grande
partie, des Allemands les plus influents établis en cette
ville. Leur nombre est de 6,000 ; les a-t-on expulsés ? Si
non, ils seront un danger permanent pour les 12,000 hom-

(1) On a vu, page 21, que le revenu annuel était de 130,000 fr.
C'est à peu près comme la fortune de Gambetta. Huit jours après la
mort du grand patriote, le journal clérical de Strasbourg, l'*Union*,
imprimait en toutes lettres qu'il avait laissé 27 millions, lorsque toute
sa fortune n'atteignit pas 500,000 fr.

mes du commandant Uhrich. » L'auteur n'avait pas oublié le conseil de Basile : « Calomniez, calomniez, il en
restera toujours quelque chose. »

———————

Mais laissons là ces tristes échantillons de la bêtise et
de la méchanceté humaines et reprenons notre histoire au
lendemain de la déclaration lue par M. de Gramont, le
6 juillet.

J'en demande pardon à mes lecteurs si parfois je suis
obligé de parler en mon nom personnel ou d'emprunter
quelques passages à ma brochure : *la Mission suisse* (1)
dans le récit des faits qui se déroulent durant cette mémorable, mais triste époque.

Aucune protestation contre la guerre n'étant possible
par la voie des journaux, j'avais pensé que notre chambre
de commerce devrait écrire aux députés de l'Alsace pour
leur signaler la perturbation que produirait dans les relations commerciales une guerre avec l'Allemagne. Dans
ma pensée, une copie de cette lettre serait immédiatement
envoyée à toutes les chambres de commerce françaises,
avec invitation de protester de la même manière.

Qui sait si l'élan une fois donné, un pétitionnement
général n'eût pas déterminé même les plus dociles des
députés, à voter contre la guerre ?

J'allai voir le président de notre chambre de commerce ; il refusa de se rendre à mes instances.

Deux autres collègues de la chambre, dont je pen-
sais la coopération assurée, me firent également défaut.
Voyant l'impossibilité de réussir à Strasbourg, j'écrivis le

———————

(1) *La Mission suisse à Strasbourg pendant le bombardement en
septembre* 1870. Imp. Heitz, 1874.

jour même à Lyon, à Avignon, à Bordeaux et à Rouen pour prier mes correspondants de faire faire par leurs chambres de commerce les protestations que je ne réussissais pas à faire par celle de Strasbourg ; on me répondit qu'on trouvait l'idée excellente, mais que les chambres étaient sous un tel système de pression, qu'aucune d'elles n'oserait élever la voix contre la volonté gouvernementale (1).

Nous arrivâmes ainsi au 16 juillet.

La veille déjà les pontonniers français de service au pont du Rhin avaient retiré quelques bateaux afin que le passage fût interrompu pendant la nuit ; dans la matinée du 16 on rétablit le pont ; mais les autorités badoises à Kehl informées de ces manœuvres, demandèrent par télégraphe des instructions à leur gouvernement. On leur répondit, comme de juste, que si les Français avaient coupé les communications sur leur rive, il fallait également couper du côté allemand. Il s'ensuivit qu'une immense quantité de marchandises, entre autres des parties considérables de blé destiné à l'approvisionnement de la ville, durent rester à Kehl.

---

(1) MM. Le Picard et Cie (Comptoir d'escompte de Rouen) me répondirent sous la date du 14 juillet :

« Nous avons reçu votre lettre particulière émettant une idée qui, à coup sûr, trouve de l'écho chez nous. Nous partageons vos préoccupations, et nous dirions même que nous sommes indignés de ce qui se passe, mais que faire.....

« Le suffrage universel vient de se départir du droit de paix ou de guerre (par le plébiscite) et nous qui avons protesté contre cette abdication, nous avons presque été mis à l'index..., nous ne sommes que la raison, nous ne sommes pas la force, et quand nous voyons les représentants de la France, ou du moins ceux qui figurent comme tels, adopter en grande majorité ces idées de guerre, nous croyons presque inutile de soulever une campagne qui ne saurait aboutir. L'écrivain qui fait partie de notre chambre de commerce va néanmoins en parler à ses collègues, mais il doute qu'une démarche puisse avoir du succès, etc. »

Ayant été informé dans la soirée de samedi de cet
état de choses, je me rendis le dimanche matin chez le
président de la chambre de commerce pour le prier de
m'accompagner chez son voisin, le général Ducrot, à l'effet
d'obtenir le rétablissement du pont, ne serait-ce que pendant une heure. L'esprit du général était à ce qu'il paraît
déjà hanté par les péripéties probables de la guerre, car
visiblement agité, il nous dit : « Messieurs, votre demande
est inadmissible, *les hostilités ont commencé.* » C'était ab-
surde ; mais déjà beaucoup de têtes étaient détraquées.
Des pontonniers français remontaient des pontons se trouvant sur le Rhin en aval de Strasbourg ; quelques rive-
rains les prirent pour des soldats badois et leur prêtèrent
l'intention de faire un pont de bateaux près de la Wanze-
nau. On n'eut rien de plus pressé que de faire parvenir
la nouvelle au général Ducrot. De là son ordre de rompre
nos communications avec Kehl (1).

De ce moment je conçus l'idée d'établir à Bâle un
bureau qui servirait d'intermédiaire aux relations commerciales entre la France et l'Allemagne, si brusquement
interrompues. Cependant je dus remettre de quelques jours
mon départ pour assister le 18 à une réunion du Conseil
d'arrondissement.

Ce fut sa dernière séance ; le procès-verbal n'en a
jamais pu être ni lu ni approuvé.

Le préfet, M. le baron Pron, avait invité les membres
du Conseil à un déjeuner précédant la séance. J'avais refusé l'invitation ; par contre elle avait été acceptée par
tous mes collègues.

C'étaient MM. Mallarmé, président ; Batiston de
Fort-Louis, vice-président ; Hild de Haguenau, secrétaire

(1) Pendant 2 ou 3 jours, il y eut encore une communication avec
Kehl par nacelles.

du Conseil; Audéoud, maire d'Avolsheim; Fux d'Illkirch, Fix de Truchtersheim, Goerner et Kampmann de Strasbourg; Mathis, maire de Wolfisheim; Verdin, maire de Marlenheim; Ulrich de Weyersheim.

La séance s'ouvrit à une heure. Après quelques paroles d'installation, le préfet se retira, laissant avec nous un conseiller de préfecture, ainsi que M. Girardot, chef de division. N'ayant pas assisté au déjeuner, j'ignorais ce qui y avait été convenu, mais évidemment les conseillers avaient reçu le mot d'ordre, car après avoir fait voter à la hâte des projets de chemins vicinaux, de ponts, d'impôts, etc., le président invita le Conseil, en raison de la gravité de la situation, d'émettre un vœu politique (1). Immédiatement un membre, pour ne pas dire compère, se leva et proposa de déclarer « *que le Conseil donne son adhésion la* « *plus absolue à la politique suivie par le Gouvernement* ».

Donner son adhésion la plus absolue à une politique aboutissant directement à la guerre, me parut une telle monstruosité que j'opposai le refus le plus formel de me rallier à cette déclaration. Une discussion s'ensuivit, mais *aucun* de mes collègues ne me soutint, et comme je continuai à protester, le président prit la parole : « Messieurs, dit-il, dans une circonstance aussi grave, je voudrais qu'il n'y eût pas de protestation; je vous propose de dire : « Le Conseil félicite le Gouvernement d'avoir sauvegardé l'honneur de la France et il forme des vœux pour le succès de nos armes. »

Je répondis que j'acceptais de grand cœur la dernière partie du vœu, et quant au passage de l'honneur, la guerre étant lancée, il fallait bien soutenir l'enthousiasme ou le faire naître là où il faisait défaut.

(1) L'Empire avait formellement interdit aux conseils d'arrondissement ainsi qu'aux conseils municipaux d'émettre des vœux politiques.

Le lendemain, le préfet fit insérer le vœu dans les feuilles locales, bien entendu sans la discussion qui l'avait précédé. Comme je dus partir pour Bâle et les événements se précipitant, je passais ainsi pour avoir acclamé la guerre, quand au contraire j'avais toujours protesté contre elle.

Dès qu'il fut reconnu que la guerre, avec son hideux cortège, n'était plus à éviter, un mouvement patriotique s'empara de toutes les classes de la population alsacienne.

Dans son numéro du 19 juillet, le *Courrier du Bas-Rhin* publie un appel émanant de la loge des Frères réunis pour la formation d'une société de secours aux blessés (1), et une première liste de souscription montant à 1140 fr. ; — quelques semaines plus tard, les dons dépassaient 120,000 fr. (2).

Le même journal contient une lettre de M. Schnée-gans, le directeur du Gymnase protestant, annonçant que sur une démarche spontanée des élèves, l'administration

---

(1) Le 27 juillet seulement parut une circulaire du ministre de l'intérieur, M. Chevandier de Valdrôme, aux préfets, leur recommandant l'organisation de petits hôpitaux pour les militaires blessés et malades ; encore cette circulaire ne s'adressait qu'aux préfets des départements frontières du Nord et de l'Est. (*Courrier du Bas-Rhin* du 27 juillet.)

(2) Le 24 juillet déjà, Colmar, suivant l'exemple de Strasbourg, avait fondé la Société colmarienne pour le soulagement des blessés et des malades militaires. La Société avait reçu par souscription 62,000 fr., mais comme dès le début le théâtre de la guerre s'était éloigné de Colmar, et que la ville n'a eu ni blessés ni ambulances en dehors de l'hôpital militaire, la majeure partie de ces fonds fut employée au soulagement des prisonniers français pendant leur séjour en Allemagne et lors de leur rapatriement. ·

Voir *Société colmarienne de secours aux blessés*. Séance du 4 août 1871, rapport de M. Ed. Chevalier fils. Imp. Jung. 1871.

du Gymnase avait décidé que les 1,100 fr. qui auraient servi à l'achat de livres de prix, seraient consacrés à la caisse de secours aux blessés.

Dans la même journée on apprit que le général de Failly était arrivé à Strasbourg, que le maréchal Mac-Mahon, nommé au commandement de l'armée du Rhin en formation, était attendu incessamment, et que le général Uhrich qui se trouvait en disponibilité, ayant redemandé du service, avait été désigné pour remplacer le général Ducrot, appelé au commandement d'une division dans l'armée du maréchal Mac-Mahon.

Dès le 20 juillet, le comité de secours aux blessés est définitivement constitué et des listes de souscription sont mises en circulation, le même jour le préfet et Mme la baronne Prou annoncent qu'on recevrait à la préfecture des dons en nature, tels que linge, bandes, charpie, etc.....

Enfin ! — Il n'en était que temps !

Depuis trois ans ces comités de secours aux blessés étaient fondés en Allemagne. Le 11 novembre 1866 (1), à l'occasion d'une fête pour l'heureuse campagne de Sadowa, les feuilles berlinoises avaient publié un appel aux femmes pour former une société de secours aux militaires blessés en temps de guerre, et de secours éventuels aux civils en temps de calamité publique, sous le haut patronage de S. M. la reine de Prusse. La Société, dit l'appel, prendra le nom de *Vaterlaendischer Frauenverein* et elle unira ses efforts à ceux du comité central prussien déjà existant pour soins à donner aux militaires blessés ou malades.

Le 12 avril 1867, la Société était définitivement cons-

(1) *Handbuch der deutschen Frauenvereine unter dem rothen Kreuz.* Berlin, librairie C. Heymann. 1881.

tituée ; à la fin de l'année, 44 sous-comités étaient fondés,
et pendant l'hiver de 1867 à 1868, la propagande avait
été si active, qu'à la première assemblée générale de la
Société, tenue à Berlin le 26 avril 1868, plus de 250 sous-
comités étaient représentés ! (A la fin de 1879, l'Association comptait 493 succursales avec près de 50,000 membres (1).)

Le gouvernement français avait son ambassade à Berlin, ses consulats et ses vice-consulats à Francfort, à
Hambourg, à Magdebourg, etc., etc., et si ces fonctionnaires ont rempli leur devoir, on devait être à Paris informé de tout.

Mais l'impératrice, qui pour notre malheur s'était
mis dans la tête de faire de la haute politique, avait-elle
le temps de s'occuper de pareils détails ?

(1) Vers la fin de 1879, un homme de cœur, M. le docteur Duchaussoy à Paris, qui déjà en 1876 avait organisé une école d'ambulancières,
fonda avec le concours d'une des meilleures patriotes alsaciennes,
Mme Emma Kœchlin-Schwartz, qui depuis l'option habite Paris,
l'*Association des Dames françaises pour secours aux militaires blessés
ou malades en temps de guerre, et de secours aux civils en cas de
calamités publiques et de désastres.*

En dehors du comité central à Paris, l'Association établira des
sous-comités partout en France où elle trouvera des personnes dévouées
qui voudront entreprendre la formation de ces succursales.

En 1881, l'Association avait réussi à fonder des sous-comités à
Marseille, à Cannes, à Nice, à La Rochelle, etc., lorsque survint un
désaccord au sujet d'une question de direction entre le fondateur,
M. Duchaussoy, et Mme Kœchlin-Schwartz. Celle-ci se retira avec des
dames de sa connaissance ; elles fondèrent une autre société, l'*Union
des femmes de France.*

De prime abord on est péniblement affecté de cette scission dans
une œuvre purement humanitaire et patriotique. Cependant au lieu
d'un mal, il en ressortira du bien, si les deux sociétés ont la sagesse
de s'entendre pour se partager les villes où elles espèrent réussir à
établir des succursales. La concurrence stimule et si chacune des
deux sociétés veut avoir le plus grand nombre d'adhérentes, le résultat de cette rivalité ne saura être que favorable à l'institution.

Enfin rien n'est prêt (1) et on s'avise de déclarer la guerre à la Prusse, la puissance la mieux armée et la mieux organisée militairement de toute l'Europe !

(1) On ne comprend vraiment pas comment Napoléon III ait pu choisir pour ministre de la guerre un..... comme le maréchal Lebœuf. A l'interpellation d'un député si nous sommes prêts, il répond : « Jusqu'au dernier bouton de guêtre. » — Quelques jours auparavant il avait répondu à un général qui lui vantait l'armée prussienne et son excellent état : « L'armée prussienne n'existe pas, je la nie. »
(Taxile Delord, *Hist. du second empire,* vol. VI, page 194.)
Voici quelques dépêches officielles, comme preuve que rien n'était prêt :

Strasbourg, 20 juillet 1870, 8,30 sóir.
Général Ducrot à Guerre — Paris.
Demain il y aura à peine 50 hommes pour garder la place de Neufbrisach ; Fort-Mortier, Schlestadt, la Petite-Pierre, Lichtenberg sont également dégarnis, etc.

Belfort, 21 juillet 1870, 7,30 matin.
Général Michel à Guerre — Paris.
Suis arrivé à Belfort, pas trouvé ma brigade. Sais pas où sont mes régiments, etc.

Metz, 20 juillet 1870, 9,50 matin.
Intendance à Guerre.
Il n'y a à Metz ni sucre, ni café, ni riz, ni eau-de-vie, ni sel, etc.

Bitche, 18 juillet 1870.
Failly à Guerre.
Suis à Bitche avec 17 bataillons infanterie. Envoyez-nous argent pour faire vivre troupes. Les billets n'ont point cours. Point d'argent dans les caisses des corps.

Paris, 21 juillet 1870.
Guerre à général de Failly.
Argent est à Strasbourg et une voie ferrée vous unit à cette place. Pas de revolvers dans les arsenaux (tous les officiers allemands en étaient pourvus !) ; on a donné 60 fr. aux officiers pour en faire venir par le commerce. Il faut attendre l'empereur et vous prêter aux circonstances.
(Jules Claretie, *Histoire de la révolution de* 1870-1871, page 123, dépêches trouvées aux Tuileries et publiées par la commission des papiers.)

Nulle part cette absence complète d'organisation ne s'est fait sentir plus qu'en Alsace. L'armée du maréchal Mac-Mahon était en voie de formation entre Haguenau et Wissembourg. Des troupes arrivaient chaque jour, soit par les chemins de fer, soit par étapes ; mais trop souvent nos soldats manquaient de gîte et même de nourriture. En route les preuves de sympathie ne leur faisaient pas défaut ; à Mulhouse, à Colmar (1), à Schlestadt, à Benfeld, ils étaient largement nourris par les soins des habitants et de ceux des villages voisins qui apportaient du vin et des victuailles de toute espèce. Ce n'est qu'à leur arrivée à Strasbourg, où tout s'accumulait, que le défaut d'organisation se faisait sentir. Aussi dès le 22 juillet, le *Courrier du Bas-Rhin* publiait un appel signé par quelques bourgeois de Strasbourg pour la formation d'un comité *d'assistance aux soldats de passage à Strasbourg.* Cet appel dit entre autres : « Malgré tous les soins de l'administration (on était alors encore obligé de mesurer les expressions), il arrive que des militaires, notamment ceux qui sont de passage en notre ville en attendant l'ordre de rejoindre leurs corps, restent souvent sans pouvoir toucher leur part d'aliments, et de plus il arrive que bon nombre de soldats restent couchés dans la rue. Nous venons donc faire un appel au patriotisme de nos concitoyens et nous les invitons à venir en aide à ces braves militaires, soit en mettant à leur disposition des lits, soit en versant leur offrande en argent qui servira à acheter des aliments »…..

---

(1) Colmar surtout se distingua. Sous l'impulsion de M. Heylandt un comité de dames, composé de Mmes Heylandt, Chevalier, Thierry, Gauckler, etc., s'était formé pour distribuer aux soldats du café, du vin, de la bière, etc. Comme de simples cantinières, ces dames leur servaient à boire et à manger. (J. Sée, *Journal d'un habitant de Colmar,* page 19.)

Comme suite à cet appel, le *Courrier du Bas-Rhin* annonça que la maison des diaconesses avait organisé dans un magasin mis à sa disposition par les tabacs, 80 matelas pour héberger des soldats et que chaque soir elle faisait préparer pour eux 200 portions de soupe.

Le *Courrier du Bas-Rhin* du 20 juillet avait déjà annoncé que le Séminaire protestant mettait à la disposition de l'autorité militaire pour être affectés au service hospitalier de l'armée, deux immeubles vacants dans le moment, dont l'un (celui destiné à l'internat du Gymnase) contenait outre de vastes salles, 60 chambres à coucher, que 5,000 fr. avaient été mis par le Séminaire à la disposition du comité de secours aux blessés pour l'organisation première du service dans ces locaux, qu'un grand nombre de dames s'exerçaient dans la maison des diaconesses à la pratique du pansement et des soins à donner aux blessés, et que dix-sept élèves du Séminaire s'étaient fait inscrire comme infirmiers auxiliaires.

Si le Gouvernement a été plus qu'imprévoyant dans tout ce qui matériellement aurait pu contribuer au succès, il n'a pas oublié les prières publiques. Le 26 juillet déjà, le ministre des cultes, M. E. Ollivier, envoya aux autorités ecclésiastiques la circulaire suivante :

« Messieurs, je vous prie, au nom de Sa Majesté, de vouloir bien ordonner des prières publiques dans votre diocèse. Mettez la France et son Chef et le noble Enfant qui va combattre avant l'âge sous la protection de Celui qui tient dans ses mains le sort des batailles et la destinée des peuples, etc., etc. »

Le 28 juillet, l'empereur adressa une proclamation à l'armée, commençant par les mots : « Soldats, je viens me mettre à votre tête pour défendre l'honneur et le sol de la patrie..... et finissant par la phrase banale : « Soldats, que chacun fasse son devoir et le Dieu des armées sera avec nous (1) ! »

Il était apparemment mal noté, le fourbe qui nous conduisit dans l'abîme, puisque ni ses prières, ni celles faites d'après ses ordres n'ont été écoutées !

A peine la dépêche annonçant le petit combat du 2 août devant Sarrebruck, celui où le prince impérial avait eu « le baptême du feu », avait-elle circulé à Strasbourg, que dans la soirée du 4 août se répandirent des bruits sinistres sur une défaite de nos troupes à Wissembourg. Ce n'était que trop vrai. La division du général Abel Douay, détachée en grand'garde à Wissembourg, avait été attaquée le 4 août au matin par une partie de l'armée du prince royal de Prusse.

Le général Douay disposait de 9,000 hommes ; il fut attaqué par les 64,000 hommes du 5e et du 11e corps, et par la division bavaroise von Bothmer, forte de 16,000 hommes. Bien que se battant 1 contre 8, les Français ne reculèrent que lorsque le général Douay eut été tué. Le général Pellé qui commandait la brigade des turcos, prit alors le commandement en chef. Il fit mettre les drapeaux des régiments au centre de la division décimée, et, en bon ordre, ces braves prirent, sans déroute, la route de Soultz, tandis que l'artillerie protégeait la retraite et ne laissait qu'un seul canon aux mains de l'armée allemande (2).

L'inquiétude n'était pas calmée, que l'on reçut dans la soirée du 6 août la nouvelle de l'épouvantable désastre de Frœschwiller.

Le maréchal Mac-Mahon avait pris position entre

(1) *Courrier du Bas-Rhin* des 28 et 29 juillet 1870.
(2) Claretie, *Histoire de la révolution de* 1870-1871, tiré du *Spectateur militaire*.

Langensoulzbach et Morsbronn (1). Attaqué dans la matinée du 6 août, il ne pouvait opposer qu'environ 42,000 hommes aux 180,000 du prince royal. Les Français se battirent en braves, mais ils furent écrasés sous le nombre.

Tandis que Mac-Mahon combattait sans renforts, l'armée allemande, au contraire, en recevait à toute heure par le chemin de fer. Descendus de wagon, les soldats étaient aussitôt mis en ligne. Vers trois heures, le maréchal sentit que la journée était perdue ; il donna l'ordre aux cuirassiers, aux turcos et aux zouaves de contenir les Allemands pour permettre à l'armée vaincue de commencer une retraite qui bientôt sous la poursuite de l'armée allemande, constamment renforcée de troupes fraîches, devint une déroute. — C'est alors qu'eurent lieu ces fameuses charges de cuirassiers dont l'histoire conserve le souvenir.

« La légende, dit M. Claretie, formée sur l'heure, « de la charge des cuirassiers de Frœschwiller est dé- « passée par la grandeur sublime de la réalité. Jamais « l'attachement au devoir, le mépris de la mort, la rage « de la défaite, l'amour frémissant du drapeau, n'engen- « drèrent sacrifice plus héroïque et plus digne d'effacer « sous le rayonnement de son stoïcisme, la douleur sans « honte de la défaite. »

M. Taxile Delord, tout en laissant aux cuirassiers la gloire d'avoir su mourir en héros, dit « qu'au fond, leur résistance n'est pas plus héroïque que celle des fantassins des généraux Ducrot, de Raoult, de Lartigue, de Conseil-Dumesnil sur les rampes de Woerth, sur le plateau

(1) Claretie, dans l'*Histoire de la révolution de* 1870-1871, donne la position des différents corps et d'autres très intéressants détails. Voir également Taxile Delord, vol. VI, pages 328 à 340.

d'Elsasshausen et sur les positions du Niederwald, où tant de sang français fut plus obscurément et non moins vainement répandu. »

La bataille n'aurait pas été perdue, disent quelques acteurs de ce drame sanglant, si le général de Failly, au lieu de diriger ses troupes sur *Lembach* près de Woerth, n'avait pas confondu ce village avec *Lemberg* près de Bitche.

Le 4 août, le maréchal Mac-Mahon se trouvant à Haguenau (1), avait été informé que l'empereur mettait à sa disposition le corps du général de Failly, stationné à Bitche. Le maréchal n'avait probablement aucune idée de la rapidité de concentration des troupes allemandes et des masses énormes qu'il aurait à combattre ; mais, si sous ce rapport il n'était pas du tout, ou très peu renseigné, l'affaire de Wissembourg du 4 aurait dû être pour lui un grave avertissement. Il était donc indiqué qu'il fallait appeler comme renfort le corps du général de Failly, et si ce général avait pris la direction de Lembach, qui communique avec Bitche par une belle route, il aurait, à l'appel du canon de Frœschviller qu'il ne pouvait manquer d'entendre, accéléré sa route et serait tombé par derrière sur l'armée allemande prise ainsi entre deux feux. Il est certain qu'une telle attaque aurait changé la face des choses. Mais les généraux français connaissaient-ils seulement les cartes des frontières de l'Est ? La dépêche suivante autorise à en douter :

Saint-Avold, 21 juillet 1870. Frossard (2) à Guerre. « Le dépôt envoie énormes paquets de cartes inutiles « pour le moment ; *n'avons pas une carte de la frontière de*

---

(1) Claretie, page 130.

(2) Général Frossard, commandant du 2ᵉ corps. (Dépêches trouvées aux Tuileries.)

« *la France* ; serait préférable d'envoyer en plus grand
« nombre ce qui serait utile et dont nous manquons com-
« plètement. »

On ne saura jamais si réellement le village de Lembach a été confondu avec celui de Lemberg, car les auteurs d'une faute, qui a eu des suites si épouvantables,
ne l'avoueraient jamais. Mais il eût été impardonnable,
si le maréchal, sachant qu'il pouvait disposer de 25,000 à
30,000 hommes stationnés à six lieues de distance, n'en
avait pas appelé une portion au moins à son secours, après
l'attaque formidable du 4 contre Wissembourg. En se hâ-
tant un peu, une division serait arrivée facilement de Bitche
à Lembach dans la matinée du 6, et il n'est pas difficile
de se faire une idée et de l'effet foudroyant qu'aurait
produit sur l'ennemi le canon français, s'il s'était fait entendre sur ses derrières, et du regain de courage qu'aurait puisé l'armée si faible de Mac-Mahon par l'arrivée de
ce secours, au moment où elle allait succomber sous le
nombre écrasant de l'ennemi. Le général de Failly avait
bien envoyé une division, mais trop tard, et par la route
de Niederbronn ; elle fut attaquée elle-même par l'armée poursuivant Mac-Mahon, dont elle put tout au plus
protéger la retraite.

Le même jour, 6 août, le général Frossard fut attaqué et battu entre Forbach et Sarrebruck sans que le maréchal Bazaine lui envoyât des forces suffisantes pour le
dégager. « Qu'il gagne son bâton de maréchal tout seul »,
disait Bazaine en parlant de Frossard (1).

« Ainsi, dit M. Claretie, soit par rivalité, soit par
incapacité, les chefs de corps qui eussent dû secourir les
troupes engagées, ne firent point leur devoir..... Le man-

_____

(1) Claretie, page 134.

que de plan, l'indécision, l'ignorance des chefs supérieurs de notre armée apparaissaient clairement..... Les vices effrayants de notre organisation militaire sautaient alors, comme on dit, aux yeux des moins clairvoyants..... Notre artillerie était inférieure, notre intendance était criminelle, notre état-major était nul (1). »

La journée du 6 août a livré la France à l'invasion, et lui a fait perdre l'Alsace et la Lorraine.

Le lendemain, dimanche 7 août, des débris de l'armée de Mac-Mahon viennent se réfugier à Strasbourg. Parmi eux beaucoup de blessés. On affiche un placard par lequel le préfet, baron Pron, informe les habitants de Strasbourg que la ville est mise en état de siège. Dès ce jour, les communications postales et télégraphiques deviennent irrégulières ; bientôt elles cessent complètement. Strasbourg entre dans cette période d'isolement dans laquelle la ville vécut pendant près de deux mois.

Dans la journée du 8, un parlementaire allemand se présente devant l'une des portes de la ville et somme le commandant de se rendre, le menaçant, en cas de refus, du bombardement de la place. Le commandant refuse net; le bombardement ne commence pas de suite, mais pour avoir été retardé de quelques jours, il n'en devient que plus terrible. Toute la garnison régulière de Strasbourg était allée rejoindre l'armée de Mac-Mahon, et quand la place commença à être investie, dit M. Gustave Fischbach dans son intéressant ouvrage : *le Siège et le Bombardement de Strasbourg*, elle n'avait en fait de troupes que deux

(1) Claretie, pages 134 et 136.

dépôts de régiments de ligne, deux dépôts de bataillons de chasseurs, quelques artilleurs et quelques centaines de pontonniers ; pour le génie, quelques officiers formant un état-major incomplet et quelques gardes.

Le 87ᵉ de ligne laissé provisoirement à Strasbourg par le maréchal, avait reçu dès le 6 l'ordre de quitter, mais l'investissement subit de la place retint ce régiment, et il put ainsi rendre d'éminents services à la défense.

A cette petite garnison vinrent se joindre un certain nombre de douaniers, une centaine de marins sous le commandement du contre-amiral Exelmans et du capitaine de vaisseau Dupetit-Thouars arrivés pour monter les ca- nonnières destinées à manœuvrer sur le Rhin, et quelques milliers de réfugiés de toutes armes de l'armée de Mac- Mahon (1). Le général Uhrich avait ainsi à sa disposition de 10,000 à 11,000 hommes en dehors de la garde natio- nale mobile et sédentaire (2).

Mais la garde mobile était loin d'être organisée. On a déjà vu (page 203) que d'après la loi de 1867, l'Alsace avait à fournir en 1868, 22,270 hommes, dont 11,510 du Bas-Rhin devaient former 5 bataillons d'infanterie et 15 batteries d'artillerie ; avec les jeunes gens de 1869 et de 1870, le total aurait fait une armée assez respectable. Mais les hommes ne figuraient que sur le papier. Le ma- réchal Lebœuf, ministre de la guerre, avait remplacé le maréchal Niel, l'inspirateur de la loi, et qui aurait poussé à son exécution s'il n'était pas mort prématurément en

---

(1) G. Fischbach déjà cité.

(2) Le général Uhrich, dans son ouvrage *Documents relatifs au siège de Strasbourg* (Paris, 1872, Dentu libraire), dit page 8 : « Toutes « ces troupes y compris la garde mobile, 3,000 gardes nationaux « sédentaires, me fournirent une force de 15,000 hommes, dont dix « à onze mille combattants réels. »

1869 (1). Le pouvoir ne tenait pas à armer des citoyens, et le maréchal Lebœuf se conformant à ses vues, laissa tout dans le *statu quo*.

Ce ne fut que fin juillet 1870, donc quinze jours après la déclaration de guerre, que le major Haan (2), détaché depuis deux ans à Strasbourg en vue de la mobilisation, reçut l'ordre de mobiliser. Les feuilles d'appel furent aussitôt lancées dans toutes les directions, et pour Strasbourg la première convocation eut lieu le 2 août, au quartier d'Austerlitz. Les compagnies et les batteries furent formées, mais on ne les arma qu'avec des fusils à tabatière, très lourds et difficiles à manier entre des mains inexpérimentées ; l'enthousiasme de ces braves jeunes gens n'en fut pas diminué ; ils allèrent courageusement sur les remparts et payèrent de leur sang leur tribut à la patrie.

Dans la journée du 13 août, tous les villages environnant Strasbourg se trouvèrent occupés par les troupes allemandes, qui le 15 août poussèrent une pointe vers le Haut-Rhin ; elle donna lieu au petit combat de Thanvillé raconté par un des acteurs dans les termes suivants :

COMBAT DE THANVILLÉ.

Le 18 août 1870, on fut prévenu à Schlestadt qu'un

(1) M. Rothan, dans son ouvrage *l'Affaire du Luxembourg,* dit (page 265) : « Sa mort causa, en Allemagne, un véritable soulagement. On comprit que la France venait de perdre le seul homme capable de hâter et de mener à bonne fin la réorganisation de son armée. »

(2) Ernest Haan, né à Strasbourg en 1817, entra en 1838 dans le 9e régiment de dragons en garnison à Schlestadt. Après avoir parcouru les différents grades, il passa capitaine commandant en 1856 et fut nommé en 1868 capitaine-major du Bas-Rhin pour la formation de la garde mobile.

Il est le frère de M. Haan, mort pasteur à Obermodern.

détachement de cavalerie ennemie campait dans le val de Villé.

Aussitôt, sans attendre d'ordres, le capitaine Stouvenot, commandant la 8ᵉ compagnie du 2ᵉ bataillon de la garde mobile du Bas-Rhin, rassemble ses hommes, au nombre d'une cinquantaine, et marche résolument à l'ennemi. C'était dans les prairies qui s'étendent entre Thanvillé et le château du vicomte de Castex, que les cavaliers ennemis avaient installé leur bivouac.

Ils étaient au nombre de 250 à 300 hommes et faisaient partie du régiment des dragons badois de la garde.

Les mobiles purent se glisser sans être aperçus le long de la lisière des bois, et arrivés à bonne portée, ils commencèrent le feu. Le capitaine Stouvenot avait fait dresser à la hâte une barricade qui barrait la route à la sortie de Thanvillé, et s'y tenait avec quelques hommes. Le reste de la compagnie se déploya en tirailleurs, quelques-uns s'abritèrent derrière les arbres du parc du château, et tirèrent de là sur les dragons. Ces derniers, après deux charges infructueuses, tant sur la barricade que sur les groupes de mobiles répandus dans les prairies, charges dans lesquelles furent blessés des paysans, spectateurs de la lutte, se retirèrent du côté de l'Ungersberg, laissant des prisonniers et des chevaux aux mains des mobiles qui retournèrent à Schlestadt avec leurs trophées. Quelques jours après, les Badois revinrent en force. Sous l'inculpation d'avoir pris part au combat, des paysans furent fusillés. Deux curés et une trentaine de paysans dont deux blessés, furent emmenés, les mains liées. Le vicomte de Castex devait être arrêté également, on prétendait que ses gens avaient tiré sur les Badois de derrière les arbres de son parc. Heureusement pour lui il était absent.

———————

Le général Uhrich, né à Phalsbourg le 15 février 1802, avait, en rentrant en activité, au delà de 68 ans. Brave et énergique, il était résolu à défendre vaillamment la place, mais sous l'uniforme du soldat battait un noble cœur (1) qui souffrait à la vue des nombreuses misères que les habitants avaient à endurer. Tout autre était le baron Pron, préfet du Bas-Rhin. Ni le désastre de Frœschwiller, ni l'envahissement du département et le

---

(1) Je n'en puis fournir de meilleure preuve qu'en transcrivant textuellement la dédicace qu'il donne à son ouvrage : *Documents relatifs au siège de Strasbourg.* Paris, 1872, Dentu, libraire.

Aux Strasbourgeois, à la garnison de Strasbourg.

C'est à vous, mes chers compatriotes, que je dédie cette relation de nos combats, de nos souffrances.

En dépeignant ces jours malheureux et cependant pleins de gloire, votre pensée ne m'a pas quitté un seul moment. J'étais au milieu de vous, je revoyais votre attitude mâle, patriotique et résignée ; je revoyais ces compagnies de francs-tireurs et ces artilleurs volontaires que votre garde nationale avait puisés dans son sein, pour concourir à la défense de nos murs ; je revoyais, enfin, le vénérable et bien regretté M. Küss, le dernier maire français de Strasbourg, l'homme que j'ai aimé et estimé par-dessus tout ; celui qui nous eût préservés, vous et moi, des attaques insensées autant qu'injustes qui ont cherché à flétrir notre honneur.

Puisse le récit des sombres jours que nous avons passés ensemble, édifier le monde sur la lutte que nous avons soutenue dans des conditions d'infériorité, d'imprévoyance et d'abandon que nous avons dû subir et dont on ne trouverait pas un autre exemple dans l'histoire !

À vous qui m'avez adopté, mon souvenir reconnaissant ; à vous mon attachement qui ne finira qu'avec ma vie !

C'est à vous aussi, artilleurs, fantassins, cavaliers, marins et gardes mobiles, que j'offre ce récit qui vous rappellera les dangers que vous avez affrontés avec tant de fermeté et de constance.

Donnons ensemble un souvenir à nos camarades morts glorieusement à Strasbourg et conservons l'espérance de rentrer un jour dans ces murs, qu'il nous a été impossible de conserver à la France.

                                        Général Uhrich.

siège de Strasbourg par l'armée allemande, ne lui firent rabattre de ce ton cassant particulier aux préfets à poigne, et à la police de Napoléon III. Pendant l'état de siège, le général Uhrich était le maître absolu, mais M. Pron paraît avoir obtenu l'autorisation de contresigner les proclamations du général, et d'y intercaler des phrases qui sentaient l'Empire. C'est ainsi qu'un placard du 10 août où le général disait : « Strasbourg se défendra tant qu'il restera un soldat », finissait par les mots : « les bons peuvent se rassurer ; quant aux autres ils n'ont qu'à s'éloigner. » La police avait répandu le bruit que l'on préparait une manifestation pour le 15 août (jour de la fête de Napoléon III). Un placard du 14, portant la signature Pron, disait que toute personne qui tenterait de troubler l'ordre public, serait traduite devant un conseil de guerre qui *rendrait son jugement dans les quarante-huit heures.* C'était une menace adressée à tous ceux qui détestaient le gouvernement impérial.

Le 23 août, alors que depuis huit jours les obus pleuvaient sur la ville, un placard faisant appel au patriotisme des habitants de Strasbourg, disait que des armes seraient délivrées aux citoyens *désignés* par M. le maire, à l'effet de concourir à la protection de nos remparts. — Il s'agissait de la garde nationale, mais M. Pron tenait à faire un triage pour n'armer que les citoyens « bien pensants ».

Le 26 août, M. Pron devient moins cassant. Une proclamation aux habitants, contresignée par lui dit : « Votre héroïsme à cette heure est la patience. C'est pour la France que vous souffrez. La France entière vous dédommagera de vos pertes. Nous en prenons l'engagement au nom du Gouvernement que nous représentons. »

Le 29 août, sous la pression des événements, le
préfet se résigne à remplacer l'ancien conseil municipal
de 36 membres, par une commission municipale de 48
membres, parmi lesquels les anciens conseillers, et le
31 août, il consent à ce que cette commission s'adjoigne
10 autres citoyens de son choix. Ce furent les derniers
actes administratifs de M. Pron. Les Strasbourgeois
eurent ainsi non seulement à lutter contre le bombardement, mais encore contre les faux bruits, les tracas-
series, les accusations haineuses, les calomnies forgées
à la préfecture (1) et surtout par le commissaire central.
Ce dernier, dans la séance de la commission municipale
du 10 septembre, fut l'objet d'un blâme sévère. Quel-

(1) Un M. de Malartic, secrétaire général de la préfecture, joignit
le fanatisme religieux à l'impérialisme militant du baron Pron.

M. de Malartic en est tellement possédé que dans sa brochure
publiée en 1872, *le Siège de Srasbourg*, il dit (page 154) : « Le lende-
« main de la reddition, le général et les officiers allemands assistèrent
« à un service solennel dans l'église protestante de Saint-Thomas.....
« Bien que la moitié de l'armée fût catholique, il ne fut pas fait de
« service à la cathédrale. *Ce serait d'ailleurs se tromper beaucoup*
« *que de méconnaitre le caractère religieux tout autant que politique*
« *de cette guerre !* »

Religieux — oui de la part de l'impératrice Eugénie et de sa
clique. — Mais de la part de l'Allemagne ! pauvre M. de Malartic ! —
Ailleurs il dit (page 138) : « On a arrêté un individu qui avait arboré
« un drapeau badois sur sa maison — c'était un protestant. »

Page 109 — il s'en prend « aux infirmiers, libres-penseurs qui laissent
« mourir les blessés à l'hôpital militaire sans avertir le prêtre. » Sous
cette pluie de bombes et d'obus, on avait bien le temps de courir
après les prêtres !

Page 55 — il accuse le grand-duc de Bade du bombardement,
et méchamment il ajoute « que c'est en reconnaissance de l'asile que
« Strasbourg avait donné en 1848 à lui et à son père quand ils
« étaient chassés par leurs sujets. »

La famille grand-ducale est protestante; cela suffit à M. de Malartic, tout en faussant l'histoire, pour lui lancer les plus haineuses
calomnies !

ques jours plus tard, la même commission obtint qu'il fût destitué.

Le 14 septembre, le maire, M. Humann, et ses quatre adjoints donnèrent leur démission. La commission municipale choisit à leur place M. Küss, comme maire, MM. Leuret, ancien adjoint, Flach, Zopf et Weyer, comme adjoints.

Le 15 septembre, quand la proclamation de la République ne put plus être niée par l'autorité, M. Pron donna sa démission en ajoutant qu'il garderait ses fonctions jusqu'à l'arrivée de son successeur. La commission municipale s'en émut, et prit une délibération dans laquelle elle déclara la tranquillité de la ville intéressée à la retraite immédiate de M. Pron. M. Küss, le nouveau maire, et ses adjoints informèrent de ce fait le général Uhrich qui obtint de M. Pron une démission définitive (1).

Ce fut dans la journée du 13 août, que le premier obus tiré par une batterie badoise tomba sur une maison du Marais-Vert. On eut la bonhomie de penser que c'était un projectile égaré ; qu'il était destiné au rempart. Évidemment, disait-on, pour s'emparer d'une ville forte, il faut canonner ses murs, faire une brèche ; — affreuse illusion ! Le 14, d'autres obus suivirent ; ce jour, il y eut trois blessés. Dans la nuit du 15 au 16, une pluie de projectiles s'abattit sur tous les quartiers de la ville ; la Banque de France, la cathédrale, le lycée transformé en ambulance et rempli de blessés, furent atteints. Le feu alla en augmentant ; dans la nuit du 18, un obus tomba sur un pensionnat tenu par des sœurs dans la rue de l'Arc-en-Ciel. Cinq jeunes filles furent tuées sur le coup ; six autres furent cruellement blessées ;

(1) Documents du général Uhrich, page 95.

trois d'entre elles furent amputées de la jambe, une autre de la cuisse.

Dans sa dépêche du 20 au général de Werder, commandant l'armée allemande, le général Uhrich mentionne ce malheur. Des batteries près de Kehl ayant ouvert un feu meurtrier sur la citadelle, et celle-ci ayant riposté en tirant sur Kehl, le général de Werder avait écrit au général Uhrich :

« Monsieur, — contre toute espèce de droit des gens, et sans avertissement préalable, vous avez mis en feu, avec vos canons, la ville de Kehl qui est ouverte et qui n'est pas fortifiée.

« Une pareille manière de faire la guerre, qui est inouïe chez une nation civilisée, me force de vous rendre responsable des suites de cet acte. »

Le général Uhrich répondit :

« Monsieur le Lieutenant général, — Je ne m'attendais pas, je l'avoue, à être accusé d'avoir contrevenu aux lois de la guerre et aux usages des peuples civilisés.

« Sans aucun but militaire et sans aucun avertissement préalable, les assiégeants lancent depuis le 15 août des boulets incendiaires sur les habitations de Strasbourg.

« Des bourgeois inoffensifs, des femmes et des enfants ont été tués ou blessés. Onze jeunes orphelines qui occupaient une même chambre dans un couvent, ont été frappées d'une manière cruelle. Six sont mortes, les cinq autres laissent peu d'espoir de guérison.

« Un incendie considérable, allumé par vos projectiles, a réduit à la misère un certain nombre de familles, et cela, je le répète, sans autre but possible que celui de la destruction.

« ..... Je n'accepte donc pas, et je vous retourne, au
contraire, l'accusation que vous essayez de faire peser sur
moi (1). »

Le 23 août, le général Uhrich ayant répondu par un
refus à la sommation de se rendre, fut prévenu que le
bombardement régulier allait commencer. Il l'annonça
par un placard :

« Le moment solennel est arrivé, la ville va être assié-
« gée et soumise aux dangers de la guerre... »

« Et les journées d'angoisses qu'on avait déjà pas-
« sées, dit M. Fischbach dans son récit émouvant, les
« nuits du 15, du 18 août, où il y eut tant de ruines et de
« victimes, elles n'avaient donc point été solennelles !... »

Dans la seule nuit du 24, le Temple neuf, la riche
bibliothèque de la ville, le musée de peinture, les plus
belles maisons dans les quartiers opulents, devinrent la
proie des flammes (2).

Dans la nuit du 25, l'immense toiture couvrant la
nef de la cathédrale, la gare du chemin de fer, etc., brû-
laient ; l'église de l'hôpital était en feu ; à côté se trouvaient des salles encombrées de blessés, de malades, de
vieillards.

Voici comment s'exprime M. le Dr F. Gross (3) dans
son intéressante notice sur l'hôpital civil de Strasbourg
pendant le siège et le bombardement :

« Malgré le drapeau noir, emblème de la souffrance
et des douleurs, malgré le drapeau à la croix de Genève,

---

(1) Documents relatifs au siège de Strasbourg, publiés par le
général Uhrich.

(2) Voir les détails dans l'ouvrage de M. Fischbach.

(3) Médecin des hospices civils, chef des cliniques et professeur
agrégé à la Faculté de médecine de Strasbourg ; après l'annexion
M. Gross passa avec la Faculté à Nancy.

qui dès l'ouverture du bombardement ont été arborés tous deux sur les tours et les toitures de tous nos bâtiments, l'hôpital n'a pas été épargné.

« Le 18 août déjà, des obus sont tombés dans le quartier, et des éclats en ont été projetés dans l'hôpital. Un de ces débris blessa légèrement M. Perrin fils, commis au bureau des travaux.

« Le 23 août, au matin, le premier obus atteignit l'hôpital et tomba dans la grande cour.

« Le 25 août, le lendemain de l'incendie de la bibliothèque, du Temple neuf, de l'ambulance du Gymnase protestant, de l'ambulance du pasteur Leblois, de l'Aubette, etc., vers onze heures du soir, au moment où tout le monde était sous le coup de la terreur produite par l'incendie de la cathédrale, un obus tomba sur la chapelle et y mit le feu. L'incendie commença du côté du rempart et ne put pas immédiatement être aperçu de l'intérieur de l'hôpital. Aussi l'alarme fut-elle donnée par les soldats campés sur les remparts. L'émotion fut terrible, chacun songea aux nombreux malades et blessés qui étaient menacés. Tout le personnel de l'établissement, médecins, internes présents à l'hôpital, aumôniers, sœurs de charité, employés de l'administration, infirmiers, domestiques, servantes, malades et pensionnaires plus ou moins valides, ont immédiatement porté secours. Une escouade de pompiers et un détachement de soldats du 87ᵉ régiment de ligne sont rapidement arrivés. Enfin, un certain nombre d'élèves de l'école du service de santé militaire, quelques gardes nationaux et quelques personnes du voisinage se sont également empressés d'accourir.

« Grâce aux efforts réunis et au dévouement de tous, les secours, dirigés avec intelligence et courage par

M. Kieffer, directeur de l'hôpital, M. Perrin, architecte des hospices, M. Kolb, capitaine, et par M. Schott, lieutenant des pompiers, ont réussi à limiter l'incendie à la chapelle. Le feu ne s'est heureusement pas communiqué au bâtiment principal qui est contigu à la chapelle, et nous avons été préservés du sinistre le plus épouvantable, de l'incendie de l'hôpital.

« Pendant qu'on était occupé à combattre le feu, plusieurs obus sont tombés dans le foyer. Un de nos internes en a vu tomber 4, un autre témoin prétend en avoir compté 18. Un pompier assure que pendant qu'il était occupé à sauver le jeu d'orgues, un obus y a éclaté et l'a détruit.

« Dans la même nuit, vers quatre heures du matin, un autre projectile mit le feu à une maison appartenant aux hospices, située rue de l'Écarlate, à 60 mètres environ de la chapelle, derrière le bâtiment où se trouvait le service des varioleux, et contiguë à la maison de refuge des dames diaconesses, occupée par une ambulance d'officiers. Les pompes furent immédiatement dirigées sur le nouveau foyer, toute la maison a été brûlée de fond en comble ; mais le feu ne s'est pas propagé.

« Pendant toute cette nuit, le tir n'a pas été interrompu un seul instant. Plusieurs obus ont éclaté dans la cour, tout près des personnes accourues pour porter secours. Le mur vis-à-vis de la chapelle a été deux fois troué. Plusieurs des obus tombés sur les bâtiments, celui qui a atteint la maison d'habitation du directeur, datent de cette nuit. Les paroles sont impuissantes pour peindre tout ce que la nuit du 25 au 26 août a eu de terrible et de sinistre, tant pour la population des blessés et des malades de toutes sortes qui se trouvaient à l'hôpital, que pour le personnel administratif et médical qui en était responsable. Aussi cette nuit ne s'effacera-t-elle jamais de la mémoire de ceux qui y ont assisté...

« ..... La question des locaux était une des plus importantes. Bien des endroits étaient inhabitables à cause du danger que les malades y couraient et durent être complètement abandonnés. En général, toutes les salles des étages supérieurs étaient exposées aux projectiles, et les malades n'ont consenti à y rester que grâce au courage et au dévouement des personnes qui les soignaient. Voyant les sœurs de charité continuellement au milieu d'eux, voyant que médecins, aumôniers (1), administrateurs ne les abandonnaient pas, la confiance leur revenait et leurs craintes se dissipaient autant qu'il était possible en ces cruels moments...

« De même que toute la ville, nous étions privés de gaz et avions recours à l'huile pour le remplacer dans les salles et les bâtiments. Le personnel de l'hôpital, les surveillants et veilleurs, les sœurs de charité pendant leurs rondes nocturnes, les médecins et les internes dans leurs services, tout le monde était muni d'une petite lanterne pour circuler à travers les cours, les corridors, les escaliers. Il est difficile de décrire combien l'obscurité relative qui régnait dans les bâtiments, les plaintes et les gémissements des malades et des blessés, joints au sifflement et aux détonations des obus ainsi qu'aux lueurs continuelles des incendies, rendaient l'aspect intérieur de l'hôpital triste et lugubre...

« ...... La commission administrative des hospices, composée de MM. Aubry, vice-président, Tourdes, Saglio, Ad. Sengenwald, Hecht et Larivière, secrétaire général, n'a pas un instant interrompu ses séances ordinai-

---

(1) M. l'abbé Hemberger, aumônier catholique ; M. l'abbé Gentil, vicaire ; M. Sommerau, pasteur protestant.

res. Grâce à son activité incessante, l'hôpital et l'hospice des vieillards qui s'y trouve réuni, l'hospice des orphelins, ont pu faire face à toutes les exigences qu'une situation extraordinaire leur imposait ; grâce aux ressources dont disposaient ces établissements, ils ont même pu venir puissamment en aide aux administrations municicipale et militaire (1). A l'hôpital, le directeur, M. Kieffer, a dignement rempli sa tâche et s'est noblement dévoué au salut des malheureux qui étaient confiés à ses soins (2).

. . . .

« ... Que dire de la pharmacie de l'hôpital ?

« ... Quiconque a connu le savant et regretté pharmacien en chef des hospices, et quiconque surtout a vu Hepp à l'œuvre pendant la guerre, comprendra facilement que les paroles sont impuissantes pour décrire son activité et son dévouement.

« Outre ses nombreuses occupations à l'hôpital, Hepp s'était chargé du service pharmaceutique de l'ambulance du Séminaire protestant de Saint-Thomas.

« A l'hôpital et à l'ambulance, aucun médicament n'a jamais manqué. Des quantités énormes de chloroforme y ont été consommées. A mesure que les provisions s'épuisaient, Hepp en préparait de nouvelles. Les services rendus par ce savant si modeste, ce travailleur si expérimenté, sont inappréciables. Malheureusement, le lendemain de la terrible nuit du 25 août, où l'hôpital ne semble

(1) Par exemple, la boulangerie des hospices, dite de Saint-Marc, a fourni du pain à l'armée, au comité de secours pour les personnes sans asile, à l'ambulance municipale de l'école Saint-Louis.

(2) Je me fais un devoir de citer MM. Simonin, Kapps, Legardeur, Burguburu, employés de la direction, et MM. Anthès et Sauer, infirmiers-majors, qui ne méritent que des éloges pour la manière dont ils ont fait leur devoir pendant tout le temps du bombardement.

avoir été sauvé que par un miracle, Hepp s'alita, atteint d'une pleurésie suppurée. De son lit de souffrance, il dirigeait encore ses deux officines, s'en occupait jour et nuit malgré les instances de ses médecins ; et après avoir sacrifié toute sa vie à la science et aux malades, Hepp succomba victime de son dévouement pour la patrie...

« ... Il nous est impossible de décrire en détail tous les dégâts que les obus ont produits. Pour en donner une idée approximative, nous dirons seulement que sur les bâtiments de l'hôpital (la chapelle et la maison incendiée non comptées) les obus ou leurs éclats ont cassé 6,900 tuiles et brisé 1,047 carreaux. Ajoutons encore que la commission d'expertise pour les indemnités a reconnu un dommage total de 115,364 fr.

« L'hôpital de Strasbourg a donc été atteint depuis le premier jusqu'au dernier jour du bombardement. Le premier obus y est tombé le 23 août, les derniers le 27 septembre. Ce sont là des faits qui ne supportent pas de commentaires, l'humanité les flétrit, l'histoire les jugera... »

La cathédrale n'a pas été plus épargnée que l'hôpital. Voici comment s'exprime M. Gust. Klotz, l'éminent architecte de la cathédrale, dans son rapport (1) au maire de la ville de Strasbourg :

« Ce qui frappe tout d'abord, c'est de trouver des dégâts à toutes les parties de l'édifice, dans toutes les expositions et à toutes les hauteurs ; aux quatre faces du transept, aux deux côtés de la nef et aux deux chapelles qui la flanquent comme au pourtour des tours, partout il y a trace du passage et de l'éclat des projectiles ; la seule

(1) Cathédrale de Strasbourg, rapport présenté à M. E. Lauth, maire de Strasbourg, par M. G. Klotz, architecte de l'œuvre Notre-Dame. Strasbourg, Ch. Winter, éditeur photographe, 1872.

différence est dans leur importance, qui varie naturellement selon la direction des points d'attaque.

« La partie la plus exposée et la plus maltraitée a
été celle du Nord sur tout son développement, et plus
particulièrement l'angle Nord-Ouest de la tour qui se
trouvait sous le coup des batteries établies du côté de
Schiltigheim, à partir des rotondes du chemin de fer
jusqu'au Wacken. Les autres n'ont eu à souffrir que du
tir des batteries volantes qui, des côtés Sud et Sud-Est
de la ville, paraissent avoir également pris la cathédrale
pour point de mire.

« C'est donc aux batteries fixes que sont dus les plus
désastreux dommages ; ceux du sommet de la flèche, les
plus graves par les dangers qu'ils ont fait courir à l'in-
génieuse et hardie pyramide de Jean Hültz, ainsi que
ceux de la nef, les plus importants par la dépense qu'exigera leur réparation.

« Le bas de la tour, à partir de six mètres environ du
sol, jusqu'à la hauteur de la plate-forme, est la partie de
l'édifice où l'ornementation en pierre de taille a été le
plus endommagée ; on comprend à la rigueur que, par
l'envoi de projectiles, on ait voulu empêcher le service
de surveillance du poste d'observation établi à la plate-
forme, mais quel motif pouvait-on avoir de prodiguer les
projectiles aux étages inférieurs et de les battre en brèche
comme un vulgaire bastion ? On ne pouvait ignorer qu'ils
étaient l'œuvre si connue d'Erwin de Steinbach, du plus
célèbre maître de l'Allemagne au moyen âge et le premier architecte laïque de notre cathédrale ! Quelle serait
la douleur du digne architecte du dix-septième siècle, qui
a tenu pour une telle énormité l'innocent boulet que les
soldats de Créqui ont lancé contre la cathédrale, qu'il a
cru devoir constater le fait par une inscription lapidaire.

« Cette inscription encastrée dans le mur de la galerie qui contourne la coupole du chœur, à côté de la
place même où le boulet a touché, est ainsi conçue :

DEN 17 OCTOBER 1678 VMB 1/2 11 VHR VORMITTAG HABEN
DIE FRANZOSEN AUS DER ZOLLSCHANTZ IN DIESEN
OHRT ALWO DER SCHWARTSE RING GEMACHT IST EINE
6 PFUNDIGE EISERNE KUGEL GESCHOSSEN,
WELCHE 61 SCHUH WIDERZUE RUCK GEFAHRE
VNDT DIE KUGEL DEM DAMALIGEN REGIRENDTEN HERREN
AMMEISTER DOMICICO DIETRICH VOM WERCKMEISTER
HECKHELER VND IN DIE XIII STUB GELIFFERT WORDTEN
GOTT WOLLE DIE KIRCH VNDT STAT SO LANG DIE
TAGE DES HIMMELS WEHREN FERNERS GNÆDIG
BEWAHREN.

« Les dommages causés à la cathédrale par le bombardement sont à diviser en plusieurs catégories, répondant, par la nature de chacun, aux travaux qu'en exigera
la réparation, à savoir : les dégâts faits à la pierre de
taille ; la destruction par l'incendie des toitures et parties
qui en dépendent ; les détériorations et mutilations des
vitraux peints et autres articles mobiliers, et enfin les
charges diverses résultant des mesures urgentes ou pro-
visoires.

RÉCAPITULATION.

1° Restauration de la pierre de taille.	240,000^f
2° Construction de nouvelles toitures	187,000
3° Réparation des vitraux peints et parties mobi-lières	143,128
4° Fournitures diverses et travaux urgents et provisoires	27,872
TOTAL. . . .	598,000^f

« Ce chiffre a été admis par la commission d'enquête. »

Le bombardement et les incendies se succédèrent sans relâche. Dans la nuit du 27 août, le palais de Justice prit feu, et vers le matin le magnifique bâtiment, avec tout ce qu'il contenait, était consumé ; papiers du greffe, registres de l'état civil (1), casiers judiciaires, dossiers, archives, etc., tout fut détruit.

« L'histoire de toutes ces journées, dit M. Fischbach (page 96), est toujours la même. On la résumerait dans trois mots, ruines, deuils, terreurs...

« Le bombardement continuait sans trêve, et le chiffre des victimes croissait à tout instant. »

Beaucoup de pauvres familles privées de gîte par les incendies s'étaient réfugiées dans la salle de spectacle. On y était campé dans les loges, dans les corridors, sur les escaliers même. Dans la matinée du 10 septembre, le théâtre prit feu ; les flammes, trouvant un aliment considérable dans les décors, dans la machinerie, envahirent bientôt l'immense bâtiment dont l'intérieur venait d'être splendidement restauré et qui ne fut bientôt plus qu'une fournaise ardente où tout fut dévoré. Les malheureux qui s'y étaient réfugiés avaient perdu ce dernier abri.

« Il y avait alors un mois, dit M. Fischbach, que Strasbourg était dans l'angoisse et la douleur ; il y avait un mois que ses habitants vivaient isolés du monde, entourés d'un cercle impénétrable ; il y avait un mois que dans la malheureuse ville les ruines s'accumulaient sur les ruines, que les deuils succédaient aux deuils, que le feu et la mort ravageaient la vieille cité.....

(1) Le tribunal civil avait en dépôt le double des registres de la mairie.

« Alors vint se détacher sur ces jours si sombres et
si funestes, une heure de vraie joie, une heure de soulagement et de bonheur. Comme l'aube qui se lève radieuse
après une nuit d'orage, comme le rayon lumineux qui
vient éclairer les ténèbres, arriva une nouvelle qui fit
tressaillir les cœurs. On apprit que la Suisse accourait à
l'aide de Strasbourg — non avec ses armes pour chasser
l'ennemi, ce qu'elle ne pouvait faire étant pays neutre —
mais pour ouvrir ses villes aux femmes, aux enfants, aux
vieillards, à ceux qui n'avaient plus ni pain ni asile... »

Dans la séance de la commission municipale du samedi 10 septembre, le maire donna lecture d'une lettre
par laquelle M. Dubs, le président de la Confédération
suisse, annonça, au nom du Conseil fédéral, qu'une société s'était formée en Suisse pour procurer à la ville de
Strasbourg, si cruellement éprouvée, l'aide et le secours
que permettaient les circonstances ; qu'à cet effet, elle
avait nommé une délégation composée de MM. le Dr Römer, président de la commune de Zurich, du colonel de
Büren, président de la commune de Berne, et du Dr G.
Bischoff, de Bâle, avec la mission de se mettre en rapport
tant avec le général de Werder, qu'avec les autorités de
Strasbourg pour la réussite de l'œuvre en question.

« Le maire, dit M. Fischbach, put à peine achever
la lecture de la lettre, tant son émotion était profonde.
Des transports d'enthousiasme et de reconnaissance écla-
tèrent au milieu de l'assemblée, et immédiatement on
prit des mesures pour informer la population de la *démarche tentée en sa faveur par le peuple helvétique.* »

———————

Ici je suis obligé de retourner de quelques semaines
en arrière. On a déjà vu (page 260) que le 20 juillet, ac-

compagné de mon plus jeune fils de 15 ans et d'un employé dévoué, je m'étais rendu à Bâle pour y fonder une succursale de notre maison de transit, toutes les relations, non seulement avec l'Allemagne, mais avec l'Autriche, les contrées danubiennes, etc., étant interrompues par Kehl depuis le 16 juillet, jour où le pont du Rhin avait été coupé.

Malgré l'immense travail qui dans peu de semaines s'était accumulé, je résolus de retourner à mon poste à Strasbourg, aussitôt que toute l'étendue du désastre de Frœschwiller fut connue, et que le siège de la ville était à craindre. Je promis à mon jeune fils de lui envoyer un de ses aînés que j'avais laissés à Strasbourg. Mais arrivé le 11 août à Fegersheim, des dragons badois me barrèrent la route et, le cœur plein de tristesse, je dus reprendre le chemin de Bâle (1).

A partir de là, des nouvelles les unes plus sinistres que les autres nous furent apportées par quelques rares fuyards ; elles nous mirent, mon fils et moi, hors de nous, et nous ne cessâmes d'écrire à des journaux suisses et surtout à des feuilles françaises, pour peindre le véritable état des choses, et pour démasquer le gouvernement impérial qui osait, à la Chambre des députés, atténuer le mal, parler de sorties heureuses, etc., alors que Strasbourg était déjà brûlé et ruiné (2).

Je me tournai également du côté de l'Allemagne, dont les journaux répétaient avec une unanimité qui semblait commandée, que ce n'était pas l'empereur, mais la France entière qui avait poussé à la guerre. J'essayai de les convaincre du contraire en traduisant en allemand et

(1) Voir détails : *Mission suisse,*pages 14-15.
(2) Séance de la Chambre des députés du 31 août 1870.

en faisant imprimer et répandre le sommaire de la séance de la Chambre, dans laquelle les orateurs de l'opposition avaient si énergiquement protesté contre cette guerre. — Vains efforts, la victoire avait enivré nos voisins ; ils n'avaient plus d'oreilles, ni pour la clémence, ni même pour une saine appréciation de la situation. Il nous faut l'Alsace et la Lorraine ! Tel était le cri unanime.

Cependant le bombardement continuait ; les récits devinrent toujours plus lugubres.

Privés de toute nouvelle de notre famille enfermée dans la malheureuse cité, notre séjour à Bâle était devenu affreux.

J'avais eu occasion de faire la connaissance de M. G. Bischoff, secrétaire d'État à Bâle, et de lui dépeindre la situation horrible dans laquelle se trouvait ma pauvre ville natale. Ces récits avaient fait une vive impression sur M. Bischoff. De ce moment, il conçut l'idée d'un secours moral à apporter au nom de la Confédération suisse à mes concitoyens si cruellement éprouvés. M. Bischoff se mit immédiatement à l'œuvre, et dès le 3 septembre il m'envoya une convocation pour assister le surlendemain à la séance du conseil municipal de Bâle, dans laquelle la proposition de venir en aide aux Strasbourgeois devait être discutée.

Au début de la séance, je priai le conseil d'accepter l'expression de notre plus profonde gratitude pour sa généreuse initiative d'essayer de faire ouvrir les portes de Strasbourg, d'une manière *officielle,* aux femmes, aux enfants, aux vieillards. Sur l'observation d'un des conseillers, que les délégués auraient à se mouvoir sur un terrain à peu près inconnu pour eux, je m'offris de les accompagner dans leur mission. L'offre fut de suite acceptée.

En raison de diverses formalités, notre départ n'eut lieu que le jeudi 8 septembre, à six heures du soir. Le voyage à ce moment étant très difficile, ce ne fut que dans la matinée du samedi 10 septembre, que les délégués furent reçus à Mundolsheim par M. de Werder, le général en chef du siège. Le général accueillit assez bien les ouvertures des délégués ; il promit de faire passer leur lettre au général Uhrich, et permit que je les accompagnasse pour les guider dans leur mission (1). Sur la demande des délégués, je rédigeai immédiatement la lettre suivante au général Uhrich :

« Mundolsheim, le 10 septembre 1870.

« Excellence,

« Les délégués de Zurich, de Berne et de Bâle, munis des pouvoirs du Conseil fédéral suisse, viennent, au nom de leurs concitoyens, offrir l'hospitalité suisse aux habitants de Strasbourg les plus en détresse.

« Notre conférence avec M. le général de Werder a eu pour résultat l'autorisation de Son Excellence du passage par les lignes des assiégeants des familles qui désireraient émigrer, mais dont la liste doit être soumise à l'approbation de Son Excellence.

« Nous osons espérer, Monsieur le Général, que Votre Excellence reconnaîtra en notre mission un but purement humanitaire, et qu'elle voudra bien permettre, non seulement la sortie de ces personnes, mais aussi notre admission dans vos murs, afin que nous puissions indiquer aux émigrants l'itinéraire à suivre et les moyens de subsistance que la Suisse met à leur disposition. Nous nous sommes en outre adjoint un habitant notable de

(1) *Mission suisse,* pages 24-30.

Strasbourg, M. Ch. Staehling, résidant à Bâle, et dont les connaissances locales nous seront utiles pour nous orienter dans l'accomplissement de notre mission.

« Nous avons de plus l'honneur de vous remettre une lettre du Conseil fédéral suisse à l'autorité municipale de Strasbourg, que nous prions Votre Excellence de vouloir bien faire parvenir à son adresse.

« Nous prions Votre Excellence d'agréer, etc.

« *Signé :* Dr Römer,
« *Président de la ville de Zurich* (1).

« *Signé :* O. de Buren,
« *Colonel fédéral et président de la ville de Berne.*

« *Signé :* G. Bischoff,
« *Secrétaire du canton de Bâle-ville.* »

Quelle sera la réponse du général Uhrich ? Me sera-t-il permis de revoir ma famille enfermée dans cette ville que couvrait incessamment une pluie de feu et de mitraille lancée par les engins des assiégeants au milieu desquels je me trouvais. Enfin, le dimanche matin, à 7 heures, la réponse du général Uhrich changea ma mortelle inquiétude en une joie indicible.

Voici cette réponse en sa touchante simplicité :

« Strasbourg, le 10 septembre 1870.

« Messieurs,

« Les sentiments qui vous amènent à Strasbourg sont tellement honorables, qu'ils vous assurent à la fois la reconnaissance des habitants et celle des autorités civiles et militaires.

« Pour ma part, je ne saurais trop vous remercier de

(1) Général Uhrich, *Documents relatifs au siège de Strasbourg,* page 73.

la noble initiative que vous avez prise, et je veux, avant
votre entrée dans nos murs, vous exprimer toute ma gratitude personnelle.

« Un parlementaire ira vous recevoir demain à onze
heures du matin à Eckbolsheim, pour vous accompagner
à Strasbourg.

« Veuillez agréer, etc.   *Signé :* UHRICH. »

Tous les villages environnant Strasbourg étant bon-
dés de troupes, il n'avait pas été facile à la délégation de
trouver un gîte. Voyant notre embarras, M. Amann, notaire à Oberschaeffolsheim, nous avait offert l'hospitalité, bien que la meilleure partie de son immeuble fût
occupée par le général badois de Degenfeld. La maison
de M. Amann devint ainsi le quartier général de la délégation suisse.

J'étais tellement pressé de revoir Strasbourg, que
vers neuf heures déjà, nous arrivâmes à Eckbolsheim.
Obligés d'y attendre jusqu'à onze heures, nous montâ-
mes dans l'intervalle sur le belvédère de M. Minder, mal-
teur, d'où nous vîmes des incendies tant à Strasbourg
même que dans ses environs immédiats.

A onze heures, un parlementaire allemand vint nous
prendre. — C'était le dimanche matin, par un temps
splendide. Le soleil versait ses rayons bienfaisants sur la
riche campagne environnant Strasbourg, mais tout était désert : pas de villageois endimanchés se rendant à l'église ;
pas de cloches appelant les fidèles ; seul, le sifflement
des bombes faisait diversion à ce silence de mort.

Notre petite troupe se composait de l'officier parlementaire allemand, agitant fortement son drapeau blanc,
du trompette, sonnant aussi fort qu'il pouvait, et de deux
voitures que nous avions louées à notre passage à Ding-

lingen-Lahr pour toute la durée de l'expédition. Dans
la première se trouvaient les trois délégués ; dans la seconde, un jeune Bernois, M. de Wattenwyl, accompagnant
M. de Buren, et moi.

La route, d'habitude si animée, présentait un aspect
désolant ; à part quelques sentinelles avancées, cachées
derrière les arbres pour se mettre à l'abri des projectiles
de la ville, il n'y avait plus un être vivant ; les maisons
étaient en partie détruites ; toutes étaient abandonnées ;
l'une d'elles flambait pendant notre passage ; personne ne
s'en occupait. La route était jonchée de débris ; çà et là,
des arbres coupés barraient le chemin.

A 200 mètres environ de la ville, le parlementaire
français vient nous recevoir. Un membre de la municipalité, M. Zopf, nous attend hors de la porte. Le pont-levis
s'abaisse ; derrière lui se trouve le conseil municipal avec
le maire, M. Humann, ceint de l'écharpe tricolore.

Au fond, la vieille tour de la porte Nationale, toute
déchirée par les boulets ; sur le rempart et près de la
porte, des soldats et des citoyens. La foule se découvre, et
des milliers de voix poussent le cri de :

« Vive la Suisse ! »

Quel tableau ! Aucune plume ne saurait décrire l'émotion qui s'empara de nous quand le maire tint aux délégués l'allocution suivante :

« Messieurs,

« L'humanité, la charité chrétienne, vous amènent au
« milieu d'une ville ravagée au nom d'un prétendu droit
« de guerre. Soyez les bienvenus, et recevez l'expression
« de notre profonde reconnaissance. Bien des souvenirs
« historiques nous rattachent à vous, vous venez les res-
« serrer encore, et nous trouvons toujours des amis dans

« les nobles citoyens de la République helvétique, qui
« jadis étaient les alliés de Strasbourg, et qui, sous nos
« rois, n'ont jamais cessé d'être avec la France dans les
« termes d'une étroite alliance.

« Oui, Messieurs, soyez les bienvenus, dans ces jours
« si douloureux pour notre cité ; vous qui venez pour sau-
« ver des femmes, des enfants, des vieillards, que n'avaient
« pu soustraire aux horreurs de la guerre ni le général
« gouverneur de la place ni l'évêque vénéré du diocèse.

« Rapportez à l'Europe le spectacle dont vous allez
« être témoins dans nos murs ; dites ce qu'est la guerre au
« dix-neuvième siècle.

« Ce n'est plus contre des remparts, contre des sol-
« dats que le feu est dirigé ; c'est contre les populations
« qu'elle se fait ; ce sont des femmes et des enfants qui en
« sont les principales victimes.

« Nos remparts, vous l'avez vu, sont intacts, mais
« nos demeures sont incendiées. Nos églises, monuments
« séculaires et historiques, sont indignement mutilées ou
« détruites, et notre admirable Bibliothèque est à jamais
« anéantie par la savante et religieuse Allemagne.

« La conscience de l'Europe du dix-neuvième siècle
« admettra-t-elle que la civilisation recule à ce point de
« vandalisme et que nous retombions sous l'empire des
« codes de la barbarie ?

« Vous pourrez dire tout cela à l'Europe, mais dites
« également que ces cruautés, ces dévastations, ces actes
« renouvelés des musulmans et des barbares sont inutiles,
« qu'elles n'ont point dompté nos courages, et que nous
« restons ce que nous avons toujours été, ce que nous vou-
« lons rester toujours, des courageux et fermes Français,
« et, comme vous, Messieurs, des citoyens dévoués et
« fidèles à la patrie. »

En prononçant ces belles paroles, le maire était certainement l'écho des sentiments de la ville entière. Il se trouva néanmoins un Strasbourgeois pour les critiquer, M. Max Reichard, ancien aumônier de l'armée de Crimée, ancien pasteur à Frœschwiller. En 1870 il était vicaire de son beau-père, M. Haerter, pasteur au Temple-Neuf, cette vaste et belle église réduite en cendres dans la nuit du 24 août par les boulets incendiaires de l'armée allemande.

Dans la brochure : *Siége de Strasbourg*, publiée en allemand par M. Reichard (1), il dit (page 114), en parlant de l'entrée des Suisses, que le maire les a ennuyés (2) par un long discours, etc.

D'ailleurs, ce même M. Reichard, dans un discours prononcé à Berlin dans le courant de l'été de 1871 (3), a dit entre autres : « L'incendie du Temple-Neuf a eu lieu en vertu d'une dispensation incompréhensible de la Providence. » — Et un peu plus loin : « Que serait devenue l'Alsace si les hordes de Bourbaki y avaient pénétré ! Mais heureusement Werder était là ! »

Être né Français, avoir été élevé à l'abri des lois généreuses de la France, ayant joui des avantages qu'elles offraient sans en ressentir d'inconvénient, avoir été payé par le budget de la France — et oser tenir de tels propos ! Tout commentaire est superflu. — En 1872 déjà, la Prusse a nommé M. Reichard pasteur à Posen. Il y sera un instrument utile pour la germanisation des malheureux Polonais.

(1) Leipzig 1873, Velhagen et Klasing, éditeurs.

(2) M. Reichard dit *behelligt ;* le vrai sens de ce terme serait *embêter.*

(3) Journal *le Progrès religieux* de Strasbourg, n° 29 du 22 juillet 1871.

« La reconnaissance, dit M. Fischbach, page 148,
que la génération actuelle de Strasbourg porte à la Suisse
devra se perpétuer dans les siècles ; il faudra imprégner à
tous les enfants strasbourgeois le saint culte de la gratitude envers le peuple helvétique ; il faut que l'histoire
garde dans ses annales cette œuvre d'humanité et de fra-
ternel dévouement.

« Comme ils sont grands les peuples qui s'instruisent
à l'école de la liberté ! »

Le cortège se porta d'abord à l'hôtel du Commerce,
où siégeait la municipalité, les boulets ayant rendu l'hôtel de ville inhabitable.

Le maire promit d'informer ses concitoyens des offres
de la Suisse et de les inviter, pour pouvoir en profiter, à
s'inscrire ; puis de faire imprimer des sauf-conduits qui
seraient envoyés au général Werder, pour les signer.

Nous allâmes ensuite chez le général Uhrich. C'était
par condescendance qu'il avait laissé la priorité à l'autorité civile. En passant devant la cathédrale, nous vîmes la
place jonchée de débris de statuettes, etc.

Enfin nous arrivâmes chez moi. Mlle F..., une des
locataires dans ma maison, Vieux-Marché-aux-Vins, 24,
avait fait encadrer la porte d'entrée d'une guirlande sur-
montée d'un écriteau : « Vivent les Suisses ! »

Avec de la viande fraîche que j'avais fait acheter à
Eckbolsheim, avec des conserves, et la cave aidant, nous
pûmes offrir un dîner convenable aux délégués ; mais le
repas fut souvent interrompu par les obus, le général de
Werder n'ayant pas voulu consentir à faire cesser le feu
pendant les quelques heures que nous avions à passer à
Strasbourg.

Le retour se fit avec les mêmes parlementaires, et
vers sept heures du soir, nous fûmes réinstallés chez le
bon notaire.

Le lundi 12 septembre, nouvelle visite chez le général de Werder. A ma prière de vouloir faire suspendre le
feu pendant quelques heures seulement, il répond par un
non catégorique. Par contre, il consent à me faire conduire
en ville le lendemain par un parlementaire, pour que je
puisse chercher les sauf-conduits qui devaient être soumis
à sa signature.

J'avais promis à mes concitoyens de leur apporter
des journaux français; malheureusement, il n'était pas
facile à cette époque d'en trouver aux environs de Strasbourg. Enfin le pasteur de Mundolsheim, M. Beck, me dit
qu'il avait vu entre les mains du facteur, des journaux
français à l'adresse du grand-duc de Bade (1) qui habitait alors le village voisin de Lampertheim.

Je m'y rendis de suite et fus immédiatement reçu
par S. A. R.

J'eus avec le grand-duc une conversation si intéressante que j'aurais désiré la publier dès 1873 dans ma brochure : *La Mission suisse.*

Je ne voulus cependant pas le faire sans en avoir référé
au grand-duc et lui adressai donc, le 19 novembre 1873,
la lettre suivante :

« Bâle, le 19 novembre 1873.

« *A Son Altesse Royale le grand-duc de Bade.*

« Carlsruhe.

« Votre Altesse Royale se rappelle sans doute que le
« 12 septembre 1870, alors que pendant le siège de Stras-

(1) Voir 1861, page 112.

« bourg elle habitait le village de Lampertheim, je me
« suis adressé à elle dans ma recherche de journaux fran-
« çais qui m'avaient été demandés par mes compatriotes.

« Quoique les paroles bienveillantes et sympathiques
« de Votre Altesse Royale soient à jamais gravées dans
« ma mémoire, j'ai cependant, le jour même, dès mon re-
« tour à Schæffolsheim, dicté à mon fils, jeune homme de
« 18 ans qui m'accompagnait, le mémorable entretien que
« j'eus l'honneur d'avoir avec Votre Altesse Royale.

« L'impitoyable mort m'a enlevé depuis ce cher en-
« fant, mais pour les deux autres qui me restent et pour
« quelques amis, je voudrais retracer dans une petite bro-
« chure, l'épisode émouvant de la délégation suisse auprès
« des Strasbourgeois assiégés, et à laquelle une part assez
« active m'était dévolue ; je désirerais faire figurer dans
« ma relation mon entretien avec Votre Altesse Royale,
« mais je ne le ferai qu'autant qu'elle voudra bien m'y
« autoriser ; à cet effet, j'ai l'honneur de lui soumettre le
« récit tel que je le donnerais :

« ..... Le pasteur m'ayant dit qu'il croyait avoir vu
« des journaux français dans les mains du facteur, à
« l'adresse du grand-duc de Bade à Lampertheim, je me
« rendis dans ce village et fus immédiatement admis au-
« près de Son Altesse Royale.

« Parmi les faux bruits, les mensonges, les absurdités
« qui, à cette triste époque, s'inventaient, se colportaient
« et se répandaient avec une facilité incroyable, il faut
« citer le bruit qui courait que le grand-duc de Bade était
« venu de Carlsruhe, expressément se loger à une lieue
« de Strasbourg pour, de ses fenêtres, pouvoir se repaître
« des incendies qui dévoraient la capitale de l'Alsace,
« qu'il convoitait depuis longtemps. Le tout n'était qu'une
« haineuse calomnie. D'abord de la maison que le prince

« habitait à Lampertheim, il ne pouvait voir Strasbourg;
« mais en outre, — noble et généreux caractère, — le
« prince était tout à fait incapable de sentiments aussi
« méprisables; il est prince, et comme tel, parfois dans
« son propre pays, les plus belles inspirations qui lui sont
« dictées par son cœur excellent, lui sont mal interpré-
« tées; ma conversation avec lui, était du reste trop inté-
« ressante pour que je ne la donne pas en détail.

« Après avoir exposé au prince le but de ma visite
« (avoir des journaux français), il me dit qu'il pourrait me
« tirer d'embarras, ayant le *Journal des Débats,* l'*Italie* et
« l'*Indépendance belge;* il alla en chercher une vingtaine
« d'exemplaires dont les derniers remontaient au 10 sep-
« tembre, et il me les remit en ajoutant qu'il pensait que
« cette fois mes compatriotes ne croiront pas que ces jour-
« naux auraient été imprimés à leur intention.

« M'ayant demandé comment j'avais trouvé la ville,
« je lui fis, de toutes les dévastations que j'avais vues la
« veille, une description si navrante que mon émotion
« gagna le grand-duc, et que, visiblement ému, il me dit :
« Ne croyez pas que je sois ici pour assister à vos malheurs;
« je suis ici pour soulager autant qu'il dépend de moi, car
« je ne puis commander; puis il ajouta que non seulement
« il déplorait ces dévastations, mais qu'il appréhendait de
« plus grands malheurs; que l'on travaillait activement
« aux parallèles, et que dès qu'elles seraient couronnées,
« ce qui ne serait plus qu'une affaire de 6-8 jours, on se
« préparerait pour l'assaut; qu'après un bombardement
« aussi formidable, et avec des moyens de défense qui
« paraissaient presque illusoires, il croyait que l'honneur
« militaire, ainsi que la bravoure, l'héroïsme des habi-
« tants étaient hors de toute atteinte, et qu'on ne devrait
« pas laisser aller les choses à l'extrême.

« Ayant, dans le cours de la conversation, dit au
« grand-duc que si Strasbourg devait jamais devenir une
« ville badoise, je prierais Son Altesse Royale de tâcher
« d'avoir une centaine de millions pour réédifier ce qui
« avait été détruit ; il me répondit :

« Mon cher Monsieur, comme vous me parlez si fran-
« chement, je vais vous dire tout aussi franchement mon
« opinion ; je ne suis pas de l'avis que l'on doive détacher
« l'Alsace de la France ; il y a 200 ans, l'Allemagne a eu
« tort d'abandonner l'Alsace, Louis XIV a très mal agi
« en prenant Strasbourg ; mais deux siècles ont passé là-
« dessus, vous êtes devenus de bons Français et je crains
« qu'il ne faille beaucoup d'années pour que vous redeve-
« niez de bons Allemands ; si cependant la politique exi-
« geait que l'on vous détachât de la France, qu'on fasse
« de vous un pays prussien, ou un pays bavarois, ou un
« pays neutre, seulement pas de pays badois ; *car je crains*
« *que cela ne reste une pomme de discorde pour de longues*
« *années.* »

« Le grand-duc m'offrit alors de faire venir son di-
« recteur général des chemins de fer et m'engagea à m'en-
« tendre avec lui pour les trains qu'il faudrait pour le
« transport sur Bâle des émigrants strasbourgeois et qui
« seraient mis gratuitement à leur disposition.

« Plein de reconnaissance pour cette offre généreuse,
« et tout ému de ces paroles bienveillantes dites avec un
« accent de si profonde sympathie, je retournai à Schæf-
« folsheim, etc..... »

« Bien que ma brochure ne soit pas destinée au com-
« merce et qu'elle ne sera tirée qu'à un nombre limité
« d'exemplaires, elle pourrait néanmoins recevoir quelque
« publicité, et c'est pour ce cas que je me suis permis
« d'écrire cette lettre.

« Votre Altesse Royale voudra bien reconnaître que,
« tout en racontant les choses telles qu'elles se sont pas-
« sées, mon but est de faire, une bonne fois, justice de ces
« dires mensongers, haineux qui se sont reproduits, bien
« longtemps après le siège, et que j'ai eu le regret de lire
« dans des journaux français et même allemands : Je sais
« bien que Votre Altesse Royale est au-dessus de ces
« misères, mais quelque fort que l'on soit de sa bonne
« conscience, on est néanmoins péniblement affecté de
« voir ses meilleures inspirations aussi traîtreusement
« défigurées.

« Je serais particulièrement obligé à Votre Altesse
« Royale, si elle voulait bientôt me faire honorer d'une
« réponse, et je la prie de vouloir bien agréer, etc.....

« *Signé :* CH. STAEHLING,
« ancien banquier à Strasbourg.

« *Adresse :* STAEHLING fils et Cie, à Bâle. »

Le 3 décembre 1873, Son Altesse Royale me fit
adresser une réponse dans laquelle se reflète bien fidèle-
ment son noble caractère.

En résumé, le grand-duc reconnaît l'entière exacti-
tude de l'exposé, mais comme dans l'intervalle les questions discutées en septembre 1870 étaient devenues des
faits accomplis, Son Altesse Royale me pria de les passer
sous silence dans mon récit : *La Mission suisse.*

Si j'ai la conviction la plus intime que la présence du
grand-duc parmi les assiégeants n'était motivée que par

son désir d'apporter quelques soulagements aux assiégés, je n'en puis dire autant d'autres personnages qui, selon toute apparence, ne se sont rendus au camp que poussés soit par une curiosité malsaine, soit par l'idée de jouir des succès, d'ailleurs assez faciles, de l'armée de siège. De ce nombre était Berthold Auerbach, l'auteur bien connu des *Dorfgeschichten*. Cet écrivain, qui dans plusieurs de ses ouvrages affiche une grande sentimentalité, eut la cruauté de se réjouir de nos malheurs ; ainsi il nommait, en plaisantant, les canons qui nous bombardaient « les instruments astronomiques de M. de Werder (1) ».

A la même époque, on lisait dans un journal badois : « Aujourd'hui il a fortement brûlé à Strasbourg ; *demain la danse va recommencer.* »

En général, beaucoup de Badois, oubliant que, pendant de longues années, Strasbourg avait entretenu avec eux les relations les plus agréables, et j'ajouterai les plus lucratives pour eux, ont manifesté une joie non équivoque en voyant nos misères, et quand la ville se fut rendue, des villages entiers vinrent, d'un air de triomphe, traverser nos rues encore toutes jonchées de débris fumants et de projectiles.

La citadelle, complètement en ruines, devint elle aussi un but favori de ces touristes d'un genre spécial. L'autorité allemande eut la bonne idée de faire payer aux visiteurs un droit d'entrée. Au 31 décembre 1870, donc en trois mois, ce droit avait rapporté la somme considérable de 53,380 fr., qui fut versée à la caisse municipale (2).

(1) Le *Beobachter de Francfort-sur-le-Mein* du 7 février 1886 cite ce trait de Berthold Auerbach.
(2) *Courrier du Bas-Rhin* du 5 janvier 1871.

Plus de quinze années ont passé depuis cette triste époque. Dans cet espace de temps, les budgets de la guerre ont dévoré à la France près de dix milliards ; à l'Allemagne plus de huit milliards (1) de francs, et ce ne sont là que des acomptes sur les sommes colossales que coûtera par la suite aux deux nations l'entretien du million d'hommes qu'elles ont constamment sous les armes.

Ce que nous avons conquis en six mois, il faudra que nous le gardions, l'arme au bras, pendant cinquante années, a dit le feld-maréchal de Moltke (2).

(1) La *Gazette de Breslau* évalue pour 1886 les budgets de la guerre et de la marine des différents pays de l'Europe comme suit :

Allemagne	470,830,303	marcs.
Belgique	36,859,050	—
Danemark	17,983,222	—
France	637,044,984	—
Grèce	19,595,429	—
Grande-Bretagne	577,382,140	—
Italie	248,412,733	—
Pays-Bas	54,561,355	—
Autriche-Hongrie	271,251,752	—
Portugal	31,604,544	—
Roumanie	24,440,970	—
Russie	782,800,980	—
Suède	29,478,375	—
Norvège	14,270,625	—
Suisse	12,080,389	—
Serbie	8,308,241	—
Espagne	134,693,388	—
Turquie	111,142,859	—

L'Europe emploie ainsi . . . . . . 3,482,741,339 marcs annuellement pour l'entretien de ses armées et flottes qui doivent maintenir la paix.

En ajoutant à ces sommes les intérêts des emprunts successifs nécessités par les armements extraordinaires et les diverses guerres des dernières trente années, le même journal évalue à 7,498,210,012 marcs, le total à payer *annuellement* par l'Europe pour jouir du bienfait de la paix armée.

(2) Séance du Reichstag du 18 février 1874.

Le vieux maréchal a dit vrai, mais le grand-duc de
Bade n'a pas été moins clairvoyant en soutenant, en 1870,
que l'Alsace-Lorraine resterait une pomme de discorde
pour de longues années (voir p. 301).

Ah ! si sa voix prophétique avait été écoutée, l'Allemagne serait certainement aujourd'hui le pays le plus
riche, le plus prospère de l'Europe continentale. Les
5,000 millions que la France lui a payés auraient fructi-
fié. Au lieu de déficits, l'Empire aurait bientôt joui d'excé-
dants si considérables, qu'il eût pu donner à son système
colonial une extension telle, que certainement il serait
devenu un rival redoutable, même pour l'Angleterre.
Mais l'Alsace-Lorraine est là, et pour la conserver il faut
un attirail de guerre qui chaque année absorbe le plus
clair des revenus de l'Empire.

Comme je tenais à apporter les journaux français à
mes concitoyens, puis à chercher les sauf-conduits pour
les soumettre à la signature du général de Werder, je
priai MM. de Büren et Römer (1) de m'accompagner une
seconde fois à Strasbourg, mardi le 13 septembre.

Précédés du parlementaire allemand, notre course
dut se faire à pied, nos cochers badois ayant refusé de
s'exposer de nouveau aux obus. Elle se fit en société du pasteur Schillinger, qui s'était rendu à Paris dans le but d'y
chercher des médicaments pour le service des ambulances.
A son retour, retenu prisonnier sur parole par les assiégeants, il s'était adressé au grand-duc de Bade, et c'est
sans doute par lui qu'il obtint la permission de se joindre
à nous.

(1) MM. Bischoff et Wattenwyl nous avaient déjà quittés lundi le
12 pour faire à Lahr des préparatifs pour la réception des émigrants.

Avant de quitter Mundolsheim, j'obtins de M. Poppen,
le directeur des chemins de fer badois, que le grand-duc
avait mandé de Carlsruhe, la promesse qu'un train de
voitures de deuxième classe pour le transport jusqu'à Bâle
de 600 personnes serait à notre disposition à la station
d'Orschwihr, jeudi le 15 septembre à 5 heures du soir.

Notre première visite fut pour le général Uhrich. Je
lui remis une partie des journaux français, et envoyai les
autres à la rédaction du *Courrier du Bas-Rhin*. M. Auguste
Schnéegans, un des rédacteurs, m'en accusa réception par
le billet suivant :

« Strasbourg, le 13 septembre 1870.

« M. L... a bien voulu nous apporter de votre part
« des journaux qui contiennent des nouvelles si extrême-
« ment intéressantes que nous nous permettons de les re-
« tenir ; vous trouverez du reste ces nouvelles dans le
« *Courrier*, elles y sont toutes ; M. Boersch et moi nous
« sommes convaincus que vous ne nous en voudrez
« pas, etc. »

Si j'entre dans ces détails, c'est que le lendemain
dans la séance de la Commission municipale (1), ce même
M. Auguste Schnéegans fit voter la résolution suivante :

« Considérant que, dans les circonstances critiques
« où se trouve la cité de Strasbourg, le poste de chaque
« citoyen est à Strasbourg ;

« Considérant que, depuis le commencement de la

(1) **Séance** du 14 septembre 1870.

« guerre et plus particulièrement depuis la bataille de
« Frœschwiller, un certain nombre de citoyens que leur
« position devait faire rester à Strasbourg, ont lâchement
« abandonné leurs concitoyens pour mettre en sécurité
« leur personne ;

« Considérant que des exemples doivent être statués,

« Déclare :

« Les individus valides qui, sans raison majeure, ont
« quitté Strasbourg depuis l'ouverture de la guerre, sont
« déclarés indignes de remplir aucune fonction publique. »

Ce ne fut pas sans discussion que la motion de
M. Schnéegans fut acceptée. On objecta que des circonstances fortuites, que la force majeure avaient empêché
bien des citoyens d'être à leur poste. « Ceux-là ne peuvent
être atteints par le blâme », fut-il répliqué, et la motion
fut adoptée, imprimée et affichée.

Or, si quelqu'un fut empêché par la force majeure
d'être à son poste, c'était moi, puisque le 11 août ayant
quitté Bâle, où cependant ma présence était très nécessaire, pour me rendre à Strasbourg, je risquai d'être fait
prisonnier par les dragons badois qui nous barraient la
route. Aussi la Commission municipale prit à mon égard,
dans la même séance du 14 septembre 1870, la délibération suivante : « M. Stæhling est maintenu comme
membre de la Commission. M. le maire rend compte des
circonstances qui ont empêché M. Stæhling de rentrer à
Strasbourg ; il déclare que l'intervention des délégués
suisses est due en grande partie aux efforts de cet honorable citoyen, etc. »

Cela n'empêcha pas le même M. Auguste Schnéegans
de dire, dans sa brochure *La Guerre en Alsace*, en parlant
de la délégation suisse : « Un banquier de Strasbourg,

M. Stæhling, qui s'était *réfugié* à Bâle, aida de ses conseils les promoteurs de cette entreprise philanthropique, etc. »

Que M. Schnéegans ait éprouvé le besoin de flétrir les quelques personnes notables ayant quitté leur poste pour se soustraire aux obus, on le comprend, quoique lui-même, au dire de nombreux témoins, n'ait guère exposé sa personne. Mais ce même M. Schnéegans offre un des plus tristes exemples de la versatilité humaine, car, après avoir pris pour motto :

> *Français ne puis,*
> *Prussien ne daigne,*
> *Alsacien je suis !*

après s'être fait nommer en 1871 député de l'Alsace à l'Assemblée de Bordeaux pour protester contre l'annexion ; après avoir été, en 1873 encore, rédacteur d'un journal républicain à Lyon, il a accepté en 1878, des mains de M. de Bismarck, la place de consul allemand à Messine ! De tels actes rendent tout commentaire superflu.

La première colonne d'émigrants pour la Suisse quitta Strasbourg le jeudi 15 septembre, à 9 heures du matin. Elle fut transportée par des voitures de paysans, réquisitionnées à cet effet, jusqu'à Rhinau, où elle traversa le Rhin sur un pont de bateaux. Sur la rive badoise elle trouva également des voitures de paysans qui la conduisirent à la station d'Orschwihr. Elle y fut reçue de la façon la plus hospitalière par un comité qui s'était spontanément formé à Lahr. Vers 6 heures, les 600 émigrants furent embarqués dans le train express promis par le grand-duc de Bade.

A Bâle, l'accueil le plus sympathique les attendait de la part du comité suisse, par les soins duquel ils furent logés chez des habitants qui s'étaient fait inscrire à l'avance pour leur donner l'hospitalité. La deuxième colonne arriva à Bâle le 17, la troisième le 20 septembre. Elles y reçurent le même bon accueil.

Le comité de Bâle prit plus tard une grande extension. Il centralisa les dons venant des divers cantons suisses, et ceux envoyés de France et d'ailleurs (1). Ce comité fonctionna pendant toute la durée de la guerre ; il rendit de grands services, surtout lors du retour des prisonniers, et lorsque l'armée de Bourbaki fut forcée de se réfugier en Suisse.

Le 4 septembre, l'Empire, pareil à un arbre pourri, s'était écroulé devant la bourrasque populaire qui suivit la honteuse capitulation de Sedan. Le gouvernement de la Défense nationale avait été constitué, et dès le 5 septembre il avait nommé préfet du Bas-Rhin M. Edmond Valentin (2). « *Le Gouvernement,* disait le décret, *s'en rapporte à votre énergie et à votre patriotisme pour aller occuper votre poste.* »

Jamais confiance ne fut mieux méritée.

La ligne de Paris à Strasbourg étant occupée par l'ennemi, M. Valentin dut prendre la route de Mulhouse. Il y obtint du vice-consul américain, M. S..., un Strasbourgeois établi à Mulhouse, un passeport américain avec lequel il arriva aux environs de Kehl. Pris pour un espion,

(1) Voir page 131 de l'ouvrage : *Strasbourg et le bombardement,* rapport de M. J. Flach. Imprimerie Fischbach, Strasbourg, 1873.

(2) Voir *Histoire de* 1830-1852, pages 364-366.

il fut arrêté, puis relâché comme citoyen américain (1).
A travers mille dangers il arrive enfin à Schiltigheim,
où il est hébergé par un courageux citoyen, M. Adolphe
Frühinsholz, bien que le village, point principal d'attaque
contre la ville, fût bondé de soldats allemands. Par une
nuit sombre, rampant à travers les champs de maïs et de
pommes de terre qui le cachent en partie, Valentin atteint
la rivière l'Ill. Il se jette à l'eau et échappe aux coups de
fusil qui le suivent. Remontant la rivière à la nage, il est
reçu par les coups de feu des assiégés, mais à son cri de
« France ! » il peut aborder. Conduit devant le général
Uhrich, il tire de dessous sa manche, plié dans de la toile
cirée, le décret qui le nomme préfet du Bas-Rhin.

Voici le récit du général Uhrich concernant cet
épisode (2) :

« Le 20 septembre, je fis connaître au conseil de défense l'arrivée presque miraculeuse dans nos murs de
M. Valentin, nommé préfet du Bas-Rhin par le gouvernement de la Défense nationale.

« Le voyage de M. Valentin est une véritable odyssée.
Parti de Paris, il alla d'abord dans le pays de Bade, d'où
il gagna Wissembourg et vint enfin à Schiltigheim. Là,
déguisé en habitant de la campagne, il y séjourna pendant trois jours, et put enfin franchir pendant la nuit les
lignes assiégeantes et se jeter à la nage pour traverser les
fossés de nos ouvrages avancés. Le matin, il fut conduit
chez moi pour se faire reconnaître. Le soir même, à cinq
heures, les obus incendièrent son hôtel (3) de fond en
comble. Mon arrêté du 21 septembre apprit à la popula-

(1) Ayant séjourné près de 20 ans en Angleterre, M. Valentin
parlait l'anglais comme sa langue natale.

(2) Documents relatifs au siège de Strasbourg, page 118.

(3) La préfecture ; l'édifice a été reconstruit, d'après l'ancien
plan ; il est aujourd'hui le palais du gouverneur d'Alsace-Lorraine.

tion de Strasbourg que son nouveau préfet était arrivé, et que les fonctions d'administrateur du département, confiées à M. Ch. Bœrsch, cessaient. »

Le préfet Valentin fit immédiatement afficher la proclamation suivante :

« Habitants de Strasbourg, vaillants compatriotes !

« Le Corps législatif, dans sa séance du 4 septembre courant, a prononcé la déchéance de la dynastie des Bonaparte, qui, deux fois arrivée au pouvoir par de criminels attentats contre la représentation nationale, a trois fois, en un demi-siècle, attiré sur la France la honte et les désastres de l'invasion.

« La République a été proclamée. — Une des premières sollicitudes du nouveau gouvernement s'est portée vers la patriotique Alsace, vers sa vaillante capitale, et il s'est préoccupé de lui faire directement parvenir ainsi qu'à son héroïque garnison, les remerciements émus de la France, de la population de Paris et du gouvernement de la République.

« Il a choisi pour cette mission un fils de votre noble cité, auquel, à une époque antérieure, vous aviez, par un vote presque unanime, donné le mandat de vous représenter à l'Assemblé nationale, et qui est resté fidèle invariablement au drapeau sous lequel vous l'aviez élu.

« Il vient au milieu de vous s'associer à vos périls, partager vos privations, et tous ensemble nous lutterons jusqu'à la dernière extrémité, pour conserver à la glorieuse patrie française un de ses plus nobles et de ses plus formidables boulevards.

« Confiance donc, bon espoir et Vive la République !

« *Le Préfet du Bas-Rhin,*
« Edmond VALENTIN. »

Le général Uhrich ayant assisté à l'une des dernières séances de la Commission municipale, celle-ci lui avait décerné le titre de citoyen de Strasbourg.

Le 20 septembre, le général écrivait au maire :

« Monsieur le Maire,

« Dans sa séance du 18 de ce mois, à laquelle j'ai eu l'honneur d'assister, la Commission municipale a bien voulu m'accorder par acclamation le titre de citoyen de Strasbourg. Ce titre qui m'honore, je viens vous en demander le brevet ; ce sera un précieux gage qui sera transmis dans ma famille de génération en génération.

« Veuillez offrir tous mes remerciements à Messieurs les membres de la Commission municipale et leur dire qu'ils m'ont fait le plus grand honneur que j'aie reçu dans ma longue carrière.

« Recevez, je vous prie, Monsieur le Maire, l'assurance de ma considération la plus distinguée.

« *Le Général commandant supérieur,*
« *Signé :* Uhrich »

Le 23 septembre, le grand-duc de Bade, qui se trouvait encore à Lampertheim, adressa au général Uhrich la lettre suivante :

« Monsieur,

« Comme bon voisin de l'Alsace et surtout de la ville de Strasbourg, dont les souffrances me causent bien de la peine, je viens vous adresser la parole et je vous prie d'attribuer cette démarche au besoin que j'éprouve de contribuer autant que possible à une prompte conclusion des maux d'une malheureuse population soumise aux lois de la guerre.

« Mon général, vous avez défendu avec vigueur la

place qui vous a été confiée par votre gouvernement. L'o-
pinion militaire de ceux qui vous assiègent rend complète
justice à votre énergie et au courage avec lequel vous diri-
gez la défense de la forteresse.

« Vous savez, Monsieur, que la situation extérieure
ne vous laisse plus rien à attendre de la part du gouvernement auquel vous étiez responsable ou de l'armée à laquelle vous appartenez.

« Permettez-moi donc de vous faire observer que la
continuation d'une défense de la forteresse de Strasbourg
n'aura pas d'autre résultat que d'agrandir les souffrances
des malheureux citoyens de cette ville, et de vous prendre
toute possibilité d'obtenir de bonnes conditions pour vous
et pour votre garnison, le jour où l'armée assiégeante
prendra votre place par assaut.

« Vous connaissez l'état actuel des travaux du siège,
et vous ne doutez pas un moment que la prise de Strasbourg est bien certaine, mais qu'elle coûtera cher à votre
garnison, et que les suites pour la pauvre ville en seront
bien plus funestes encore.

« Mon général, vous n'avez plus de gouvernement
légal auquel vous êtes responsable ; vous n'avez plus
qu'une seule responsabilité, celle devant Dieu ! Votre
conscience, votre honneur, sont libres. Vous avez bravement rempli votre devoir comme officier, dont l'honneur
militaire est sans reproche.

« Monsieur, vous savez que le roi Guillaume a accordé les conditions les plus honorables aux officiers de
l'armée française qui faisaient partie de la capitulation
de Sedan. Je ne suis pas autorisé de vous faire espérer un
pareil sort, car je ne vous adresse la parole que comme
simple particulier, qui profite d'une position exception-
nelle pour essayer de faire le bien ; mais je ne doute nul-

lement de la grandeur et de la générosité du roi de Prusse vis-à-vis de chaque brave soldat.

« Mon général, veuillez écouter la voix d'un prince allemand qui combat pour la gloire de sa patrie, mais qui néanmoins connaît son devoir envers Dieu, devant lequel il n'y a qu'une vraie gloire, l'amour des frères.

« Je vous prie donc d'en finir avec ce terrible drame et de profiter franchement de ce bon moment pour faire vous-même des propositions acceptables au général en chef de l'armée du siège devant Strasbourg, qui vous a souvent fait preuve de son bon vouloir.

« FRÉDÉRIC,
« Grand-duc de Bade.

« Lampertheim, ce 23 septembre 1870 ».

A cette lettre, le général Uhrich s'empressa de répondre ce qui suit :

« Monseigneur,

« C'est un bien grand honneur que m'a fait Votre Altesse Royale en m'écrivant cette lettre si noble, si sage, si pleine de philanthropie, que je viens de recevoir et qui restera dans ma famille comme un titre de gloire.

« Croyez qu'il me serait bien doux de pouvoir suivre vos conseils et de faire cesser les souffrances de la population résignée et fière de Strasbourg ; croyez qu'il m'en coûte beaucoup de résister à tout ce que vous me dites ; nul plus que moi, Monseigneur, n'est si douloureusement impressionné par l'aspect des ruines qui m'environnent, par le spectacle de ces hommes inoffensifs, de ces femmes et de ces pauvres petits enfants qui tous sont frappés par les boulets et la mitraille.

« Mais, à côté de ces sentiments qu'il me faut com-

primer, se dresse le devoir du soldat et du citoyen. Je
sais que ma malheureuse patrie est dans une situation
critique que je ne veux pas chercher à nier ; je sais qu'elle
n'a pas encore un gouvernement définitif, mais permettez-
moi de le dire à Votre Altesse Royale, plus la France est
malheureuse, plus elle a droit aux preuves d'amour et de
dévouement de ses enfants. Et daigne Votre Altesse Royale
croire à tout le regret que j'éprouve de me voir forcé de
résister à mon penchant personnel et aux avis si remplis
d'humanité qu'elle m'a fait l'honneur de me donner.
Qu'elle daigne croire que je n'ai pas la prétention de faire
parler de moi, mais que je suis simplement un soldat qui
obéit aux lois militaires de son pays.

« Général Uhrich. »

« Le bombardement ne s'arrêtait pas un instant, dit
M. Fischbach ; les obus sifflaient, éclataient sans relâche.
Les rues étaient à peu près vides, les grandes places désertes ; ceux qui étaient obligés de sortir se glissaient le
long des maisons et se jetaient dix fois dans les couloirs
dans un trajet de cinq minutes, pour éviter d'être tués
par les projectiles qui tombaient de tous côtés. Les nuits
devenaient plus froides ; les heures ne sonnaient plus
aux horloges des églises depuis plusieurs semaines et
le temps semblait ne plus s'écouler. Plus que jamais
on faisait bonne garde devant les maisons et l'active surveillance exercée par les citoyens ne se ralentit pas un
instant. Pendant toute la nuit, on entendait retentir le cri :
Rien de nouveau ? poussé par tous les veilleurs d'un quartier chaque fois qu'un obus tombait dans le voisinage.
Et si le projectile menaçait de causer un incendie, un
signal spécial répondait à ce cri, et l'on accourait de toutes
parts pour porter secours.

« Plus dangereuses encore que les obus, les bombes, qui d'abord n'atteignaient que les remparts et les premières maisons des faubourgs, parvenaient maintenant jusqu'au centre de la ville et causaient d'énormes dégâts. Elles enfonçaient les toits, traversaient tous les étages et faisaient explosion en touchant le sol ; il y en eut qui pénétrèrent jusque dans les caves. Ces projectiles pulvérisaient tout ce qu'ils rencontraient sur leur passage, et leurs éclats même avaient assez de force pour renverser des murs, pour démolir des toitures entières. On les entendait arriver avec un ronflement sinistre ; on les voyait s'élever lentement dans les airs avec leur traînée de feu ; tout à coup, ils tombaient comme l'éclair sur les bâtiments qu'ils effondraient et dévastaient en éclatant avec un fracas épouvantable.

« On était au quarante-sixième jour ; on n'espérait plus, on ne pouvait plus avoir d'illusions, et l'on se contentait d'attendre avec résignation. Quoi ? On l'ignorait soi-même.

« Les obus sifflèrent encore pendant toute la journée, exerçant leurs ravages, et chaque heure amenait quelque nouveau désastre.

« Vers cinq heures du soir, morne silence, tout à coup suivi d'un grand bruit dans la rue. On court, on s'interroge, on s'agite ; tous les regards se dirigent sur un seul point : Un drapeau blanc flotte sur la cathédrale ! »

En effet, le général Uhrich avait reçu dans la journée du 27 septembre du colonel Maritz, chef du génie, l'avis que *la brèche était praticable, que l'assaut pouvait être donné le lendemain matin, le soir même et que l'on était à la merci de l'ennemi* (1).

(1) Documents, etc., page 132.

Il se décida donc à traiter et écrivit au général de Werder :

« Strasbourg, le 27 septembre 1870.

« Monsieur le Lieutenant-Général, — la résistance de Strasbourg est arrivée à son terme. Je suis disposé à entrer en négociation pour la capitulation.

« J'ai l'honneur de demander pour la ville de Strasbourg qui a déjà tant souffert, un traitement aussi doux que possible et la conservation de ses propriétés.

« Pour les habitants, la vie et les biens saufs, le droit de s'éloigner.

« Pour la garnison, rien que le traitement dû à des soldats qui ont fait leur devoir.

« Veuillez agréer, etc.   « UHRICH. »

Le général de Werder répondit immédiatement :

« Mundolsheim, le 27 septembre 1870.

« Monsieur, — je viens de recevoir votre écrit de ce jour, et je m'empresse d'envoyer à Kœnigshoffen le lieutenant-colonel de Leczinski, mon chef d'état-major ; le capitaine de cavalerie comte Henckel de Donnersmarck, et le premier lieutenant de La Roche, pour traiter des autres détails relatifs à la remise de la place.

« Vous voudrez être persuadé que, rendant pleine et entière justice à votre valeureuse et honorable défense, non seulement je remplirai les désirs exprimés par vous, de la façon la plus étendue, mais encore je prendrai toutes les mesures pour alléger le sort de vos valeureux officiers et pour guérir les plaies de la ville.

« Je me réjouis de pouvoir vous exprimer ma haute considération personnelle et ma sincère estime avec lesquelles je reste, Monsieur, votre tout dévoué.

« DE WERDER. »

La convention fut conclue dans la nuit, à Kœnigshoffen, et signée à deux heures du matin, le 28 septembre
1870 ; la voici :

« Le comte de Werder, lieutenant-général de S. M. le
roi de Prusse, commandant de l'armée assiégeante de
Strasbourg, ayant été requis par M. le général de division
français Uhrich, gouverneur de Strasbourg, de faire cesser les hostilités contre la place, est convenu avec lui de
conclure la capitulation dont les termes suivent, en considération de la défense honorable et courageuse de cette
place de guerre.

« Art. 1ᵉʳ. — Le 28 septembre 1870, à huit heures
du matin, M. le général de division Uhrich évacuera la
citadelle, la porte d'Austerlitz, la porte Nationale, celle
des Pêcheurs. En même temps, ces divers points seront
occupés par les troupes allemandes.

« Art. 2. — Le même jour, à onze heures, la garnison française et la garde mobile quitteront la place par la
porte Nationale, se placeront entre la lunette 44 et le réduit 37, et déposeront les armes.

« Art. 3. — Les troupes de ligne et la garde mobile
seront prisonnières de guerre et se mettront immédiatement en marche avec leurs bagages. Les gardes nationaux
et les francs-tireurs resteront libres au moyen d'un revers
(déclaration écrite de ne pas servir pendant la guerre) ;
ils devront déposer les armes à la mairie avant onze heures
du matin. A la même heure, les listes nominatives des
officiers de ces troupes devront être remises à M. le général de Werder.

« Art. 4. — Les officiers et les fonctionnaires ayant
rang d'officiers, de tous les corps de troupe de l'armée
française, pourront se rendre à la résidence qu'ils choisi-

ront, à charge de fournir un revers dont la formule est annexée au présent document. Les officiers qui refuseront de signer ce revers seront conduits en Allemagne avec la garnison, comme prisonniers de guerre. Tous les médecins militaires français conserveront leurs fonctions jusqu'à nouvel ordre.

« Art. 5. — M. le général de division Uhrich s'engage, dès que les armes auront été déposées, à remettre tous effets militaires, caisses du Trésor, etc., par l'intermédiaire des agents que cette remise concerne, aux fonctionnaires allemands, dans la forme usitée.

« Les officiers et fonctionnaires qui, des deux côtés, seront chargés de cette mission, se trouveront le 28 septembre, à midi, sur la place du Broglie, à Strasbourg.

« La présente capitulation a été signée par les fondés de pouvoir suivants : du côté allemand, le lieutenant-colonel chef de l'état-major de l'armée de siège ; le capitaine et aide de camp comte Henckel de Donnersmarck ; du côté français, le colonel Ducasse, commandant de Strasbourg, et le lieutenant-colonel Mengin, sous-directeur d'artillerie.

« *Lu, approuvé et signé :* L. MENGIN, DUCASSE,

« HENCKEL DE DONNERSMARCK, LECZINSKI.

« *Le Secrétaire,* B^{on} DE LABOCHE. »

Le 28 septembre de grand matin, le général Uhrich fit afficher la proclamation suivante :

« Habitants de Strasbourg !

« Ayant reconnu aujourd'hui que la défense de la place de Strasbourg n'est plus possible, et le Conseil de défense ayant unanimement partagé mon avis, j'ai dû recourir à la triste nécessité d'entrer en négociations avec le général commandant l'armée assiégeante.

« Votre mâle attitude pendant ces longs jours de douloureuses épreuves m'a permis de retarder jusqu'à la dernière limite la chute de notre cité. L'honneur civil, l'honneur militaire, sont saufs, grâce à vous. Merci !

« Merci à vous aussi, préfet du Bas-Rhin et magistrats municipaux qui par votre énergie et par votre union m'avez prêté un concours si précieux, qui avez su venir en aide à la population malheureuse et maintenir haut son attachement à notre patrie commune.

« Merci à vous, chefs militaires et soldats, à vous surtout, membres de mon Conseil de défense, qui avez toujours été si unis de vues, si énergiques, si dévoués à la grande mission que nous avions à accomplir, qui m'avez soutenu dans les instants d'hésitation que faisaient naître la lourde responsabilité qui pesait sur moi et l'aspect des malheurs publics qui m'environnaient.

« Merci à vous, représentants de notre armée de mer, qui avez su faire oublier votre petit nombre par l'énergie de votre action ; merci enfin à vous, enfants de l'Alsace ; à vous, gardes nationaux mobiles ; à vous, francs-tireurs, compagnies franches ; à vous aussi, artilleurs de la garde nationale sédentaire, qui avez si noblement payé le tribut du sang à notre grande cause aujourd'hui perdue ; et à vous, douaniers, qui avez aussi donné des preuves de courage et de dévouement.

« Je dois les mêmes remerciements à l'Intendance pour le zèle avec lequel elle a su parer aux exigences d'une situation difficile, tant pour le service hospitalier que pour celui des vivres.

« Où trouverai-je des expressions suffisantes pour

dire à quel point je suis reconnaissant envers les médecins civils et militaires qui se sont consacrés aux soins de nos blessés et de nos malades militaires, envers ces nobles jeunes gens de l'École de médecine, qui ont accepté avec tant d'enthousiasme le poste périlleux des ambulances dans les ouvrages avancés et aux portes ?

« Comment remercier assez les personnes charitables, les maisons religieuses, les établissements publics qui ont ouvert des asiles à nos blessés, qui les ont entourés de soins si touchants, et qui en ont arraché beaucoup à la mort ?

« Je conserverai jusqu'à mon dernier jour, le souvenir des deux mois qui viennent de s'écouler et le sentiment de gratitude et d'admiration que vous m'avez inspiré ne s'éteindra qu'avec ma vie.

« De votre côté, souvenez-vous sans amertume de votre vieux général, qui aurait été si heureux de vous épargner les malheurs, les souffrances et les dangers qui vous ont frappés, mais qui a dû fermer son cœur à ce sentiment, pour ne voir devant lui que le devoir et la patrie en deuil de ses enfants.

« Fermons les yeux, si nous le pouvons, sur le triste et douloureux présent, et tournons-les vers l'avenir, là nous trouverons le soutien des malheureux : l'espérance !

« Vive la France à jamais !

« Fait au quartier général, le 27 septembre 1870.

« *Le Général de division,*

« *Commandant supérieur de la 6ᵉ division militaire,*

« Uhrich. »

En même temps le maire, M. Küss, adressait aux habitants une proclamation dont voici les principaux passages :

« Chers concitoyens,

« Après une résistance héroïque et qui dans les fastes militaires ne compte que de rares exemples, le digne général qui a commandé la place de Strasbourg vient, d'accord avec son Conseil de défense, de conclure avec le commandant de l'armée assiégeante une convention pour la reddition de la place.

« Cédant aux dures nécessités de la guerre, le général a dû prendre cette détermination en présence de l'existence de deux brèches, de l'imminence d'un assaut qui nous eût été fatal, des pertes irréparables subies par la garnison et par ses vaillants chefs. La place n'était plus tenable ; il est entré en pourparlers pour capituler.

« Sa détermination, écartant la loi martiale qui livre une place prise d'assaut aux plus rudes traitements, vaut à la ville de Strasbourg de ne pas payer de contributions de guerre et d'être traitée avec douceur.

« A onze heures, la garnison sortira avec les honneurs militaires, et aujourd'hui l'armée allemande occupera la ville.

« Vous qui avez supporté avec patience et résignation les horreurs du bombardement, évitez toute démonstration hostile à l'encontre du corps d'armée qui va entrer dans nos murs !

« Vous, chers concitoyens, qui, durant ce long siège, avez déployé une patience, une énergie que l'histoire admirera, restez dignes de vous-mêmes à cette heure douloureuse.

« Vous tenez dans vos mains le sort de Strasbourg et le vôtre. Ne l'oubliez pas !

« Strasbourg, le 28 septembre 1870. »

« *Le Maire,*

« Küss. »

A huit heures du matin, des détachements allemands prenaient possession des portes d'Austerlitz, Nationale, des Pêcheurs et de la citadelle. — A onze heures, la garnison sortit de la place avec armes et bagages.

« Ainsi tomba, dit le général Uhrich en terminant son récit, la malheureuse ville de Strasbourg, si fière d'être française, si glorieuse d'être notre sentinelle avancée sur le Rhin. Elle est la triste victime de l'imprévoyance et de l'abandon dans lequel elle a été laissée.

« Ses enfants, et je suis fier d'en faire partie aujou-d'hui, ont sans cesse les yeux tournés vers la France ; ils espèrent toujours et ne peuvent se faire à la pensée que la douloureuse séparation qu'ils ont dû subir, est définitive.

« Dieu veuille que le jour de la justice et du retour au sein de la France se lève pour eux ! Qu'ils aient donc la patience de l'attendre ! »

1870

~~~~~~~

TROISIÈME PARTIE

Strasbourg au lendemain de la reddition. — Décrets sévères des autorités prussiennes. — La capitulation acceptée par le général Uhrich en regard de celle proposée par le général Guérin de Waldersbach, commandant de Verdun, et acceptée par la Prusse. — M. de Bismarck-Bohlen, gouverneur d'Alsace, et M. de Luxbourg, préfet du Bas-Rhin. — Mesures rigoureuses pour empêcher la dégradation des voies ferrées. — Arrivée à *Tours* de *Gambetta*, sorti de Paris en ballon, et de *Garibaldi,* venu de Caprera. Notre espoir renaît ; il est cruellement déçu par la capitulation de Metz. — Proclamation de la République à Colmar le 5 septembre ; M. *Grosjean* nommé préfet du Haut-Rhin par le gouvernement de la Défense nationale, en remplacement de M. Salles. — Occupation du Haut-Rhin par l'armée allemande. Combat de *Horbourg.* Les compagnies franches ; Mlle Antoinette Lix. — Capitulation de Schlestadt et de Neufbrisach. — Proclamation de M. Grosjean au moment de quitter le Haut-Rhin. — *Bâle :* transmission de correspondances, de télégrammes, etc. — *Strasbourg :* création d'institutions charitables pendant et après le siège ; cuisines économiques ; comité de secours strasbourgeois. — Fin de l'année fatale 1870.

Aucune plume ne saurait décrire le chaos que présentait notre malheureuse ville au lendemain du 28 septembre. Les localités désolées par des tremblements de terre, des cyclones, offrent certainement l'image d'une épouvantable dévastation ; mais le lendemain de la catastrophe tout rentre dans l'ordre ; la machine gouvernementale, l'action des autorités, interrompues un instant, reprennent leur marche normale ; Strasbourg au contraire, non seulement était matériellement bouleversé, mais aux autorités françaises dont les fonctions se trouvaient suspendues, venait d'un moment à l'autre se substituer le commandement militaire allemand.

Une de ses premières mesures fut l'interdiction des journaux locaux. Le dernier numéro du *Courrier du Bas-Rhin, français* avec allemand à côté, porte la date du 27 septembre 1870. Comme on avait besoin d'organes de publicité, l'interdiction à l'égard du *Courrier* fut levée le 2 octobre, à la condition de paraître en *allemand,* avec le français à côté. Les premiers numéros contenaient des actes officiels, dont je ne citerai que les principaux.

« L'état de siège et de guerre continue à subsister, et toute espèce de délits et de crimes sont justiciables des conseils de guerre, et punis selon la loi martiale.

« Les habitants sont tenus de livrer au quartier général toutes les armes ou munitions sans en rien excepter.

« Sont interdits jusqu'à nouvel ordre, tous journaux, etc.

« Si les troupes allemandes étaient, d'un bâtiment ou d'un lieu quel qu'il soit, l'objet d'une agression armée, les troupes sont autorisées à entrer dans le bâtiment et à tuer tous les adultes (*alle männlichen Erwachsenen darin ohne Weiteres niederzumachen*), etc.

« Signé : Général MERTENS.

« Strasbourg, 28 septembre 1870. »

Un ordre du colonel du génie du 30 septembre enjoint aux entrepreneurs en bâtiments d'envoyer le lendemain, à six heures du matin, 750 travailleurs civils sur la place Broglie, pour les mettre à la disposition de l'autorité militaire.

Un ordre du 1er octobre du commandant supérieur, signé par le chef d'état-major Leczinski, prescrit aux habitants la pension à fournir aux militaires et employés qu'ils auront à loger. Les officiers et employés ont droit à :

Un premier déjeuner, café ou thé, avec petit pain ;

Un second déjeuner, bouillon, plat de viande, un légume ;

Un dîner composé de soupe, deux plats de viande avec légumes ou salade, dessert et café ;

Deux litres de *bon* vin de table et cinq *bons* cigares par jour.

Les sous-officiers et soldats sont un peu moins bien partagés : outre trois repas, ils ont droit à un demi-litre de vin, ou un litre de bière et à cinq cigares.

« Le propriétaire peut faire traiter *à ses frais,* les officiers ou soldats à loger, dans un des *bons* hôtels ou restaurants de la ville.

« L'entretien des troupes logées dans les casernes aura lieu par des impositions spéciales à la charge de la ville. »

Ces exigences et d'autres encore (1) s'adressaient à une population qui venait de subir un siège de presque deux mois, et un bombardement de quarante-six jours !

---

(1) Ainsi le général de Werder par lettre du 1er octobre demanda au maire la livraison de 25,000 chemises de laine. Comme il était matériellement impossible de les livrer dans un délai rapproché, le général de Werder réduisit sa demande à 5,000, dont 2,000 à livrer immédiatement et 3,000 le 10 octobre. Même ainsi réduite, cette réquisition coûta encore 35,000 fr. environ, à la caisse municipale.

Voir la brochure : *Quelques explications adressées à ses concitoyens,* par A. Zopff, adjoint au maire en 1870. — Strasbourg, imprimerie E. Simon, 1871.

A une ville dont des rues entières étaient en ruines et dont les maisons encore debout étaient toutes, sans exception, endommagées par les projectiles qui nuit et jour étaient tombés sur elle (1) !

Peut-être pourrait-on reprocher aux plénipotentiaires du général Uhrich de n'avoir rien stipulé en faveur des habitants de Strasbourg dans la capitulation du 28 septembre.

Dans sa lettre du 27 septembre, le général de Werder, répondant à la demande du général Uhrich d'un traitement aussi doux que possible pour la ville, disait bien qu'il prendrait les mesures pour guérir les plaies, etc., — mais rien dans la capitulation ne vint confirmer cette assurance. Ce fut un lapsus qui nous coûta cher.

La garnison et la mobile se trouvèrent prisonnières de guerre à Rastadt. La garde nationale et les francs-tireurs avaient été licenciés et toutes les armes, livrées aux autorités prussiennes. Ainsi, la ville se trouva entièrement désarmée, et dès lors il n'y avait pas urgence à imposer, pendant de longs mois, à sa malheureuse population, des garnisaires qui, étant données les conditions misérables auxquelles le bombardement l'avait réduite, devinrent une charge presque insupportable.

Un autre reproche à faire à la capitulation, c'est de n'avoir rien stipulé en faveur de la garde mobile. Elle se composait généralement de jeunes gens de Strasbourg, arrachés à leurs occupations, à leurs familles (beaucoup d'entre eux étaient mariés), au commencement de la guerre par le décret de mobilisation (voir page 272).

---

(1) Le *Moniteur* prussien indique 193,722 projectiles lancés sur la ville, 162,600 par l'artillerie prussienne et 31,122 par l'artillerie badoise ; parmi les bombes, il y en avait de 180 livres. (*Courrier du Bas-Rhin* du 23 octobre 1870.)

Lors de la capitulation, on croyait que cette troupe serait licenciée et les hommes renvoyés dans leurs foyers ; cette opinion était tellement répandue, qu'un de nos honorables concitoyens, M. Fépoux, n'a pas craint d'élever sa voix en faveur de ces jeunes gens détenus à Rastadt comme prisonniers de guerre, par une lettre publiée dans le *Courrier du Bas-Rhin*, le 15 novembre 1870.

Les mobiles eux-mêmes firent insérer dans le *Courrier* du 30 novembre une lettre, datée de Rastadt — *Friedrichs feste*, — où ils disaient que leurs officiers leur avaient promis qu'ils seraient de suite renvoyés à leurs foyers ; « nous sommes, disent-ils, presque *tous* soutiens ou pères de famille, et depuis deux mois ce sont au contraire nos parents qui sont obligés de nous envoyer une partie de leurs faibles ressources pour rendre notre captivité un peu plus supportable. »

Ayant pleine confiance dans les nobles sentiments du grand-duc de Bade, je me décidai à lui écrire. C'est probablement à son intervention que ces jeunes gens ont dû d'être délivrés de leur captivité, quelques semaines avant la conclusion de la paix.

Tout cela aurait pu être évité. Bien que soldats improvisés, les mobiles avaient fait noblement leur devoir. Elle serait longue la liste de ceux qui ont payé de leur sang la dette à la patrie. On les avait arrachés à leurs familles pour défendre les remparts de la ville ; celle-ci s'étant rendue, on eût dû les renvoyer dans leurs foyers. Les assiégeants avaient mille raisons pour désirer la reddition sans assaut, et ils auraient certainement accordé de meilleures conditions, si les plénipotentiaires du général Uhrich avaient été mieux avisés.

Autrement belle a été la capitulation de *Verdun,* qui eut lieu quatre semaines plus tard. « Le 13, le 14 et le

15 octobre, dit M. Claretie (1), un bombardement commençait, épouvantable, effréné ; le feu dura cinquante-six heures. Et comme toujours, les incendies, les écroulements, les sinistres fracas de ces jours d'agonie, les flaques de sang dans les rues, la mort des innocents et des faibles.

« Le 20 octobre, le général commandant Verdun adressait au général prussien cette lettre superbe, qui fait l'éloge de l'homme qui l'écrivait et de la population qu'il défendait :

« Général,

« Je dois vous exprimer le sentiment qui pénètre chez moi sur la manière dont vous avez attaqué la ville de Verdun. J'avais pensé jusqu'à ce jour que la guerre entre la Prusse et la France devait être un duel entre les deux armées, et j'étais loin de m'imaginer que des habitants inoffensifs, des femmes et des enfants, verraient leur fortune et leur vie si injustement engagées dans la lutte. Si vous pensez, général, que cette manière d'agir de votre part, que je me dispenserai de qualifier, peut contribuer en quoi que ce soit à hâter la reddition de la place, vous êtes dans une profonde erreur ; car, ce que les habitants ont souffert jusqu'à ce jour n'a contribué, vous pouvez me croire, qu'à augmenter chez eux l'abnégation que commandent leur position et leurs sentiments patriotiques.

« Ni la pluie des bombes et des boulets, ni les privations auxquelles la garde nationale et l'armée peuvent être exposées, ne les empêcheront de faire leur devoir jusqu'au dernier moment. Leur plus grand désir serait de

(1) Claretie, *Histoire de la révolution de* 1870-1871, pages 392-394.

se mesurer corps à corps avec les troupes prussiennes.
Permettez-moi de vous dire, général, que c'est sur la
brèche que nous vous attendons, et que nous espérons que
vous sortirez un jour de derrière les montagnes qui vous
tiennent cachés à nos coups.

« Recevez, général, etc.

« *Le Général commandant supérieur,*
« Bon GUÉRIN DE WALDERSBACH. »

« Cette brave garnison de Verdun devait répondre, à
son tour, au bombardement par une sortie victorieuse, et
le 28 octobre les batteries prussiennes étaient, à la même
heure, sur tous les points à la fois, démontées, les affûts
brisés et les minutions détruites (1). Tout à coup, la pauvre ville assiégée apprit que Metz avait capitulé, que l'armée de Bazaine était prisonnière et que cent mille Prussiens à la fois, et l'immense matériel de siège réuni
devant Metz, allaient être dirigés sur Verdun. Quel écrasement ! Quel anéantissement complet de toutes les espérances ! A quoi bon lutter ? A quoi bon combattre ?
L'artillerie de Metz et de Strasbourg réduirait facilement
en poudre les remparts de Verdun. La grande cité, Metz,
entraînait Verdun dans sa chute. Le général commandant Verdun proposa de rendre la ville et demanda les
conditions à l'ennemi. Ce fut le roi Guillaume qui répondit :

« En présence de l'héroïque défense de Verdun, di-
« sait-il, je suis disposé à accepter des conditions excep-
« tionnelles. »

« On traita donc, dit l'auteur du *Siège de Verdun,*
« sur les bases posées par nous. » Cette fois, le vaincu par-

(1) Claretie, page 394.

lait le premier. La garnison était prisonnière, mais les troupes conservaient leurs sacs et leurs effets, *la garde mobile native de Verdun était libre.* Les gendarmes, restés libres, gardaient leurs chevaux. Les maîtres ouvriers restaient également libres. *La ville de Verdun était dispensée de toute contribution de guerre et réquisition. Les troupes allemandes,* sauf le cas de passages extraordinaires, *seraient logées non chez les habitants, mais dans les bâtiments militaires.* Enfin, disait le traité, la forteresse et la ville de Verdun, tout le matériel de guerre, approvisionnement, etc., seront rendus à la France après la guerre.

« C'est ainsi que capitulent les gens qui ont fait leur devoir.

« La fière capitulation de Verdun est la condamnation de la capitulation de Sedan et de la reddition de Metz.

« Le 9 novembre, les troupes prussiennes entraient dans Verdun, sans tambour, trompette ni musique. Les rues étaient désertes. La défaite, ici, avait sa fierté et sa grandeur (1). »

———

Peu de jours après la reddition de Strasbourg, on pouvait lire sur un pan de mur de la maison Sutterlin (2), incendiée par le bombardement, le distique suivant :

« Passant, va dire au monde avec quelle constance Strasbourg a su souffrir pour rester à la France. »

C'est sans doute pour éviter des manifestations de ce genre, que le général d'Ollech, qui dans l'intervalle avait remplacé le général Mertens, avait pris, le 22 no-

(1) Claretie, page 394.
(2) Elle faisait le coin de la rue du Dôme et de la rue Brûlée.

vembre, un arrêté où, rappelant qu'il était interdit d'afficher quoi que ce soit sans son autorisation, il menaçait du conseil de guerre *les propriétaires des immeubles* où un placard dont l'auteur resterait caché, serait trouvé affiché.

On appliqua à peu près le même système lorsque quelque mauvais drôle dégradait un chemin de fer. Le coupable pouvant rarement être découvert, on arrêtait tout bonnement, dans l'endroit le plus rapproché du méfait, un habitant notable qu'on obligeait à se mettre pendant un ou deux jours sur la locomotive. Un voyage pareil par la pluie, la neige ou par 15 degrés de froid pouvait occasionner la mort du malheureux. On ne s'y arrêta pas. Un méfait, certainement très grave, avait été commis. Ne pouvant mettre la main sur les coupables, on s'en prenait à des innocents (1).

(1) Voici des spécimens de ces ordres :

« Par ordre du commandant en chef de la 3e armée, les habitants sont prévenus qu'à dater de ce jour, chaque convoi partant pour l'Alsace emmènera sur la locomotive, deux personnes notables de la ville. Cette mesure a été nécessitée par les fréquents dégâts commis sur les lignes de chemin de fer, et sera portée à la connaissance de tout le monde, afin que chacun sache que, si un convoi déraille, ses propres compatriotes seront les premières victimes de l'accident.

« Wissembourg, le 22 octobre 1870.

« *Le Commandant militaire bavarois de la ville,*

« Scheidlin, major. »

(*Courrier du Bas-Rhin* du 26 octobre 1870.)

Le 17 décembre 1870, le maire, M. Küss, reçut une lettre du comte de Luxbourg, préfet du Bas-Rhin, où ce fonctionnaire annonce que, des *bruits* s'étant répandus sur des dégradations dont le chemin de fer de Strasbourg à Barr serait l'objet, non seulement les auteurs seraient punis, mais les communes où ces faits se produiraient au-

La nomination de M. de Bismarck-Bohlen au poste
de gouverneur général d'Alsace, et de M. de Luxbourg
comme préfet du Bas-Rhin, n'apporta pas d'adoucissement
à ces rigeurs. Leur action se concentra principalement
sur la réorganisation des services administratifs, notamment sur celui des impôts directs et indirects qui tous,
sans la moindre exception, se trouvaient rétablis avant la
fin de l'année ; bien entendu, pour les contributions di-
rectes, le paiement de l'arriéré fut rigoureusement exigé.
— Dès le mois d'avril 1871, l'administration allemande
de l'enregistrement, calquée sur l'institution française,
envoya des avertissements pour payer les droits de suc-

raient de fortes contributions à payer, de nombreux garnisaires à entretenir, et en outre les notables seraient obligés d'accompagner les
convois.

(*Courrier du Bas-Rhin* du 21 décembre 1870.)

————————

C'est au mois de janvier 1871, pendant le mouvement en
avant de l'armée de Bourbaki, que la préfecture transmit à la mairie
de Colmar une liste de notables qui devaient, sous le contrôle de la
gendarmerie, faire tour à tour sur les locomotives le voyage de Colmar à Bollwiller, où ils rencontraient sur le train venu de Mulhouse,
des citoyens de cette ville, victimes du même ordre. La dépêche du
préfet donnait une vingtaine de noms, groupés deux par deux.

Il y avait deux trains par jour, par conséquent deux otages ;
l'un partait dans la matinée, l'autre au courant de l'après-midi. Le
dernier voyageur était réduit à passer la nuit à Bollwiller, où il trouvait l'hospitalité près de la gare, dans un petit hôtel tenu par les
dames Abt. Les notables étaient d'ailleurs traités avec considération
par le personnel des locomotives qui, gratifié journellement, ména-
geait une bonne place près du feu au compagnon de voyage.

Voici quelques noms de prestataires dont le souvenir m'est
resté : MM. Édouard Birckel, président du tribunal de commerce ;
Brunck, inspecteur des forêts ; Hartmann, architecte ; Auguste Macker,
avoué ; Édouard Belin, juge au tribunal civil ; Laurent Athalin, etc.

cession, menaçant de l'amende en cas de non-paiement dans les six mois. Ce droit était en outre exigé pour les valeurs nominatives françaises, bien que l'administration allemande sût qu'en France la mutation ne se faisait que contre paiement des droits de succession, et que le contribuable alsacien payait ainsi deux fois pour le même objet. En de certains cas, ces droits atteignaient ainsi 20 p. 100. — C'était raide, pour Strasbourg surtout dont les rues offraient encore le lamentable aspect des ruines causées par le bombardement (1).

On aurait volontiers supporté de plus grands maux encore, si les nouvelles de France avaient été quelque peu réconfortantes ; mais une destinée fatale y paralysait les plus nobles efforts.

Gambetta, sorti en ballon (2) de Paris le 6 octobre, s'était joint le 9 à la délégation du gouvernement de la Défense nationale siégeant à Tours ; le même jour, Garibaldi y était arrivé.

Si sur les 150,000 hommes (3) enfermés dans Metz 100,000 seulement avaient pu tendre la main aux nouvelles armées que la voix patriotique de Gambetta faisait pour ainsi dire sortir de terre, des jours meilleurs, se flattait-on, pourraient revenir. Mais non. — Le 28 octobre, la capitulation de Metz, on ferait mieux de dire la

(1) *Courrier du Bas-Rhin* du 2 mai et du 24 juin 1871.

(2) On sait que les ballons ont joué un rôle important à Paris pendant le siège. L'ouvrage de M. Steenackers, *les Télégraphes et les Postes pendant la guerre de* 1870-1871, donne à ce sujet de très intéressants détails.

(3) D'après les dépêches prussiennes, il y en avait 173,000. (*Courrier du Bas-Rhin* du 6 novembre.)

trahison de Bazaine, nous fut annoncée. La nouvelle, si terrible pour la France entière, ne fut nulle part plus douloureusement ressentie qu'en Alsace. C'était l'anéantissement presque complet de nos espérances. — Jamais l'histoire n'avait enregistré un fait pareil : 173,000 soldats, 3 maréchaux, 6,000 officiers prisonniers de guerre ! plus 300,000 fusils, 13,000 chevaux, cinq forts armés de 643 pièces de canon et l'immense matériel de l'arsenal, accumulé depuis 1815, pris par l'armée allemande (1).

Et dire que nul parmi ces généraux, dans une question de vie ou de mort pour la patrie, n'eut le courage de mettre l'honneur, ce sentiment si cher à la France, au-dessus de l'obéissance passive !

C'était bien là le triste produit des vingt années de pourriture impériale (2) !

————

Colmar avait été occupé dès le 14 septembre. Le 5

(1) Dépêche officielle de Versailles publiée par le *Courrier du Bas-Rhin* du 6 novembre 1870. « Il résulte des rapports du général de Zastrow que jusqu'à ce jour on a trouvé à Metz 53 aigles et drapeaux, 541 canons de campagne, du matériel pour plus de 85 batteries, environ 800 pièces de siège, 66 mitrailleuses, près de 300,000 fusils, des cuirasses, des sabres en grande quantité, environ 2,000 fourgons militaires, des masses de bois, de bronze, de plomb et une fabrique de poudre parfaitement organisée. »

(2) Le comte Horace de Viel-Castel, dont le témoignage ne saurait être suspecté, car il était des amis de l'Empire et des intimes de la princesse Mathilde, dit dans ses *Mémoires sur le règne de Napoléon III,* 1869, page 181 : « Quand on s'est promené au milieu de ce qu'on appelle la cour actuelle, on se retire le cœur soulevé par un immense dégoût ; tout ce qui n'est pas bête est ignoble, et tout ce qui est ignoble est comblé de prévenances et d'honneurs. »

On voit que Gambetta n'était pas seul à peindre l'Empire sous ces couleurs.

septembre, la République y avait été proclamée ; M. Salles dut céder ses fonctions de préfet à M. Grosjean, nommé par le gouvernement de la Défense nationale ; le choix était excellent, mais la situation mauvaise. Colmar, ville ouverte, n'ayant aucune garnison, pouvait d'autant moins offrir de résistance, que sa garde nationale n'était pas organisée, que ses mobiles venaient à peine d'être armés, et que le corps du général Douay, sur lequel on pensait pouvoir compter, avait reçu l'ordre d'abandonner l'Alsace dès le commencement de la guerre.

Il y eut bien quelques détachements de mobiles qui étaient venus de Paris et de Lyon prendre part à la défense de l'Alsace. Lorsque l'ennemi s'approcha de Colmar, ils essayèrent, conjointement avec des Colmariens, quelque résistance au pont de Horbourg (1), mais manquant d'artillerie, ils durent battre en retraite. Ils se replièrent vers les Vosges où l'on avait formé plusieurs bataillons de mobiles. Parmi ces derniers, figurait la compagnie de Lamarche, qui comptait au nombre de ses officiers une Colmarienne, Mlle Antoinette Lix, receveuse des postes à Lamarche. Née à Colmar, le 31 mai 1839, elle perdit toute jeune sa mère, et son éducation fut dès lors dirigée par son père, ancien militaire, qui résolut de l'élever en garçon ; à dix ans, elle montait à cheval et faisait de l'escrime comme un maître d'armes (2).

A onze ans, elle entra au pensionnat des sœurs de la Providence, à Ribeauvillé. A dix-sept ans, pourvue du brevet de capacité, elle se rendit en Pologne, comme gouvernante. Elle y était depuis six ans, lorsque éclata l'insurrection de 1863 (voir 1863, page 134).

(1) J. Sée, pages 125-130.
(2) J. Sée, page 271.

L'âme ardente de Mlle Lix ne put rester indifférente
à cette lutte héroïque. Habillée en homme, elle y prit
une part active ; blessée d'un coup de lance, elle fut re-
cueillie et soignée par une religieuse qu'elle avait connue
antérieurement.

Rentrée en France en 1866, elle se consacra aux
soins des malades du choléra qui sévissait alors dans le
département du Nord. Sa belle conduite, signalée en
haut lieu, lui mérita la nomination au bureau de poste
de Lamarche.

Au début de la guerre, elle accepte la place de lieutenant dans une compagnie franche avec laquelle elle
prend part à de nombreux combats. Toujours la première
en face du danger, elle entraîne par son exemple les
jeunes mobiles sous ses ordres. Plus tard, sa compagnie
s'étant fondue dans les troupes garibaldiennes, elle se
retira pour se consacrer exclusivement au soin des
blessés.

En janvier 1872, le Gouvernement décerna la mé-
daille d'or de 1re classe à Mlle Lix, en récompense de sa
belle conduite pendant la guerre, et de son dévouement
dans les ambulances.

Aujourd'hui, Mlle Lix, accablée de douleurs rhuma-
tismales et de fièvres contractées dans les marais de la
Pologne et pendant l'hiver de la guerre, vit retirée au
couvent de Notre-Dame de Sion à Paris, où elle s'occupe
de travaux littéraires. Elle a publié en 1884, sous le titre
Tout pour la patrie, un volume rempli de souvenirs alsaciens où se peint l'âme virile et dévouée de notre vaillante compatriote.

Après Colmar, ce fut le tour de Mulhouse, où dans les premiers jours d'octobre arrivèrent des troupes allemandes en nombre considérable, en vue du siège de Belfort.

M. Grosjean, le préfet républicain, ne quitta Colmar que le 10 octobre, après avoir lancé une proclamation dont j'extrais les passages suivants :

« *Aux habitants du Haut-Rhin.*

« Chers concitoyens,

« L'ennemi, maître de Mulhouse, traverse journellement Colmar.

« A cette heure même, il campe à nos portes en forces considérables. Sans moyens de résistance, je puis être contraint de me retirer, d'un instant à l'autre, devant le flot de l'invasion.

« Mais je ne veux pas le faire sans protester énergiquement comme représentant du Gouvernement français, et au nom des principes supérieurs, contre l'incorporation violente de l'Alsace à l'Allemagne, incorporation que la Prusse a déclaré vouloir accomplir.

« Mais fût-elle même, par une violence sans nom, réunie de fait à l'Allemagne, l'Alsace n'en restera pas moins irrévocablement attachée à la France par les liens que la Révolution de 1789 a rendus indissolubles. Elle attendra alors, silencieuse mais résolue, un de ces moments que le souffle puissant de la démocratie suscitera infailliblement, pour faire un retour glorieux vers la mère-patrie, régénérée par les institutions républicaines. »

Au mépris de la capitulation de Strasbourg, M. Valentin, l'héroïque préfet du Bas-Rhin, avait été arrêté, conduit à Ehrenbreitstein, et retenu prisonnier jusqu'à la conclusion de la paix. M. Grosjean eut le temps de se retirer à Belfort, sans quoi il aurait probablement subi le même sort.

Par la capitulation de Schlestadt (24 octobre) et par celle de Neufbrisach (16 novembre), l'Alsace, Belfort excepté, se trouva entre les mains de l'armée allemande. D'un autre côté, nous perdîmes le seul journal qui nous renseignât avec quelque impartialité sur ce qui se passait en France. Le *Courrier du Bas-Rhin* (il était dans sa 84ᵉ année) avait été vendu par M. Silbermann, son propriétaire, avec une facilité à laquelle on ne se serait pas attendu, à un sieur Schauenburg de Lahr. Cette vente fit passer aux Allemands la rédaction (1) entière. Les nouvelles de France, tristes en elles-mêmes, furent dès lors servies sous un jour plus lugubre encore.

Nous fûmes donc obligés de nous rabattre sur les feuilles suisses, qui du reste, elles aussi, n'étaient pas toujours complètement impartiales. La défaite commande rarement l'admiration, or, la France gisait à terre, écrasée, anéantie par l'Allemagne victorieuse.

(1) MM. Charles Bœrsch et Auguste Schnéegans (voir page 306) s'étaient retirés de la rédaction dès le 28 septembre. Le troisième rédacteur, M. G. Fischbach, annonça sa retraite le 30 octobre, par le même numéro dans lequel M. Silbermann faisait part à ses abonnés, en trois lignes, qu'il avait cédé son journal et son imprimerie à M. Maurice Schauenburg de Lahr, qui, à l'avenir, servirait les abonnements.

Ma maison, fondée à Bâle au moment de la déclaration de guerre, avait rapidement pris une grande extension. Pendant tout l'hiver, elle servit d'intermédiaire à
de nombreuses correspondances et à des centaines de
lettres que les malheureux soldats français disséminés
comme prisonniers de guerre sur tous les points de l'Allemagne, nous priaient de faire passer à leurs familles en
France. Celles-ci nous envoyaient les réponses auxquelles, la plupart du temps, nous avions à joindre de petits
envois d'argent, ce qui ne laissait pas que de compliquer
considérablement la besogne.

Pourquoi ne donnerais-je pas une larme de regret à
mon second fils Ernest, mon fidèle compagnon à Bâle
pendant ce terrible hiver. Le brave enfant, il n'avait pas
atteint 19 ans, quoique d'une santé délicate, passait des
nuits entières à l'expédition de ces lettres, et quand je
l'engageais à aller dormir, « mes amis sont sur le champ
de bataille, répondait-il, c'est le moins que je puisse faire
de veiller, pour soigner leur correspondance ». C'est durant cet hiver qu'il contracta les germes de la maladie
qui 18 mois plus tard le conduisit à la tombe. Lui aussi
est une victime de cette affreuse guerre, et c'est une raison de plus pour moi de maudire cette race infernale des
Bonaparte, véritable fléau pour l'humanité.

———

Reportons nos regards en arrière sur quelques institutions de bienfaisance, que le dévouement de nos concitoyens a su créer en ces jours si sombres. Depuis de
longues années, Strasbourg possédait quelques établissements charitables, où les pauvres trouvaient à se nourrir
convenablement et à bon marché. C'étaient les établisse-

ments des soupes de Saint-Joseph et de Saint-Antoine, celui des petites sœurs, le restaurant populaire israélite, l'établissement des diaconesses protestantes, etc. Excellentes en temps ordinaire, ces institutions se trouvèrent insuffisantes devant les misères innombrables créées par le siège et le bombardement. Quelques hommes dévoués se réunirent alors pour fonder une société qui, sous le nom de « Cuisines économiques », prit bientôt un grand développement (1).

Sous l'impulsion de la municipalité, et surtout de M. Zopf, adjoint au maire, un premier appel (2) signé au nom du comité par M. Molk, alors pharmacien, annonce qu'une société s'est formée dans le but de procurer aux familles nécessiteuses le moyen de se nourrir à bon marché, et que chaque jour à 1 heure, la société mettra à la disposition des consommateurs un repas composé de soupe, légume, pain, vin et, *si possible,* de la viande, dans une salle qu'elle a louée à l'*Ours blanc,* place Kléber.

Le 9 septembre, le cercle s'est élargi. M. Lehr (3), alors maître d'école, secrétaire du comité, annonce, dans le *Courrier du Bas-Rhin,* qu'en dehors de l'*Ours blanc,* la société a établi des cuisines économiques à l'école Saint-Jean, à la brasserie Viennoise, rue de l'Outre, à la Réunion des arts, rue des Balayeurs, et aux *Deux Hallebardes,* au Finckwiller ; que le dîner se composera d'un plat chaud, pain, et un verre de vin — prix 25 cent., le souper, 6 heures du soir, une soupe, pain et une tasse de café noir — prix 15 cent.

(1) Bien qu'ayant eu à traverser des phases diverses, une société fonctionne encore aujourd'hui sous le même titre de *Cuisines économiques.*

(2) *Courrier du Bas-Rhin* du 3 septembre 1870.

(3) M. Lehr était instituteur à l'école Saint-Pierre-le-Jeune.

En même temps, M. Molk, aidé de quelques voisins, ouvrait le restaurant populaire de la Halle couverte. Avec le concours de la ville, ce restaurant a nourri gratuitement, par jour, en moyenne deux mille deux cents personnes pendant la durée du siège, et encore après la capitulation jusqu'au 31 octobre. La ville ayant alors voulu cesser ses sacrifices, M. Molk obtint la jouissance gratuite de la moitié de la halle, l'abandon des denrées que la municipalité y avait fait placer, et une subvention du comité de secours. Il fut ainsi en état de continuer pendant tout l'hiver ces repas populaires, et quand, à partir du 10 mars, une partie des prisonniers français rentra dans ses foyers par Strasbourg, l'établissement avec un reliquat de caisse provenant de sa gestion et avec les dons en argent faits par divers citoyens, put offrir gratuitement à ces pauvres soldats, non seulement une nourriture abondante, mais souvent des logements. — 82,000 repas furent ainsi fournis à 55,000 prisonniers. Le principal collaborateur de M. Molk fut M. Henry Villard, négociant (1). Un grand nombre de dames avaient prêté leur concours à cette œuvre humanitaire (2).

Leur dévouement fut attristé par un douloureux accident. L'accueil sympathique fait aux militaires français revenant de captivité, leurs démonstrations de gratitude envers ces dames, et les manifestations qui s'ensuivaient, déplurent aux autorités allemandes. Pour y mettre fin, on obligea la plupart des trains chargés de prisonniers, de s'arrêter hors ville, à la station de Kœnigshofen (3),

(1) Depuis 1872 établi à Lunéville.
(2) Voir compte rendu des opérations du Restaurant populaire et réception des prisonniers de passage à Strasbourg à la halle couverte 1870-1871, imprimerie Heitz, 1871.
(3) Depuis l'inauguration de la nouvelle gare en 1883, et d'un autre tracé, la gare de Kœnigshofen est abandonnée.

où les troupiers prenaient les convois pour Belfort et Nancy. Cette mesure n'arrêta pas le zèle de nos compatriotes. MM. Molk et Villard se rendirent avec des charretées de victuailles à Kœnigshofen. Bientôt les dames les suivirent, et c'était touchant de les voir entrer dans les wagons, distribuer à ces pauvres soldats, les provisions qu'on avait fait apporter. Une de ces dames, Mlle Adèle Riton, n'ayant pas remarqué le signal du départ pendant sa distribution, eut la fatale idée de sauter du train, alors qu'il était déjà en marche. Elle tomba si malheureusement, qu'on ne releva plus qu'un cadavre.

On comprend l'émotion que ce tragique événement produisit dans toute la ville. « La population entière, dit M. Heimburger, professeur à notre ancienne Faculté de droit, dans un article publié dans le *Courrier du Bas-Rhin* du 15 juin 1871, suivit le cercueil, d'abord à la cathédrale, où des soldats français formaient la haie, puis au cimetière, où les adieux les plus touchants furent adressés à Mlle Riton, par un témoin de la catastrophe, par un officier et par plusieurs sous-officiers au nom de leurs camarades.

Sur la proposition de M. Humann, la commission municipale vota la concession à perpétuité du terrain dans lequel a été ensevelie Mlle Riton (1).

Vu la situation affreuse de Strasbourg au lendemain de la capitulation, où le courant des affaires locales, rendues excessivement difficiles par l'occupation, absorba le zèle de la municipalité, le maire, M. Küss, eut l'idée de créer un comité d'assistance publique. Il en chargea M. André, président du conseil des prud'hommes, et dès le 1er octobre, le *Comité de secours strasbourgeois* fut constitué. Dans

(1) Procès-verbal de la séance du 14 juin 1871.

le très intéressant rapport (1) publié par son secrétaire,
M. Jacques Flach, on trouve les détails des services mul-
tiples rendus par ce comité. Ils consistaient principalement dans une distribution judicieuse des fonds envoyés
par l'Allemagne, la Suisse, la France, l'Amérique, etc. (2),
ainsi que des denrées, blé, farine, biscuits, etc., et des
effets d'habillement, de literie, de linge, meubles, etc.,
que le comité, à la suite de ses pressants appels, avait reçus
de différents côtés, notamment de l'Allemagne.

« De toutes les manières de donner, dit M. Flach,
la meilleure assurément consiste à procurer l'ouvrage qui
fait vivre ; mais de toutes aussi, c'est la plus difficile.
Occuper utilement les nombreuses femmes qui, après
avoir vu leur modeste pécule dévoré par le feu, n'entre-

---

(1) *Strasbourg après le bombardement*. Rapport par Jacques
Flach avocat, secrétaire du comité. Strasbourg, typographie G. Fischbach, 1873.

(2) Voici le détail tel que le donne M. Flach :

Allemagne.	182,700ᶠ 10ᶜ
Alsace	16,462 70
Amérique *	87,364 30
Angleterre	1,150 »
France.	58,359 75
Hollande	16,420 78
Italie.	20 »
Norvège	3,506 42
Suisse	121,984 65
Total.	487,968ᶠ 70ᶜ

Comme à cette fatale époque on n'osait encore compter sur le paiement des indemnités (voir page 392), MM. Jules Ehrmann et Léon
Ungemach, négociants à Strasbourg, entreprirent, à leurs frais, un
voyage aux États-Unis pour exposer dans des conférences aux Américains la triste situation faite par le bombardement à notre ville et pour
les intéresser à son sort. On voit que le dévouement de nos jeunes
compatriotes a eu un assez bon résultat.

* La municipalité a, de plus, reçu d'Amérique une somme de 24,787 fr. 50 c.
sur laquelle 17,287 fr. 50 c. furent mis à la disposition du comité ; ce qui porte la
part contributive de l'Amérique à 112,151 fr. 80 c.

voyaient même aucun espoir, au milieu de la paralysie
complète des affaires, de trouver dans le travail de leurs
mains le gain habituel, il y avait là un but digne de tous
efforts. Pour le réaliser, le concours d'un certain nombre
de dames était indispensable : il ne nous manqua pas. Ce
n'est pas au dévouement et à la charité des dames de
Strasbourg qu'on fait jamais un appel vain, elles le montrèrent une fois encore. Dès le mois de novembre, une
commission d'ouvrage, auxiliaire du comité de secours,
fut formée. Les services que cette commission nous rendit
sont trop considérables, pour qu'au risque même de blesser
la modestie des dames qui la composaient nous ne don-
nions ici leurs noms ; c'étaient d'un côté : Mmes Victor
Schwartz, Alphonse Pick, Jérôme Kob, Baltzer, Francké
et Mlles Noiriel ; de l'autre, Mme Gustave Bergmann, qui,
à elle seule, répartissait du travail entre de nombreuses
ouvrières.

« Le comité rencontra encore une intrépide auxiliaire dans une femme qu'une sincère et grande philanthropie avait conduite à Strasbourg, une Américaine, miss
Clara Barton. Pendant la guerre de Sécession, elle avait
prodigué sur les champs de bataille sa santé et sa vie ; on
l'avait vue, au plus fort de l'action, soutenant les mori-
bonds, donnant ses soins aux blessés, et les soldats, au
témoignage d'un journal de son pays, l'avaient placée au
premier rang de ce qu'ils appelaient les femmes de la
guerre (*women of the war*). Quand elle sut qu'à Strasbourg
la misère était grande, elle accourut mettre au service de
nos infortunes son zèle infatigable et son intelligence
éminemment pratique. Miss Clara Barton se mit sans
retard à l'œuvre ; grâce à quelques dons qu'elle avait personnellement recueillis, elle s'occupa de faire travailler
sous sa surveillance des femmes qu'elle choisissait soi-

gneusement parmi les plus méritantes. Le but était le
même que celui que nous poursuivions ; il semblait donc
tout naturel d'associer nos efforts ; miss Barton y consentit
sans peine, et elle arriva de la sorte à occuper par moment jusqu'à 300 ouvrières à la fois (1). »

Un hiver précoce et dur était venu aggraver ces
maux ; plusieurs fois dans le courant du mois de décembre, le thermomètre était descendu à 15 degrés au-dessous de zéro. A Strasbourg, ce froid rigoureux fut d'autant plus sensible que peu d'immeubles avaient pu être
réparés, et que la plupart des appartements étaient encore
dans un complet état de délabrement. Mais qu'étaient ces
souffrances physiques auprès des tortures morales que
nous infligeaient les tristes nouvelles de la guerre, et
l'évanouissement graduel de notre espoir en un relèvement de la France !

Le 4 décembre, nous reçûmes à Bâle une dépêche :
« *Réjouissez-vous, mes frères, délivrance approche.* »

Elle était adressée par M. H., ingénieur à Marseille,
à ses frères à Strasbourg, sous l'inspiration de la nouvelle
de la sortie de Paris du général Ducrot, qui devait mettre
l'armée de la Loire en contact avec l'armée de Paris.

Hélas ! nous n'avions pas à nous occuper de la transmission du télégramme à Strasbourg, car déjà nous con-
naissions à Bâle par les dépêches allemandes, et l'avorte-
ment de la sortie Ducrot, et la reprise d'Orléans par
l'armée allemande.

(1) Désireux de donner à Miss Barton un témoignage de reconnaissance pour son active et utile collaboration, le comité lui offrit
le titre de membre d'honneur, que, par lettre du 30 janvier 1872,
elle voulut bien accepter.

Vers la fin de décembre, une de nos parentes de Paris nous écrivit par ballon monté. « Nous mangeons, « dit-elle entre autres, un pain affreux, mais pourvu qu'il « dure. »

Pourvu qu'il dure ! ces mots ne laissaient-ils pas supposer que bientôt la famine régnerait dans la grande capitale !

L'année se termina ainsi triste et sombre ; la destinée s'était cruellement appesantie sur notre malheureuse patrie !

1871

PREMIÈRE PARTIE

Dernière lueur d'espoir. — Mouvement vers l'Est de l'armée du général Bourbaki. — Sa tentative de délivrer l'Alsace échoue. — Sa retraite sur le sol helvétique. — Accueil hospitalier fait par les Suisses aux débris de son armée. — Capitulation de Paris; convention du 29 janvier appelant la France, y compris l'Alsace et la Lorraine, à élire une Assemblée nationale. — Résultat des élections en Alsace. — Réunion des députés à Bordeaux. — Séances tristement mémorables. — Protestations et réserves de quelques bonapartistes. — Le châtiment. — La déchéance de Napoléon III est votée. — Acceptation du traité de paix exigeant le démembrement de la Patrie. — Protestation solennelle lue à la tribune par M. Grosjean, député de l'Alsace, au nom de ses collègues et des députés de la Lorraine. — Mort à Bordeaux du docteur Küss, député et maire de Strasbourg; ses obsèques à Strasbourg. — Siège et bombardement de Belfort. — Le colonel Denfert. Sa résistance héroïque conserve à la France la dernière place de l'Alsace.

Aux premiers jours de l'année, un dernier rayon d'espoir vint pour un instant raviver nos cœurs. Vers la fin de décembre une partie de l'armée improvisée de la Loire avait quitté Nevers, sous le commandement du général Bourbaki et s'était dirigée vers Besançon. Elle devait tendre la main aux corps de Garibaldi (1) et du géné-

(1) C'est par dévouement à l'idée républicaine que Garibaldi avait quitté son île de Caprera, pour venir au secours de la France. Son

ral Cremer (1) qui se trouvaient en Bourgogne, où ils
combattaient vaillamment avec de faibles moyens contre
un ennemi supérieur en nombre et en ressources ; puis on
devait débloquer Belfort, affranchir l'Alsace, et menacer
l'Allemagne elle-même.

Exécutée deux mois plus tôt, cette opération eût

cœur généreux lui laissa oublier l'amertume qu'il ressentait de l'annexion, par Napoléon III, de Nice, sa ville natale, à l'empire français.

Comme toujours Garibaldi s'était battu en héros. Entouré de ses
lieutenants Bordone et Bosak-Hauke (ce dernier y trouva une mort
glorieuse), il livra le 21 janvier 1871, avec succès, à une armée allemande de beaucoup supérieure à la sienne, cette bataille de Dijon
qui valut à la France un drapeau, celui du 41e régiment (8e Poméra-
nien), le seul trophée, dit M. Claretie (page 512), qu'elle ait conquis
durant ces campagnes.

Néanmoins il se trouva à l'Assemblée de Bordeaux, où Garibaldi
avait été envoyé comme député par quatre départements (Nice, Alger,
Côte-d'Or, Loire) des âmes assez basses pour l'accuser de ne s'être
jamais battu ou de ne vouloir la guerre que parce qu'elle lui rapportait. Garibaldi, indigné, demanda la parole, mais il ne put se faire
entendre devant les cris furieux de la majorité cléricale qui se vengeait de cette façon de la part qu'il avait eue dans l'abolition du
pouvoir temporel du pape. Il sortit alors de la séance calme, grave
et acclamé par la foule, pour gagner son hôtel qu'il ne quitta que
pour retourner à Caprera. (Claretie, page 563-564).

(1) Né à Sarreguemines, le 6 août 1840, élève de Saint-Cyr en 1857.
Il se distingua pendant la guerre du Mexique comme lieutenant au
1er zouaves, fut nommé capitaine d'état-major en 1866 et fit partie de
l'armée de Bazaine. S'étant échappé de l'Allemagne il se mit à la
disposition de la délégation de Tours et reçut à la fin de novembre,
avec le grade de général de division, le commandement d'un corps de
mobiles qui comprenait environ 9,000 hommes. Il prit la part la plus
énergique aux luttes si pénibles de l'armée de l'Est. — La commission
pour la révision des grades instituée par l'Assemblée réactionnaire
de 1871 ne lui accorda que le grade de commandant qu'il refusa.
En 1872, la réaction le fit traîner devant un conseil de guerre pour
avoir fait fusiller, en janvier 1871, un épicier de Dijon accusé d'espion-
nage. Le conseil, composé de trois maréchaux et de quatre généraux,
peut-être de ceux qui se rendirent à Metz, condamna Cremer à un
mois de prison pour homicide par imprudence. Abreuvé de dégoût
par cette ingratitude Cremer mourut le 2 avril 1876.

peut-être sauvé le pays. — Mais près de quatre cent mille soldats français étaient déjà prisonniers en Allemagne (1) !

Lorsque Gambetta, après des difficultés innombrables, eut réussi à former une nouvelle armée, il était trop tard. Composées de mobiles et de recrues, ces troupes, dès les premiers jours de janvier, eurent cruellement à souffrir du froid.

« Ces malheureux mobiles, dit M. Claretie (2), et surtout ces mobiles armés et équipés en hâte, allaient au combat, par ces rudes nuits d'un hiver sinistre, dans un équipage inquiétant. Mal vêtus, pauvrement couverts d'étoffes sans consistance, on les logeait, on les couchait comme au hasard, dans des bâtiments aux fenêtres sans vitres, sur des bottes de paille, sans toiles, sans couverture, avec moins de soin qu'on en prendrait pour des troupeaux. Leurs casernes ? Des fabriques abandonnées ou des maisons neuves, à peine bâties. Leurs vêtements ? Il fut presque partout le même, pantalon et vareuse d'un tissu léger, mal cousu, les boutons tombant, les habits se déchirant et s'effiloquant. On croirait qu'on a calomnié les fournisseurs en disant qu'ils ont fourni des souliers garnis de cartons. Cela est vrai cependant. Des gens ont condamné de pauvres diables à marcher avec de telles chaussures, dans la boue, dans la neige. Les misérables soldats pieds nus, sans pain, de Béranger, ont été en 1870, par la faute ou le crime de l'intendance, les soldats de notre armée. Le *Times* disait de ceux qui spéculaient

---

(1) D'après le *Preussischer Staatsanzeiger,* fin décembre, 4,640 pièces d'artillerie, 115 drapeaux ou aigles avaient été pris ; 11,160 officiers et 333,885 soldats *valides* étaient prisonniers ; sur ce nombre, 78,995 hommes ne savaient ni lire ni écrire !!! (*Courrier du Bas-Rhin* du 26 janvier 1871.)

(2) Page 510 de son *Histoire de la Révolution de* 1870-1871.

sur ces détresses : « Il n'y aura jamais de potence assez
« haute pour pendre ces fournisseurs. »

« Quand on réfléchit à l'étonnante organisation prussienne, on se demande comment nos malheureuses armées improvisées pouvaient espérer de vaincre et purent
résister. »

Néanmoins elles résistèrent. Les batailles de Viller-
sexel, de Montbéliard, d'Héricourt en fournissent la
preuve.

On s'était rapproché de Belfort, lorsque, dans la soirée du 18 janvier, Bourbaki apprenait que l'avant-garde,
sous le général Bressolles, avait été complètement battue.
Accablé, désespéré, il ordonna cette retraite que M. Claretie compare, non sans raison, à celle de la Bérézina,
mais en France, sur notre sol ; la famine, la misère chez
nous.

Cette pauvre armée, exténuée par les privations,
martyrisée par le froid, poursuivie à outrance par les
troupes de Werder renforcées de celles de Manteuffel,
fut pour comble abandonnée par le Gouvernement français, qui dans l'armistice qu'il était en train de conclure
n'avait pas stipulé pour l'armée de l'Est. Décimée de toute
part, elle parvint à se réfugier sur le sol helvétique, où
elle rencontra cette bonne hospitalité que la Suisse, dans
l'espace de quelques mois, a su manifester deux fois d'une
façon éclatante.

Le 19 janvier, à travers les neiges et les brouillards,
Paris avait tenté un dernier effort pour rompre le cercle
de fer qui l'enserrait. Ce fut l'affaire de Buzenval et de
Montretout. Le général Trochu avait pris le commande-

ment en chef de l'armée d'attaque. Elle se composait en grande partie de gardes nationaux. Son élan avait été admirable, mais il s'était brisé contre les forces écrasantes de l'ennemi, contre sa formidable artillerie, et contre les rigueurs de ce terrible hiver !

« Le triste résultat de l'affaire du 19 janvier, dit M. Claretie (1), montra enfin à Paris la dure vérité dans toute sa profondeur. C'en était fait, la dernière heure du siège avait sonné. Les vivres épuisés ne pouvaient plus fournir de ressources ; la suprême sortie, misérablement conçue par les chefs (2), avait échoué malgré le courage des gardes nationaux et des soldats. Toutes les fautes, toutes les incuries, toutes les faiblesses de la défense de Paris apparaissaient à la lueur de la dernière canonnade et se résumaient dans un nom désormais funèbre : « Buzenval ! »

« Tout accablait à la fois les assiégés, l'écroulement de leurs espérances au dedans, la cruauté des nouvelles venues du dehors. En même temps que le *Journal officiel* publiait la dépêche alarmante du général Trochu réclamant des brancardiers, il donnait, comme avec dessein, la longue et désespérante suite des dépêches du général Chanzy relatives à la déroute du Mans, et bientôt Paris

---

(1) Page 516 de son *Histoire de la Révolution de* 1870-1871.

(2) Quelle opinion peut-on avoir d'un chef comme le général Trochu qui, en sa qualité de gouverneur de Paris, a voulu adresser le 14 janvier 1871 aux Parisiens une proclamation contenant le passage suivant... : « Je suis croyant et j'ai demandé à sainte Geneviève, libératrice de Paris au temps de l'invasion des Barbares, de couvrir encore une fois Paris de sa protection, etc. »

Le comte d'Hérisson, dans son ouvrage *Journal d'un officier d'ordonnance,* juillet 1870, février 1871 ; Paris, Ollendorf, éditeur, 1885, donne le texte entier de la proclamation ; mais, dit M. d'Hérisson, n'ayant pas reçu l'approbation des membres du Gouvernement, elle ne fut pas affichée.

allait apprendre que le général Bourbaki n'avait pas été plus heureux que Chanzy.

« La douleur de la ville assiégée fut profonde. On n'eût jamais cru possible un pareil réveil. Quoi ! c'était pour en venir là qu'on avait supporté tant de douleurs, qu'on s'était disputé des morceaux de pain noir et caillouteux, qu'on avait, bûche à bûche, arraché du chantier un peu de bois pour se réchauffer avec peine, qu'on avait anxieusement attendu les nouvelles que portaient à travers les lignes de pauvres diables décidés à tout braver ; c'était pour cela que deux millions d'êtres humains s'étaient voués corps et âme à la même idée patriotique : résister ; c'était pour se trouver face à face avec un tel lendemain, que le Gouvernement promettait encore, la veille, la victoire à ce peuple ivre du besoin de combattre ! Qu'on s'imagine le déchirement de tous les cœurs lorsque chacun d'eux sentit que le dénouement approchait, le plus sombre de tous, la chute de Paris entraînant à coup sûr la chute de la France. Paris souffrait tant, qu'il se laissait aller à ne plus même écouter le bruit des obus qui tombaient sur ses murailles. »

Le 29 janvier 1871, le *Journal officiel de la République française* publia la convention conclue entre M. de Bismarck au nom de l'Allemagne et M. Jules Favre muni des pouvoirs du gouvernement de la Défense nationale.

L'article 1er stipule qu'un armistice de vingt et un jours commencera pour Paris le jour même ; pour les départements, dans un délai de trois jours (1).

(1) Le dernier paragraphe de l'article 1er dit : « Les opérations militaires sur le terrain des départements du Doubs, du Jura et de la Côte-d'Or, ainsi que le siège de Belfort continueront jusqu'au mo-

L'article 2 dit que l'armistice a pour but de permettre au gouvernement de la Défense nationale de convoquer une Assemblée *librement* élue qui se prononcera sur la question de savoir si la guerre doit être continuée, ou à quelles conditions la paix doit être faite.

L'Assemblée se réunira dans la ville de Bordeaux.

Par une étrange ironie, l'Alsace et la Lorraine furent également appelées à nommer leurs députés.

C'était logique ; nous n'étions pas encore légalement destinés à servir de victimes expiatoires pour le pays tout entier. Mais de fait nous étions annexés. L'Allemagne, fermement résolue à nous garder, n'aurait rendu ces deux provinces que contrainte et forcée, et la France gisait agonisante aux pieds de son terrible ennemi !

La Délégation, qui se trouvait à Bordeaux, ayant eu connaissance de la convention conclue sans qu'elle eût été ni consultée ni même avertie, protesta, à la date du 31 janvier, sous l'inspiration de Gambetta par une proclamation superbe au peuple français contre les conditions humiliantes imposées au pays. Elle décréta en outre exclus de l'éligibilité tous ceux qui avaient été ministres, sénateurs, députés officiels, conseillers d'État et préfets depuis le 2 décembre 1851 jusqu'au 4 septembre 1870. M. de Bismarck, qui préférait aux hommes d'action de la trempe de Gambetta, une Assemblée réactionnaire disposée à faire la paix en se courbant, infligea au Gouvernement de la

---

ment où l'on se sera mis d'accord sur la ligne de démarcation dont le tracé à travers les trois départements a été réservé à une entente ultérieure. »

La détresse à Paris a dû être affreuse pour que M. Favre ait pu adhérer à une pareille condition.

République une nouvelle humiliation en rappelant à M. J. Favre que, d'après l'article 2 de la convention, l'Assemblée devait être *librement* élue. Le comité de Paris dut se soumettre. Il cassa la décision de la Délégation. Gambetta répondit en donnant sa démission.

Cette situation n'était qu'imparfaitement connue en Alsace. La *Strassburger Zeitung*, alors journal officiel, avait eu soin de nous avertir dans son numéro du 4 février que, « quoique l'administration de l'Alsace et de la Lorraine « soit déjà organisée à la manière allemande, et *que la* « *cession de ces provinces fasse la première condition d'une* « *paix possible*, on a reconnu à la convention pleine vi- « gueur pour la France *entière*, et pas seulement pour la « France *telle qu'elle sera après la paix* ».

Le 4 février, M. de Kühlwetter, alors commissaire civil impérial de l'Alsace, annonça que le décret de Gambetta serait annulé.

Les élections devaient donc être libres, mais le *Courrier du Bas-Rhin*, dans son numéro du 5 février, porta l'entrefilet suivant : « Il nous est défendu de publier les noms « des candidats alsaciens pour l'Assemblée nationale con- « voquée à Bordeaux. »

Mais ni ces défenses, ni les menaces ne purent empêcher l'Alsace de montrer encore une fois d'une façon irrécusable son indestructible attachement à la France. Cette preuve eût été encore plus éclatante, si le parti clérical n'avait voulu avoir ses listes à lui ; il est vrai qu'elles étaient toutes françaises, mais elles ne pouvaient convenir au parti libéral.

A Strasbourg, celui-ci, sous la direction de quelques hommes énergiques, convoqua une réunion qui adopta pour le Bas-Rhin une liste en tête de laquelle furent portés MM. Gambetta et J. Favre.

A la tête de la liste cléricale figuraient MM. Freppel et Ducrot ; une troisième liste avait été faite à la mairie, avec le nom du maire, M. Küss, en tête.

Le résultat du scrutin fut le suivant (nous indiquons par n° 1 la liste de la mairie ; par n° 2 la liste libérale ; par n° 3 la liste cléricale) :

Kuss	98,090	se trouvant sur la liste n°	1	2 3
Teutsch . . . . ▸ . . .	95,582	—		1 2 3
Albrecht, de Sand. . .	94,091	—		1 2 »
Melsheim, de Schlestadt.	67,934	—		1 2 3
Bœll, de Wissembourg .	65,697	—		» 2 3
Schnéegans.	65,632	—		1 2 »
Saglio.	57,287	—		1 » 3
Gambetta	56,721	—		» 2 »
Ostermann	55,006	—		1 » 3
Bœrsch.	54,703	—		1 » 3
J. Favre.	54,514	—		» 2 »
Kablé	53,869	—		1 » 3

MM. Gambetta et Favre, ne se trouvant que sur la liste libérale, obtinrent néanmoins, le premier près de 57,000, le second 54,500 voix.

M. Émile Lichtenberger (1), un de nos jeunes con-

(1) Notre jeune compatriote nous a été enlevé avant l'âge. Il est mort victime de son dévouement à la cause qu'il avait si vaillamment défendue en 1871. — Ne pouvant se résigner à voir ses enfants devenir allemands et désirant donner une éducation française à ses deux fils, il prit le parti, vers la fin de 1876, de transférer sa résidence à Paris. A peine installé, ses amis alsaciens, se rappelant les services qu'il avait rendus en organisant les campagnes électorales précédentes, le supplièrent de revenir pour leur prêter son concours aux élections du 11 janvier 1877 pour le Reichstag.

Le parti autonomiste, qui en 1877 avait gagné du terrain, présentait M. G. Bergmann contre M. Ernest Lauth nommé en 1874 lorsque les électeurs alsaciens avaient été appelés la première fois à élire des députés au Parlement allemand. M. Lauth fit partie de cette

citoyens les plus patriotes, a, dans une lettre publiée dans le *Courrier du Bas-Rhin* du 11 février 1871, indiqué quel est le vrai sens de cette élection. Voici quelques fragments de cette lettre :

« Le département du Bas-Rhin vient de choisir ses représentants à l'Assemblée nationale qui se réunit à Bordeaux pour décider de la paix ou de la guerre.

« Cette élection s'est faite dans le silence le plus complet, sans discussion publique, sans réunions préparatoires, sans polémique dans les journaux, sans affiches, sans profession de foi — la période électorale n'a duré pour nous que quatre jours. . . . .

. . . .

« Quels sont les résultats de cette élection?

« Quelle est la signification politique de ce vote improvisé?. . . . . »

Après avoir examiné et discuté le nombre de voix obtenues par chacun des candidats, M. Lichtenberger conclut comme suit :

députation alsacienne, qui, par l'organe de M. Teutsch, député de Saverne, protesta solennellement à la séance du Reichstag du 18 février 1874 contre l'annexion.

En 1877, la lutte était d'autant plus difficile que les autonomistes avaient l'appui du Gouvernement et de tous les journaux, même du *Journal d'Alsace*, ancien *Courrier du Bas-Rhin*.

Quoique indisposé, M. Lichtenberger se mit en route. Arrivé à Strasbourg le 4 janvier, il se rend le lendemain à Mulhouse pour conférer avec ses amis politiques du Haut-Rhin. Sa santé, déjà ébranlée, ne résiste pas à ces agitations. A son retour de Mulhouse, il est saisi d'une fièvre cérébrale qui, après quelques jours de souffrances, l'enlève à sa famille et à ses amis éplorés. Un immense convoi, rappelant l'enterrement du non moins regretté Küss, conduisit le défunt à sa dernière demeure au cimetière Sainte-Hélène, où sa vie si courte, mais si bien remplie, fut retracée en termes émouvants par son ami M. Beck, alors pasteur à Saint-Nicolas.

Né à Strasbourg le 19 juillet 1840, M. Émile Lichtenberger avait à peine dépassé l'âge de 36 ans.

« Après examen, la signification du vote devient évidente. Sur 100,000 électeurs, 80,000 ont protesté d'une manière énergique de leur attachement à la France — et 20,000 seulement, par modération (1), ont consenti à mettre une sourdine à l'expression de leurs sentiments français, personne enfin n'a élevé la voix en faveur de l'annexion à l'Allemagne.

« Une dernière observation, dit M. Lichtenberger en finissant. Le vote du Bas-Rhin est-il un vote belliqueux ? L'Alsace demanda-t-elle à la France de poursuivre la guerre à outrance ? Nous ne le pensons pas. L'Alsace a nommé à la fois Gambetta le représentant de la défense jusqu'à la dernière extrémité, et J. Favre, le partisan, à l'heure présente, de la paix à des conditions honorables. Aux yeux de certaines personnes, cela peut sembler une inconséquence. A notre sens, ce vote est bien clair et bien justifié. L'Alsace ne veut pas se prononcer dans cette question. Elle ne veut pas pousser la France à continuer la guerre, mais elle ne veut pas non plus se sacrifier. . .

« C'est la seule attitude digne que puisse et doive prendre l'Alsace. .   .   .   . »

La rédaction du *Courrier* ajoute : « Nous reproduisons volontiers les idées de M. Lichtenberger en omettant toutefois la fin de sa lettre, dont la reproduction dans les circonstances actuelles est impossible. »

Voici cette fin, telle que Mme Lichtenberger, qui habite en ce moment Biarritz, a bien voulu nous la transmettre :

« A nos yeux, l'Allemagne, en s'annexant contraire-

---

(1) Les électeurs qui ont voté pour les listes libérale n° 2 et cléricale n° 3 réunirent ensemble à peu près 80,000 voix.

Environ 20,000 électeurs avaient pris la liste n° 1 de la mairie que M. Lichtenberger appelle « modérée ».

ment au droit moderne, un million et demi d'habitants qui sont inébranlablement attachés à leur patrie, commet une des plus criantes injustices, l'un des abus de la force les plus flagrants dont ce siècle ait été témoin.

« L'Alsace ne peut pas être complice de cet attentat, elle peut le subir, mais ne doit pas paraître le demander. Si la France à bout de ressources, vaincue par un concours inouï de circonstances contraires, n'est plus en état d'empêcher cet acte de force brutale, qu'elle fasse la paix — qu'elle nous sacrifie. Nous ne lui en voudrons pas, et nous nous courberons sous la dure nécessité du moment. Mais quant à demander nous-mêmes à être arrachés du sein de notre patrie, à nous faire les complices de la force contre le droit, — non cela ne se peut pas. »

Les élections du Haut-Rhin ne furent pas moins significatives. On élut :

MM. KELLER-HAAS.	67,725 voix.
Le colonel DENFERT	54,911 —
GROSJEAN.	54,906 —
TACHARD.	53,414 —
Louis CHAUFFOUR	52,611 —
GAMBETTA	51,957 —
TITOT	47,030 —
Frédéric HARTMANN	42,145 —
SCHEURER-KESTNER.	38,123 —
RENCKER.	33,976 —
Alfred KÖCHLIN-STEINBACH	33,005 —

La liste des Colmariens portait MM. Blech et Nefftzer, en place de MM. Scheurer-Kestner, et Köchlin-

Steinbach. C'est ce qui explique en partie le nombre de voix si réduit obtenu par ces derniers (1).

Le parti clérical avait sa liste à part ; M. Keller se trouvant sur toutes les listes, obtint de la sorte une majorité considérable.

———

La route de Bordeaux par Paris étant alors aussi impraticable que celle par Belfort-Besançon, nos représentants durent prendre la voie de Bâle, Genève, Lyon. Je les vis à leur passage à Bâle, à l'hôtel des *Trois-Rois*. M. Saglio avait encore de l'espoir. « Si je n'en avais plus, me dit-il, je ne ferais pas ce long voyage. » M. Charles Boersch était soucieux. « La situation me semble mauvaise, qu'en pensez-vous ? » me demanda-t-il. — « Je la juge comme vous. Cette Assemblée voudra la paix à tout prix, dût-elle sacrifier une troisième province », répondis-je.

Pour le pauvre Dr Küss, malade, c'était le chemin de Golgotha.

Le 1er mars, nous reçûmes à Bâle une lettre de lui, de Bordeaux, pour faire passer à sa famille. Elle était accompagnée d'un billet où, d'une main défaillante, se trouvait écrit : « Lettre Strasbourg ; Küss bien malade. »

Quelques heures plus tard, nous parvint la dépêche de Bordeaux annonçant sa mort.

Le bombardement, la responsabilité immense dont il s'était chargé en acceptant les fonctions de maire de Strasbourg au moment le plus terrible, la violence qu'il a dû se faire pour se plier aux exigences de l'autorité militaire, maîtresse absolue de la ville après la reddition,

(1) *Courrier du Bas-Rhin* du 12 février 1871.

le triste avenir réservé à l'Alsace, que de jour en jour, durant ce long hiver, il voyait fatalement s'approcher ; toutes ces émotions finirent par briser le cœur noble et généreux de Küss.

En novembre 1870, lors d'un de mes voyages de Bâle à Strasbourg, je le vis à la mairie dans son cabinet de travail. Il me dit entre autres que le général d'Ollech, alors gouverneur de la ville, lui avait parlé d'une indemnité de guerre à payer par elle, d'un million de francs !

A cette proposition, faite à une époque où l'air était encore tout imprégné de l'odeur âcre qui se dégageait des ruines dont le bombardement avait couvert la ville entière, Küss avait fait cette réponse laconique :

« *General, lassen Sie mir eine Zelle in den Kasematten* « *von Rastatt bereiten.* » (Général, faites-moi préparer un cachot dans les casemates de Rastadt.)

Nos représentants étaient tous rendus à Bordeaux à l'ouverture de l'Assemblée. Le 28 février, M. Thiers avait demandé à la Chambre l'urgence pour les ratifications. Elles seront, dit-il, le signal du retour de nos prisonniers et de l'évacuation d'une grande partie de notre territoire, Paris compris. Puis M. Barthélemy Saint-Hilaire avait lu les conditions de la paix et on avait laissé aux députés une carte où se trouvait délimité ce qu'on prenait à la France. Le lendemain, il fallut voter.

« C'était, dit M. Claretie (1), le 1er mars 1871 ! Date sinistre et navrante qui restera dans notre souvenir comme un des jours néfastes de l'histoire de cette noble France, condamnée par la destinée à la douleur et à la honte.

(1) Jules Claretie, *Hist. de la révol. de* 1870-1871, pages 574-578.

« C'est le 1ᵉʳ mars 1871 qu'une Assemblée française a
voté l'amputation, la séparation de l'Alsace et d'une partie
de la Lorraine, le démembrement de la patrie ; la fin de
cette unité française que nos pères de 92 avaient cimentée
de leur sang. Vous êtes morts, héros d'il y a cinquante
ans ; vous êtes tombés, mais dignes et fiers, sur les champs
de bataille ou sur l'échafaud, pour que vos fils, après avoir
subi vingt ans de despotisme, s'inclinent devant six mois
d'invasion triomphante, et pour que la Prusse que vous
battiez, la Prusse maintenant victorieuse impose à la patrie que vous aimiez jusqu'à la rage, la honte et la plaie
du plus affreux traité de notre histoire...

« Dès la veille, on connaissait à Bordeaux les dures
conditions imposées par le vainqueur.

« Le lendemain, il y avait de la fièvre et de la souffrance dans l'air. Les abords de l'Assemblée étaient occupés par des troupes plus nombreuses que de coutume, soldats de la ligne et de l'infanterie de marine, avec un
escadron de cuirassiers en réserve sur les Quinconces, et
dont le soleil faisait scintiller les armes et les casques.

« Au dehors, la foule et l'inquiétude. Au dedans, le
spectacle irritant et attristant d'une Assemblée qui se
ruait vers la paix et qui cédait, abandonnait des milliers
de citoyens français sans avoir la douleur qui convient
devant une telle catastrophe.

« Les tribunes étaient pleines de dames en toilettes
élégantes. On se montrait M. Gambetta, debout, appuyé
contre une colonne de la salle, au fond du parterre, l'air
soucieux et dédaigneux ; M. Trochu souriant avec sar-
casme, Louis Blanc tout ému.

« Au début de la séance, M. Victor Lefranc, rapporteur de la commission des Quinze, expose les cruelles nécessités de la situation qui nous met dans l'obligation

d'apposer la signature de la France au bas de ce traité douloureux. Il conclut, en exprimant sa confiance dans l'avenir et demandant l'adoption du projet de loi.

« On souffrira, dit-il, mais on verra la vérité et on « ira à elle ! » M. Edgar Quinet rejette les conditions de la Prusse, et déclare que l'Assemblée doit repousser le traité de paix, parce qu'il détruit à la fois le présent et l'avenir de la France. Après lui, M. Victor Hugo prend la parole. C'était le discours d'un poète. »

M. Louis Blanc allait prononcer ensuite un discours d'homme d'État.

« Il est impossible, dit-il, que sur certains points « nous ne soyons pas tous, comme Français, complètement « d'accord.

« Qui de nous pourrait ne pas désirer passionnément « la fin des maux qui déchirent notre pays, et qui de nous « pourrait se plaindre de les voir finir par une paix dura-« ble, c'est-à-dire juste, *attendu qu'il n'y a ici-bas de vrai-« ment durable que la justice !* (Marques d'approbation.) La « paix, telle que je viens de la définir, est-elle celle qu'on « nous propose ? »

« Et l'orateur repoussait la paix.

« Bien d'autres discours encore, éloquents et pas-sionnants, allaient être entendus.

« M. Georges, député des Vosges, offrait le sang de tous ses compatriotes à la patrie ; le général Changar-nier s'écriait : « On ne tue pas une nation. Napoléon Ier a « voulu détruire la Prusse. Aujourd'hui nous payons les « crimes de Napoléon Ier ! » M. Keller tout à coup demanda la parole au nom de l'Alsace.

« Celui qui devait parler à ma place, dit-il au milieu « d'une inexprimable émotion, le maire de Strasbourg, le « doyen de notre députation, à l'heure où je vous parle, se

« meurt de douleur et de chagrin ; son agonie est le plus
« éloquent des discours. (Mouvement.) Notre honneur à
« nous reste entier ; pour rester Français, nous avons fait
« tous les sacrifices, et nous sommes prêts à les faire en-
« core ; nous voulons être Français, et nous resterons Fran-
« çais, il n'y a pas de puissance au monde, il n'y a pas de
« signature, ni de l'Assemblée ni de la Prusse, qui puisse
« nous empêcher de rester Français. »

« A la tribune, le chef du pouvoir exécutif de la
République résume alors, avec une émotion qui parfois
va jusqu'aux larmes, la situation douloureuse où la France
est placée. Sa parole simple et nette, cette éloquence sans
phrases, bourgeoise et pratique, s'impose par l'évidence
des faits et des chiffres. Il montre l'organisation militaire
de la France brisée, les soldats pleins de bravoure, mais
depuis Sedan et Metz, absolument privés de cadres d'offi
ciers ; sur 120 régiments que possédait la France au début de la guerre, 116 entre les mains de l'ennemi. Au
programme de M. Louis Blanc : la guerre au couteau, à
l'espagnole, il oppose la question de savoir comment un
pays désorganisé peut lutter contre des armées régulières. « Ce n'est pas, ajoute-t-il, la faiblesse de la France
« que je viens plaider devant vous. Je mourrai plutôt que
« de la plaider. Je veux conserver l'espérance... Ce n'est
« pas la France qui est brisée, qui est impuissante, c'est
« son organisation qui, par suite d'une imprudence sans
« égale, a été détruite dès le début de la guerre. »

« Enfin, parlant de ces déboires en présence du vainqueur, essayant de ramener le pays au culte simple de la
clarté, il conjure l'Assemblée de renoncer aux mots, d'é-
tudier les faits, d'apprendre : « J'ai fait valoir, dit-il mé-
« lancoliquement, *les considérations de l'avenir, les haines im-*
« *placables qu'on allait soulever dans le cœur d'une grande*

« *nation*. Mais, Messieurs, je sais le dire, *la victoire n'est*
« *pas toujours plus sensée que la défaite.* »

« Douloureuse séance ! l'Alsace et la Lorraine, par la
voix de leurs représentants, s'écriaient : « Un même pacte
« nous unit ! La France monarchique nous avait acquis !
« Mais nous nous sommes librement donnés à la France de
« 89 et de 90. Donnés à vous, et nous ne nous reprenons
« pas ! Gardez-nous ! Défendez-nous !

« Nous avons encore du sang à verser pour vous ! Faut-
« il nous ouvrir les veines ? Allons, un signe, un mot,
« frères, frères de France, les Alsaciens, les Lorrains, les
« paysans des Vosges sont prêts ! »

« Y a-t-il eu rien de plus poignant dans l'histoire
que ce terrible débat ? La France répondait : « Je suis
« trop faible, je suis vaincue, terrassée, désarmée. » La
mère répliquait à ses fils : « Soyez esclaves, je n'ai ni or,
« ni sang, ni fer pour vous racheter ! »

« Tour à tour, cependant, on supplia et menaça ; la
majorité de l'Assemblée nationale vota l'abandon de l'Alsace et de la plus grande partie de la Lorraine ; 546 voix
contre 107 répondirent : « Vous n'êtes plus des nôtres,
« la fatalité nous sépare. Nous nous courbons sous le talon
« prussien. Tout est dit, tout est fini. Adieu ! »

« Ah ! que la patrie payait cher les années de hontes,
d'affaissement et de courtisanerie qu'elle a traversées,
qu'elle payait cher ces vingt ans de césarisme et d'empire ! Elle a eu, du moins, le courage de jeter hors la loi
comme on le jetterait à la voirie, le Gouvernement qui
lui a trop pesé sur la poitrine. Elle a voté d'acclamations,
d'un cri sorti du cœur même de la patrie, la déchéance de
l'empereur et de la dynastie impériale, et elle l'a votée,
comme par un instinctif et irrésistible mouvement de
justice, deux heures avant de voter la perte passagère de

la Lorraine et de l'Alsace. Elle a voulu, eût-on dit, flétrir le criminel avant d'expier le crime. Elle a marqué au front le coupable avant d'accepter la responsabilité de la faute. C'est M. Conti (1) qui l'a voulu. L'ex-secrétaire de l'ex-empereur a été au-devant de ce verdict. Il s'est dressé, blême et insolent devant la nation entière, réclamant, revendiquant des droits qui soulevaient la fureur d'une Assemblée contrainte à la honte par la lâcheté du gouvernement impérial. Il a osé, devant cette nation que frappe le malheur, parler de la famille d'aventuriers qu'atteint enfin le châtiment. Il a parlé des Bonapartes, et soudain l'Assemblée entière s'est dressée furieuse, terrible, et elle a rejeté au néant la réclame impériale faite par un serviteur trop dévoué et assez maladroit pour ne pas comprendre que le silence et le remords sont les seuls refuges des grands coupables.

« M. Bamberger, député de la Moselle, venait de s'écrier qu'un seul homme était capable de signer un tel traité, c'est Napoléon III, dont le nom sera éternellement cloué au pilori de l'histoire. Les bravos unanimes de l'Assemblée lui répondaient, lorsque M. Conti s'élance à la tribune. Il veut parler, on l'interrompt ; un épouvantable bruit s'élève.

« Dans un débat si douloureux, si poignant, dit-il,
« je ne m'attendais pas à ce qu'il y eût place à des diver-
« sions passionnées, à des allusions blessantes pour un
« passé auquel se rattache un certain nombre d'entre vous
« qui, comme moi, ont prêté serment à l'Empire. »

« Jamais peintre, jamais habile metteur en scène ne rêva un pareil tableau. Toute l'Assemblée, debout, soulevée par un mouvement irrésistible de la conscience ré-

(1) Député de la Corse.

voltée ; sept cents représentants vociférant, agitant leurs
chapeaux, fiévreux, indignés, résolus, et criant : *Déchéance !* A la tribune, impassible et livide, le lorgnon
sur le nez, maigre, à la fois sinistre et comique comme
un tortionnaire du Conseil des Dix d'opérette, M. Conti,
bravant la juste colère de l'Assemblée, et demeurant glacé
et immobile devant cet orage ; les cris se croisant, se
heurtant, les invectives passant par-dessus la tête du secrétaire intime pour aller atteindre le maître : Hors la loi
le Deux Décembre ! Plus de lâche ! plus de traître !

« La fureur augmentant, les vociférations devenant
farouches, les poings crispés, les yeux injectés : A bas
les Bonapartes ! Et tout à coup, dans ce tumulte, dans
cette foule et cette tempête, un front se dressant, comme
par hasard à la tribune, à côté de la maigre face de M. Conti,
un visage apparaissant rouge, sanguin, la barbe et les
cheveux blancs, le visage de Victor Hugo, l'auteur de
Napoléon le Petit, à côté du secrétaire de l'homme de Sedan
et du Deux Décembre, et comme si le même cri partait de
toutes les poitrines, on entendait sortir, jaillir des lèvres
ce mot : Châtiment ! Voilà le Châtiment !

« Alors M. Bethmont propose de clore l'incident en
votant formellement la déchéance de Napoléon III. La
séance interrompue est reprise et M. Target donne lecture
de la proposition suivante :

« L'Assemblée nationale clôt l'incident et, dans les
« circonstances douloureuses que traverse la patrie, et en
« face de protestations et de réserves inattendues, confirme
« la déchéance de Napoléon III et de sa dynastie, déjà pro-
« noncée par le suffrage universel, et le déclare respon-
« sable de la ruine et du démembrement de la France. »

« Les acclamations alors sont unanimes. M. Gavini,
député de la Corse, essaie de prononcer quelques mots,

mais les protestations redoublent et M. Thiers monte à la tribune. Il demande qu'on proteste contre le passé qui se redresse et la proposition Target est mise aux voix. Tous les députés se lèvent d'un élan spontané. On applaudit partout. — A la contre-épreuve, quatre ou cinq députés se lèvent seuls et l'Assemblée applaudit encore.

« A cette heure même, un manifeste de l'ex-empereur était publié par quelques journaux et des exemplaires de cette protestation impériale étaient saisis par ballots à la frontière (1). Cet acte inqualifiable provoqua, il faut bien le dire, plus d'indignation encore dans la presse étrangère que dans la presse française, tout occupée, l'une de ses rancunes, l'autre de ses haines. Napoléon III osait déclarer, dans ce manifeste, qu'il n'était point responsable de la guerre et il s'élevait contre le gouvernement de la Défense « qui s'était substitué à un pouvoir nommé par le « suffrage universel ». Quel Français, disait le *Daily News*, lira sans colère un tel manifeste? Et le *Times* trouvait inouï que l'ex-empereur déclinât la responsabilité de nos maux, lui, disait ce journal, dont l'administration cor-

---

(1) Malgré sa chute honteuse, malgré les malheurs épouvantables qu'il avait attirés sur la France, l'empereur nourrissait certainement l'intention de ressaisir le trône. Voici à ce sujet un article publié par un journal américain et reproduit, le 10 septembre 1885, par la *Siesta,* feuille allemande paraissant à Francfort-sur-le-Mein :

« L'ambassadeur américain à Saint-Pétersbourg, M. Curtin, se trouvant à Londres après la chute de Napoléon III, fut prié par ce dernier de vouloir venir le voir. L'ex-empereur demanda à M. Curtin s'il connaissait les dispositions du prince Gortschakoff relativement à une restauration de l'Empire.

« Je la connais, répondit M. Curtin, mais je ne puis vous la com-« muniquer. » — « Je vous comprends », répondit Napoléon.

« L'opinion de Gortschakoff, ajoute la feuille américaine, sur une restauration de Napoléon III s'était fait jour dans des termes non équivoques : « Je n'aiderai jamais à reprendre son trône à cette « canaille »; la feuille allemande dit *Schuft.* »

rompue et corruptrice a anéanti l'esprit public et perverti jusqu'à l'armée.

« Du moins le vote de l'Assemblée châtiait les prétentions du César tombé. Oui, voilà ce qui, dans l'écroulement de nos espérances, dans la chute profonde de la patrie, dans le désespoir de ceux qui comprennent, savent, aiment le pays, redoutent l'avenir, voilà ce qui consolait et ce qui vengeait. L'auteur de tant de maux était exécuté par la conscience publique au moment où il fallait s'incliner devant les effroyables désastres qu'il avait causés.

« Le spectacle de ces représentants montant l'un après l'autre à la tribune pour déposer dans l'urne le bulletin qui disait la guerre ou qui consentait à la paix, n'en fut pas moins navrant. Quel défilé sinistre et quel tableau ! Tous, groupés au pied de la tribune, attendaient leur tour. Chacun montait, tenant en main son vote. Le bulletin blanc signifiait la paix avec la cession de l'Alsace et d'une partie de la Lorraine, le bulletin bleu signifiait la guerre. Et qu'ils tombaient pressés, fréquents, l'un après l'autre, ces bulletins blancs ! Ils montaient, les députés, ils jetaient dans l'urne verte ce morceau de carton qui voulait dire : « Strasbourg est à l'Allemagne ! Le drapeau blanc et l'aigle noir s'étendront sur Colmar ! Nos soldats alsaciens porteront le casque prussien dans deux mois !

« Il le fallait pourtant. La dure nécessité parlait. La pauvre France courbait le front. 546 voix votèrent la paix, 107 protestèrent (1). « La tristesse de ceux qui subissent,

(1) Voici les noms des 107 :

Adam (Edmond), Albrecht, Amat, Ancelon, André (docteur), Andrieu, Arago (Emmanuel), Arnaud (de l'Ariège), Bamberger, Barbaroux (docteur), Bardon, Berlet (Meurthe), Bernard (Martin),

« disait M. Jules Simon dans sa dépêche, est égale à la
« tristesse de ceux qui protestent. »

« A la fin de cette poignante séance, M. Grosjean,
député de l'Alsace, monte à la tribune, et, d'un ton très
simple et très digne :

« Messieurs, dit-il, je suis chargé par tous mes col-
« lègues des départements de la Moselle, du Bas-Rhin et
« du Haut-Rhin présents à Bordeaux, de déposer sur le
« bureau, après en avoir donné lecture, la déclaration sui-
« vante :

« Les représentants de l'Alsace et de la Lorraine ont
« déposé, avant toute négociation de paix, sur le bureau de
« l'Assemblée nationale, une déclaration affirmant de la
« manière la plus formelle, au nom de ces provinces, leur
« volonté et leur droit de rester françaises.

« Livrés au mépris de toute justice et par un odieux
« abus de la force, à la domination de l'étranger, nous
« avons un dernier devoir à remplir.

« Nous déclarons encore une fois nul et non avenu

général Billot, Billy, Blanc (Louis), Bœll, Bœrsch, Brice, Brisson,
Brun (Ch.), Brunet, Carion, Carnot fils, Chaix, Chanzy (général),
Chauffour, Claude (Meurthe), Claude (Vosges), Clémenceau, Colas,
Cournet (Seine), Delescluze, Deschange, Dorian, Dornès (Léon),
Dubois, Duclerc, Ducoux, Durieu, Esquiros, Farcy (lieutenant de
vaisseau), Floquet (Charles), Gambetta, Gambon, Gent, George,
Girerd (Cyprien), Grandpierre, Greppo, Grosjean, Guiter, Hartmann,
Humbert (Haute-Garonne), Humbert (Louis-Amédée), Jaubert (comte),
Joigneaux, Jouvenel (baron de), Kablé, Keller, Kœchlin, Laflize,
Lamy, Langlois, Laserve, Laurier (Clément), Lefranc (Pierre), Lepère,
Lockroy, Loyset (général), Lucet, Mahy (de), Malens, Malon, Marc-
Dufraisse, Mazure (général), Melsheim, Millière, Monteil, Moreau,
Noblot, Ostermann, Peyrat, Pyat (Félix), Quinet (Edgar), Ranc,
Rathier, Razoua, Rencker, Rochefort, Saglio, Saisy (Hervé de),
Scheurer-Kestner, Schnéegans, Schœlcher, Taberlet, Tachard,
Teutsch, Tirard, Tilot, Tolain, Tridon, Varroy, Victor Hugo, Villain,
Viox.

« un pacte qui dispose de nous sans notre consentement.
(Très bien ! Très bien !)

« La revendication de nos droits reste à jamais ou-
« verte à tous et à chacun dans la forme et dans la mesure
« que notre conscience nous dictera.

« Au moment de quitter cette enceinte, où notre di-
« gnité ne nous permet plus de siéger, et malgré l'amertume
« de notre douleur, la pensée suprême que nous trouvons
« au fond de nos cœurs est une pensée de reconnaissance
« pour ceux qui, pendant six mois, n'ont pas cessé de nous
« défendre, et d'inaltérable attachement à la patrie dont
« nous sommes violemment arrachés. (Marques d'émotion
et applaudissements.)

« Nous vous suivrons de nos vœux et nous attendrons
« avec une confiance entière dans l'avenir, que la France
« régénérée reprenne le cours de sa grande destinée.

« Vos frères d'Alsace et de Lorraine, séparés en ce mo-
« ment de la famille commune, conserveront à la France,
« absente de leurs foyers, une affection filiale, jusqu'au
« jour où elle viendra y reprendre sa place. (Nouveaux applaudissements.)

« Bordeaux, le 1er mars 1871.

« *Signé :* L. Chauffour, E. Teustch, Pr. André, Oster-
« mann, Schnéegans, E. Keller, Kablé, Melsheim, Bœll,
« Titot, Albrecht, Alfred Kœchlin, V. Rehm, A. Scheurer-
« Kestner, Alp. Saglio, Humbert, Küss, Rencker, Des-
« change, Bœrsch, A. Tachard, Th. Noblot, Dornès, Ed.
« Bamberger, Bardon, Léon Gambetta, Frédéric Hart-
« mann, Jules Grosjean. »

« Cette lettre lue, les députés de l'Alsace et de la Lorraine quittèrent l'Assemblée.

« Chose étrange, à cette heure même, M. Küss, le
dernier maire français de Strasbourg, mourait à Bordeaux,
comme allait mourir bientôt M. Félix Maréchal, le dernier maire français de Metz. Deux jours après, devant le
cercueil de l'intègre M. Küss, patriote admirable dont la
patrie doit conserver le souvenir, M. Gambetta, qui avait
opté pour l'Alsace et quittait la Chambre avec les députés
alsaciens et lorrains, M. Gambetta rappelait devant tous
que la force ne saurait déchirer ce qui est attaché par la
reconnaissance et l'amour, et, parlant au cadavre de l'intègre docteur Küss, il le chargeait, ce mort, de porter à
Strasbourg et aux Alsaciens l'ardente expression de nos
vœux : « Dites à vos compatriotes, s'écriait éloquemment
« le tribun, dites qu'ils soient et qu'ils demeurent républi-
« cains. Être républicain, c'est avoir en soi, avec la science
« de la justice, l'esprit d'immolation et le mépris de la
« mort. »

––––––––––

Les obsèques de M. Küss eurent lieu à Strasbourg,
le 8 mars. Le *Courrier du Bas-Rhin* du 9 mars en donne un
récit émouvant dû à la plume de M. Gustave Fischbach,
qui s'était offert à la rédaction de la remplacer dans cette
tâche douloureuse. Voici quelques fragments de ce récit :

Enterrement de M. Küss.

« La ville de Strasbourg a rempli hier avec éclat un
pénible et douloureux devoir. Elle rendait les derniers
honneurs à M. Émile Küss, son maire, décédé à Bordeaux
où cent mille suffrages l'avaient envoyé comme député à
l'Assemblée nationale.....

« Honneur, devoir, probité — c'était là sa devise, ce

fut là sa vie, depuis ses jeunes années, jusqu'à son dernier
souffle.....

« Que de force et de courage il lui a fallu lorsque,
maladif déjà, il fut placé à la tête de la ville de Strasbourg
dans de douloureuses circonstances !

« Aussi, quelles manifestations que celles d'hier ! Les
ateliers chômaient, les magasins, les établissements publics étaient fermés ; tous les cultes, toutes les classes,
se pressaient autour de cette dépouille vénérée.

« Le cortège se réunit à l'Hôtel de Ville, où le corps
du défunt, ramené de Bordeaux par son fils, aîné était déposé depuis la veille.

« A deux heures, le cercueil fut placé sur le char funèbre qui était orné de couronnes splendides.

« Les sapeurs-pompiers ouvraient la marche, suivis
du personnel de la mairie. Puis le char, derrière lequel
les quatre fils du défunt et M. le pasteur Leblois.

« Les cordons étaient tenus par M. Humann, ancien
maire de Strasbourg, M. Stoltz, doyen de la Faculté de
médecine, Cailliot et Herrgott, professeurs de cette Faculté, M. Klein, adjoint faisant fonctions de maire depuis
le départ de M. Küss, et les autres adjoints.

« Ensuite venaient les membres de la Commission municipale, de la Faculté de médecine, les autorités civiles
et militaires, puis huit mille citoyens au moins.

« Les pompiers bordaient l'immense cortège qui se
rendit par la rue du Dôme, la place de la Cathédrale, la
rue Mercière, la place Gutenberg et la rue des Serruriers
à l'église Saint-Thomas.

« Après une marche funèbre exécutée par les musiciens de l'orchestre, M. le pasteur Leblois traça, à courts
traits, la vie du défunt, et honora dans un sermon son
grand caractère ; une prière admirablement chantée par

la *Chorale*, l'*Union* et l'*Harmonie chorale* termina la cérémonie et le convoi prit le chemin du cimetière Sainte-Hélène.....

« Sur son passage, toujours une foule respectueuse ;
beaucoup de maisons tendues de noir. Au faubourg de
Pierres, pas une maison de celles qui subsistent encore (1)
sans un drapeau noir..... Sur les glacis, des milliers de
personnes se découvrant devant la dépouille du grand citoyen.

« On arrive au cimetière : la Société *l'Harmonie
militaire* exécute une marche funèbre..... Les amis, les collègues du défunt s'avancent sur la fosse et lui disent
adieu. M. Humann, M. Stoltz, M. Herrgott, M. Klein,
M. Teutsch, député du Bas-Rhin à l'Assemblée nationale,
M. Krempp, un des plus anciens amis de Küss, prennent
tour à tour la parole et racontent ce que fut l'homme de
science, l'homme politique, le professeur, le citoyen qui
dormait là le dernier sommeil. Puis M. le pasteur Leblois prononce une prière émue et l'on entend le bruit
des pelletées d'argile qui tombent sur le cercueil.

« Les honneurs funèbres étaient rendus au Maire de
Strasbourg..... Que son souvenir ne périsse jamais dans
nos cœurs..... que nul n'oublie que sous cette pierre re-
pose un de ces hommes dont l'humanité s'enorgueillit,
puisqu'elle peut dire : Celui-là a vécu et est mort pour le
devoir ! »

————————

On a vu que ni l'armée de Bourbaki, ni la place de
Belfort n'avaient été comprises dans l'armistice.

(1) Le côté droit du faubourg en venant de la rue de la Nuée-
Bleue n'était qu'un monceau de ruines ; pas une seule maison qui
fût restée debout. Du côté gauche, la moitié des maisons se trouvait
démolie.

« Dès le 3 novembre, dit M. Dussieux dans son intéressant ouvrage *le Siège de Belfort* (1), Belfort était blo-
qué et n'avait rien à attendre de l'extérieur. La ville,
livrée à elle-même, n'était pas d'avis de se défendre ; les
déplorables exemples donnés partout de garnisons et de
populations, d'armées même, capitulant lâchement sans
combattre, ou après un simulacre de résistance, avaient
affaissé le patriotisme des habitants de Belfort. La garde
mobile alors ne valait pas grand'chose ; pas mal d'officiers
de la garnison croyaient peu au succès, partant à l'utilité
de la défense ; bref, Denfert aurait été d'avis de capituler
et d'ajouter son nom à la liste, déjà bien longue de ceux
qui avaient déshonoré le drapeau de la France, qu'il aurait
trouvé presque tout le monde satisfait de ne pas faire son
devoir. On fut mécontent de sa résolution, et l'exaspéra-
tion contre lui fut au comble quand le bombardement et
l'incendie commencèrent. Son impopularité fut extrême
pendant le siège. Le Conseil municipal ayant laissé voir
une opinion peu favorable à la résistance, Denfert lui interdit de se réunir. Ceux qui voulaient se rendre, en furent réduits à se venger par de lâches paroles qui sont
sorties de Belfort et se sont fait entendre même au pied
de la tribune de l'Assemblée nationale. Depuis, la ville a
oublié ses souffrances et a reconnu quel service il lui
avait rendu en la forçant à subir le bombardement pour
rester à la France.

« Seul décidé à faire son devoir, avec l'aide de quel-
ques officiers dévoués et du maire de la ville, l'admirable
M. Mény, Denfert répétait son mot favori : « Moi vivant,
« Belfort ne se rendra pas » ; il opposait à toute observation,

(1) *Le Siège de Belfort,* par L. Dussieux, professeur honoraire à
l'École militaire de Saint-Cyr. Paris, librairie L. Cerf, 13, rue de
Médicis. 1882.

à toute crainte, un héroïque entêtement et une invincible résolution de se défendre. Il parvint enfin à relever les courages du plus grand nombre, à ranimer la population, à réveiller son patriotisme, à lui faire endurer avec résignation ses terribles souffrances, en un mot à s'élever à sa hauteur, et il força les lâches à manger leur peur en silence.

« C'est donc bien à Denfert, à Denfert seul, que la France doit la conservation de Belfort et la frontière du nord-est qui la défend encore. »

Le siège avait ainsi duré sans interruption depuis trois mois, mais tous les efforts du général de Treskow qui le dirigeait, s'étaient brisés contre la défense si habilement et si courageusement organisée par Denfert.

« A la fin de janvier, dit M. Dussieux, le général de Treskow fit circuler parmi nos soldats de petits billets ainsi conçus :

« Messieurs ! J'ai l'honneur de vous annoncer que « Paris a capitulé le 29 janvier, 2 heures et 49 minutes « après-midi. Tous les forts sont occupés par nos soldats, « les troupes de Paris, excepté la garde nationale, sont pri- « sonnières de guerre. La garde nationale a le service de « sécurité dans la ville. Les armées du Nord et de l'Ouest « on tl'armistice des trois semaines pour préparer la paix. »

« On ne crut pas d'abord à ces tristes nouvelles : l'armistice ne s'appliquant pas aux armées de l'Est paraissait surtout un fait invraisemblable.

« Quand M. Jules Favre signa l'armistice de Paris, le 28 janvier 1871, M. de Bismarck, paraît-il, exigeait la capitulation immédiate de Belfort. M. Jules Favre, ne sachant pas ce qui se passait, préféra laisser les choses en l'état et admettre que l'armistice ne fût appliquée ni à Belfort ni à l'armée de l'Est. »

On connaît les conséquences épouvantables de cette condition pour l'armée de Bourbaki ; au brave Denfert elle créa également des difficultés sérieuses.

Le découragement se mit parmi les mobiles quand ils apprirent que l'armistice excluait Belfort ; il fallut des prodiges de tact pour faire comprendre à ces jeunes soldats qui souffraient depuis si longtemps, l'impérieuse nécessité de continuer à combattre.

Le 8 février, le Haut-Rhin nomma députés le colonel Denfert et le préfet M. Grosjean. Celui-ci, renfermé dans Belfort, obtint du général Treskow un sauf-conduit pour se rendre à Bordeaux où il devait informer le Gouvernement de la situation de la place et lui demander ses instructions.

Le 13 février, le général Treskow fit parvenir à Denfert un télégramme signé : pour le ministre des affaires étrangères, Picard, et contresigné : Bismarck, qui autorisait la reddition, mais Denfert fit répondre par un de ses officiers, le capitaine Krafft, qu'il ne s'en rapportait pas à une dépêche de cette importance, transmise par l'ennemi. De Treskow menaça d'abord de rouvrir le feu, puis il consentit à une suspension d'armes pendant laquelle le capitaine Krafft irait à Bâle demander au gouvernement de Bordeaux un avis direct.

Enfin le 15, le consul de France à Bâle fut avisé que la dépêche du 13 était authentique.

Denfert chargea le commandant Chapelot et le capitaine Krafft de se rendre au camp allemand pour la convention. Il exigea et obtint qu'il y fût dit : « que la place était rendue aux troupes allemandes en vertu des ordres du Gouvernement français, et que la garnison sortît tout entière avec armes et bagages et avec tout le matériel qu'elle pourrait emporter.

« Il fut impossible à Denfert, dit M. Dussieux, d'obtenir que la population fût exempte de charges militaires après l'occupation de la ville par les Allemands. Le général von Treskow déclara qu'il n'avait de pouvoirs que pour traiter les questions militaires. On ne manqua pas d'accuser le colonel d'avoir sacrifié la population civile de Belfort. Pouvait-il cependant rompre les négociations et continuer la guerre sur le refus invincible du général allemand?

« La convention fut signée le 16. Aussitôt, Denfert ordonna que ses troupes sortiraient en onze colonnes, et dès le 17, quelques-unes quittèrent la ville ; le 18, Belfort était évacué. »

En partant, le colonel adressa une lettre au maire, M. Mény, où il le remerciait chaleureusement de son admirable conduite pendant le siège ; puis une proclamation aux habitants et à la garnison qu'il terminait en disant : que si le traité de paix que la France allait subir consacrait une fois de plus le droit de la force, il restait, lui, convaincu que la population de Belfort conserverait toujours les sentiments français et républicains qu'elle venait de manifester avec tant d'énergie.

Denfert partit de Belfort à la tête d'une colonne composée de troupes de l'artillerie et du génie, et se dirigea sur Lyon où il allait ramener les bataillons de mobiles du Rhône.

Partout sur leur passage, Denfert et ses soldats étaient accueillis par les vivats des populations. On leur jetait des bouquets, des couronnes ; on élevait à la hâte des arcs de triomphe en feuillage. On était heureux de voir enfin des Français non battus.

Aussitôt après le départ de la dernière colonne française, l'armée allemande entra à Belfort. 5,000 hommes qui en formaient la nouvelle garnison s'installèrent chez les habitants, et M. de Treskow fit immédiatement publier que « toutes les ordonnances du commandant seront rendues uniquement en langue allemande ; elles ne sont pas moins exécutoires pour les habitants ne parlant pas cette langue. S'il s'agit d'affaires communales, elles peuvent être traduites, s'il est nécessaire (1). »

La paix définitive fut signée à Francfort le 10 mai 1871. M. Thiers sut habilement tirer parti de ce que Denfert n'avait pu être forcé de capituler. La France obtint la rétrocession de Belfort avec les environs, de sorte qu'il lui restait du département du Haut-Rhin 60,826 hectares avec 57,000 habitants dont elle forma le territoire de Belfort.

Denfert, pas plus que d'autres hommes distingués, n'échappa à la calomnie. Les ennemis de la République ne lui pardonnaient pas d'être républicain et d'avoir été nommé commandant de Belfort par Gambetta. Et ces calomnies osèrent reparaître même à l'Assemblée nationale où les monarchistes avaient une immense majorité. — A la séance du 28 mai 1872, le général Changarnier qui, dans ses vieux jours, était devenu un réactionnaire clérical, ayant osé dire que Denfert s'était caché dans une casemate, un membre de la gauche, M. Laurent Pichat, lui cria : «*Vous*, vous vous appelez *Metz* et *nous*, nous nous appelons *Belfort* ».

A une époque où l'on publiait des brochures pour accuser les protestants d'avoir vendu l'Alsace, il était dur

(1) Dussieux, *Siège de Belfort,* page 138.

pour la réaction cléricale d'apprendre qu'après les défaites et les capitulations de la plupart de ses généraux, un protestant, un simple colonel, avait sauvé et gardé à la France le dernier coin de terre de l'Alsace.

Si le Gouvernement, si l'Assemblée, si la réaction tout entière, se montraient ingrats envers Denfert, « la France plus juste, dit M. Dussieux (1), lui témoigna sa reconnaissance en le nommant député, et la Chambre républicaine de 1876 en le nommant questeur. A sa mort, arrivée en 1878, on lui fit de splendides obsèques à Versailles, on lui éleva une statue à Saint-Maixent, sa patrie, une autre à Montbéliard où il est enterré. Bartholdi sculpta sur le rocher de Belfort le lion colossal qui rappelle la défense de la ville, et Paris a fait élever sur une de ses places une reproduction du lion de Belfort.

« L'histoire consacrera le jugement des contemporains sur le colonel Denfert ; elle dira que celui qui a conservé Belfort à la France a bien mérité de la patrie. »

(1) *Siège de Belfort,* pages 146-147.

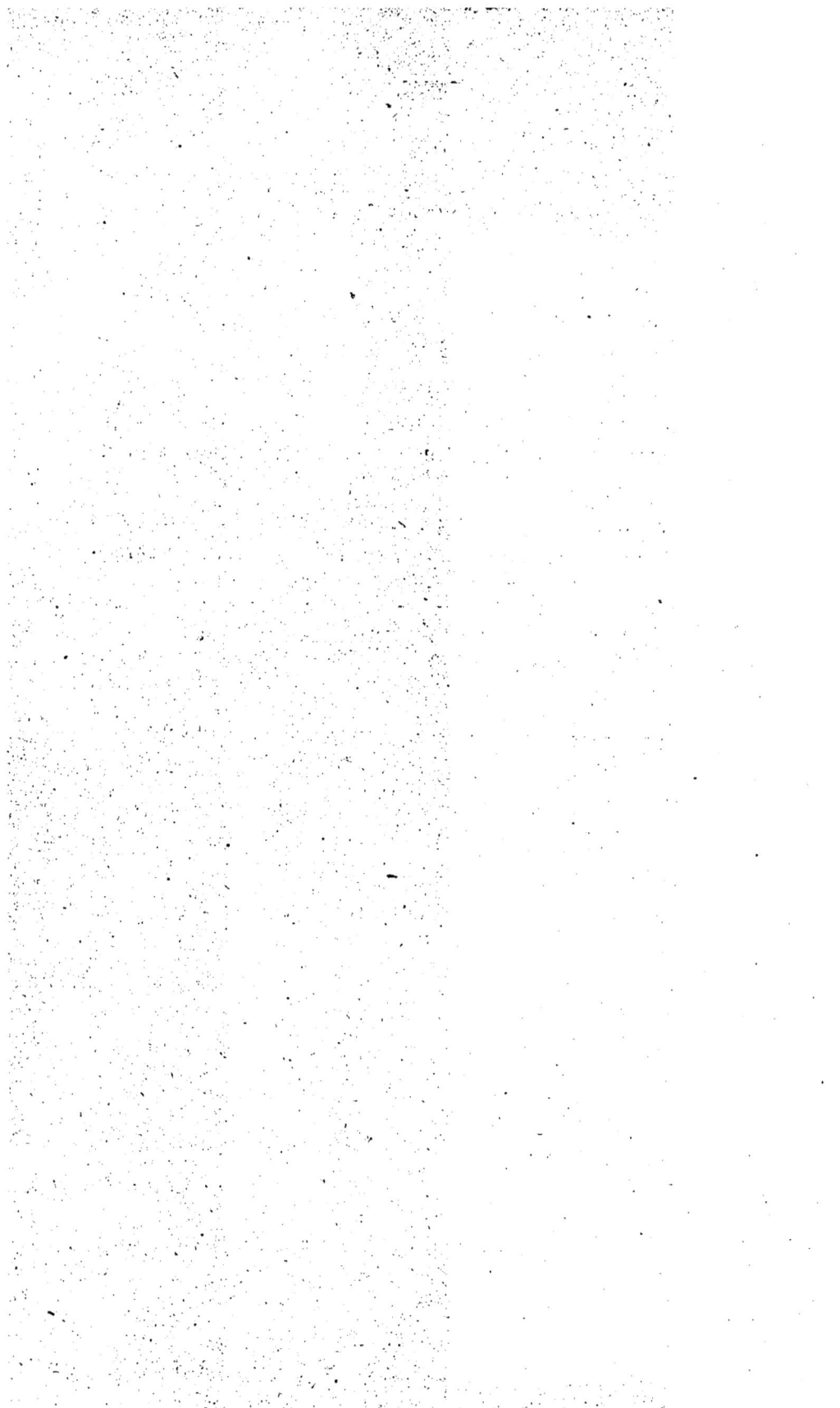

1871

DEUXIÈME PARTIE

L'annexion. Quelques voix isolées protestent; l'Europe ne s'en préoccupe pas. Hâte fiévreuse de l'Allemagne à germaniser l'Alsace-Lorraine. — Vexations, calomnies, menaces. — Rappel du discours du roi de Prusse en juillet 1870 et de l'ordre du jour du 6 août 1870 du prince Frédéric-Charles. — Signature du traité de paix à Francfort le 10 mai 1871. Insuffisance des délais pour l'option et pour l'importation en France, en franchise de droits, des produits alsaciens. — L'Alsace envoie des délégués à Berlin pour faire connaître les vœux de ses populations. — Affluence de fonctionnaires allemands en Alsace-Lorraine. — Les conseils de guerre sont remplacés par des tribunaux civils. — Assemblée nationale de Versailles. Discussion sur l'admission en France des produits alsaciens, à des droits de faveur. — La maréchale de Mac-Mahon ; beau trait de son caractère ; ses sympathies pour les Alsaciens-Lorrains. — Élections municipales en Alsace. Nouvelles rigueurs demandées par les immigrés et le parti dit : *National libéral*. M. E. Lauth nommé maire de Strasbourg. Son installation. — Événements postérieurs à 1872. M. de Möller remplace M. de Bismarck-Bohlen. — Exigences des immigrés pour se substituer à l'élément alsacien. Commission des hospices. Révocation du maire M. Lauth et dissolution du conseil municipal. M. Bach, directeur de police, nommé à leur place. Il achète de l'empire pour 21 millions de francs des terrains des anciennes fortifications au nom de la ville, et sans que celle-ci fût consultée. Interpellation au Reichstag sur cette question par l'abbé Guerber, député du Bas-Rhin. — M. de Manteuffel nommé statthalter d'Alsace-Lorraine en 1879. — Sa mort en 1885. Le prince de Hohenlohe le remplace. Après un intervalle de 14 années, il fait procéder à des élections municipales à Strasbourg en juillet 1886.

Les succès des armées allemandes avaient été si inouïs, l'anéantissement de la France paraissait si complet que l'annexion se fit sans que les autres nations se préoccupassent de la pomme de discorde qui allait être jetée entre les deux grands pays du centre de l'Europe.

En Allemagne, quelques hommes isolés osèrent protester au nom des droits sacrés de l'humanité. Ils en furent punis : — MM. Jacoby, Bebel, Liebknecht, etc., par la prison (1), — MM. Simon, de Trèves, le poète Hervegh, etc., par l'exil. — Une brochure publiée à Genève par M. de Gasparin proposa la neutralisation de l'Alsace et de la Lorraine, dans l'intérêt de la paix future. — Un journal de Bordeaux, *la Gironde* (2), avait émis l'idée de céder la Corse en place de l'Alsace et de la Lorraine. — M. Jean Dollfus espéra sauver du moins Mulhouse de l'annexion, en allant plaider à Berlin l'intérêt des manufacturiers allemands dont le marché serait envahi par les produits alsaciens (3)! Rien n'y fit.

Aussitôt que l'Assemblée de Bordeaux eut voté l'abandon de l'Alsace et de la Lorraine, les conquérants se mirent à la germaniser avec une hâte fiévreuse, qui tout au moins avait le tort de n'être pas habile. La feuille la plus répandue en Alsace, le *Courrier du Bas-Rhin*, vendu aux Allemands (page 340), y contribua de son mieux. Il publiait d'un air de bonhomie les réclamations qu'on lui communiquait contre tel abus ou telle mesure, mais il les faisait immédiatement suivre de commentaires justifiant ce que l'on osait critiquer. Son thème favori, et de tous les jours, était naturellement de peindre la France comme perdue pour de longues années, de préconiser l'influence civilisatrice de l'Allemagne, et de dire comme

(1) Ce n'est que vers la fin de mars 1871 qu'ils furent remis en liberté. (*Courrier du Bas-Rhin* du 30 mars 1871.)

(2) *Courrier du Bas-Rhin* du 3 mars 1871.

(3) *Courrier du Bas-Rhin* du 27 avril 1871.

conclusion que les Alsaciens avant peu se sentiraient heureux de l'annexion. Ainsi dans son numéro du 8 mars, il publia une longue lettre d'un ecclésiastique de la Lorraine allemande, où le digne homme (il jugea prudent de garder l'anonyme) entasse mensonge sur mensonge pour prouver que depuis longtemps la campagne était lasse de la domination « *welsche* ».

« L'Alsace, conclut-il, est un pays allemand, ceci
« l'avenir le fera reconnaître. Les aveugles gallomanes
« tiennent encore en ce moment le haut du pavé, mais
« cela ne durera pas, et ils devront se taire en face du
« réveil grandiose de l'esprit allemand, du caractère alle-
« mand, etc., etc. »

Cette insertion valut au *Courrier* beaucoup de lettres, les unes demandant le nom de l'ecclésiastique, que la brave feuille persista à ne pas indiquer, les autres pour protester. Parmi ces dernières, je citerai celle de M. Engelmann, aujourd'hui pasteur à l'église Saint-Guillaume de Strasbourg, et publiée dans le *Courrier* du 15 mars.

La voici :

« Monsieur le Rédacteur,

« Vous avez accueilli dans votre numéro de mercredi 3 mars dernier, un article anonyme attribué à un ecclésiastique de la Lorraine allemande, curé ou pasteur. Le ton frivole et la joie de l'auteur, qui s'oublie au point de railler la « sainte douleur » de ses compatriotes, a produit partout, autant que nous sachions, une bien douloureuse surprise.

« Nous n'aurions pas cru devoir répondre à cette lettre anonyme, si quelques passages, parlant de « regards dérobés », de menées ou d'aspirations secrètes, n'attaquaient l'honorabilité de notre caractère, et ne couvraient d'injustes soupçons tout le corps ecclésiastique de la Lorraine, catholique ou protestant, dont l'auteur prétend faire partie.

« Chacun a le droit d'exprimer librement ses opinions, mais du moment que celles-ci contiennent des insinuations d'une pareille portée, une signature nominale devrait loyalement en assumer la responsabilité. Sinon, l'idée d'une calomnie germe naturellement.

« En attendant, la récusation de toute solidarité des faits et des sentiments exprimés dans cette lettre, s'impose comme un devoir à tout le corps ecclésiastique de la Lorraine allemande.

« Au nom de plusieurs de mes collègues,

« A. ENGELMANN,

« *Pasteur en Lorraine.*

« Ce 13 mars 1871. »

D'autres fois, dans des feuilletons ou de longs articles de fond, de prétendus Alsaciens ne craignaient pas de recourir aux plus haineuses calomnies pour légitimer l'annexion. Je prends au hasard les numéros du *Courrier* des 15 et 16 mars : « S'il avait dépendu de nous (les Al-« saciens), une partie de l'Allemagne aurait subi le même « sort qui nous pèse tant. La bonne ville de Strasbourg a « eu ses manifestations belliqueuses comme toutes les « autres villes de France. Les cris de : *A Berlin!* ont « retenti dans ses rues, comme dans celles de Paris, « etc. »

C'était une méchanceté de plus à ajouter à toutes celles que le *Courrier* débitait chaque jour, soit pour justifier l'acte dont nous étions victimes, soit pour rendre la France odieuse aux yeux des Alsaciens. Il est possible que quelques fanatiques, ou des troupiers avinés aient poussé chez nous le cri de : « A Berlin ! » au moment de la déclaration de guerre. Mais il est certain que la France entière, y compris l'Alsace, aurait protesté contre la guerre, si on lui avait permis de se prononcer. Je crois l'avoir assez prouvé dans les chapitres précédents ; si j'y reviens encore une fois, c'est qu'en 1871, sous le régime allemand, la presse n'était pas plus libre de protester, contre des insinuations perfides qu'elle n'avait été libre en 1870, sous la dictature napoléonienne, de protester contre la guerre.

Le 6 juillet 1870, après la déclaration Gramont (voir page 240), le ministre de l'intérieur consulta les préfets sur les dispositions du pays. Ces fonctionnaires, instruments dociles du Gouvernement, sachant qu'au fond la Cour désirait la guerre, se servaient dans leurs réponses, pour ne pas déplaire, d'une sorte de phraséologie administrative, sous laquelle la vérité perçait. Cette vérité était que l'opinion générale était à la paix. Voici quelques-unes de ces réponses telles qu'on les trouve dans le volume II : *Papiers secrets du second Empire.* — Bruxelles, 1872, Office de publicité, rue de la Madeleine.

Préfet de *l'Ain :* « Les campagnes sont préoccupées de la récolte, mais, quel que soit leur désir de la paix, elles suivront le courant de l'opinion. »

Préfet des *Alpes (Hautes-)* : « Le département ne marquera son sentiment que sur l'avis d'une résolution décisive. »

Préfet de *l'Ardèche :* « La guerre apparaît à tous comme une calamité nouvelle ajoutée à la maladie de la vigne, etc., etc. »

Préfet de *l'Ariège :* « On souhaite que tout soit tenté pour rendre possible le maintien de la paix. »

Préfet de *l'Aube :* « On ne désire pas la guerre, on ne la redoute pas. »

Et ainsi de suite. Et pourquoi devait-il en être autrement? Dans un pays comme la France, où le sol est si divisé, où le plus petit paysan est propriétaire d'un lopin de terre, les masses avec leur gros bon sens, comprennent : qu'heureuse, la guerre ne rapporte qu'aux grands, qu'elles-mêmes n'y ont aucun profit, qu'elles n'y ont fait que dépenser le sang de leur fils ; que, malheureuse, la guerre, tout en leur enlevant leurs enfants, les expose à l'invasion et à toutes les horreurs qui lui font cortège.

Aujourd'hui, après seize ans; on entend de nouveau les ennemis de la République rééditer la légende forgée en 1870 : c'est le pays qui a voulu la guerre et qui a obligé l'empereur à la faire ! — Non, mille fois non ! — Ce sont Napoléon III, sa fanatique épouse, et le clan de leurs affidés qui l'ont voulue. Ils sentaient que la France était lasse du despotisme impérial, que la liberté allait reprendre ses droits, et que le trône élevé sur le parjure et le sang commençait à trembler. Pour le conserver au rejeton de la race fatale, qui trois fois a livré la patrie à l'invasion, on a eu recours à la guerre. La France entière en a souffert, des maux épouvantables en ont été la conséquence, mais le plus mauvais lot est échu à l'Alsace et à la Lorraine, qui pour le salut des autres furent livrées en holocauste à l'ennemi que la coterie impériale avait appelé sur la patrie.

Ce misérable empereur a osé dire à M. de Bismarck, lors de leur entrevue le 2 septembre 1870 après Sedan, « *que lui-même n'a pas voulu la guerre, mais qu'il y avait été forcé par la pression de l'opinion publique en France* ». Cet infâme mensonge a inspiré à M. John Lemoine, le publiciste distingué et rédacteur des *Débats* (journal plutôt favorable qu'hostile à l'Empire), les réflexions suivantes :

« Eh quoi ! — Voilà l'élu de huit à dix millions de votes populaires ! Voilà dans quelles mains nous étions ! Nous n'aimons pas les injures. Si la chute avait été honorable, nous l'aurions respectée. Mais que celui qui nous a plongés, par un criminel caprice et monstrueux égoïsme, dans l'abîme où nous nous débattons, vienne nous en rendre responsables, et en rejeter sur nous, non seulement le châtiment, mais la faute ! C'est la plus terrible expiation que Némésis puisse infliger à notre trop longue patience et à notre coupable complicité (1) ! » (d'avoir toléré pendant 20 ans cet infâme gouvernement).

Le roi de Prusse lui-même, dans son mémorable discours du trône à l'ouverture du Parlement de la Confédération du Nord, séance du 19 juillet 1870, avait dit : « D'un regard calme, nous avons mesuré la responsabilité qui, devant Dieu et les hommes, frappe *celui qui pousse à une guerre destructive deux grandes et paisibles nations du centre de l'Europe... Elles sont appelées à une lutte plus utile que celle des armes.*

« Le *Gouvernement* français, pour satisfaire ses intérêts et ses passions *personnelles*, a su exploiter par d'habiles manœuvres l'amour-propre légitime, mais facilement excitable, de nos voisins.... (2). »

(1) Claretie, *Histoire de la révolution de* 1870-1871, pages 214-16.
(2) « Wir haben mit klaren Blicken die Verantwortlichkeit ermessen, welche vor den Gerichten Gottes und der Menschen Den trifft,

Ces belles paroles se trouvent confirmées dans l'ordre du jour du prince Frédéric-Charles du 6 août 1870,
au moment de l'entrée de son armée en France : « Soldats
de la 2ᵉ armée ! Vous touchez le sol français. *L'empereur
Napoléon* nous a déclaré la guerre sans le moindre motif.
Lui et son armée sont nos ennemis. *Le peuple français n'a
pas été consulté* s'il voulait commencer une guerre sanglante avec ses voisins allemands ; *il n'y a pas de raison
d'inimitié entre lui et nous...* Montrez aux Français que le
peuple allemand n'est pas seulement vaillant, mais aussi
généreux... (1). »

Malheureusement, ces nobles pensées se trouvèrent
bientôt noyées dans des torrents de sang. — Une paix fut
conclue, — mais l'ère de la vraie paix ne viendra que lorsqu'il n'y aura plus de pomme de discorde entre les deux

---

der zwei grosse und friedliche Völker im Herzen Europa's zu verhee-
renden Kriegen treibt. Das deutsche wie das französische Volk,
beide die Segnungen christlicher Gesittung und steigenden Wohl-
standes gleichmässig geniessend und begehrend, sind zu einem heil-
sameren Wettkampfe berufen, als zu dem blutigen der Waffen. Doch
die Machthaber Frankreichs haben es verstanden, das wohlberech-
tigte aber reizbare Selbstgefühl unseres grossen Nachbarvolkes durch
berechnete Missleitung für persönliche Interessen und Leidenschaf-
ten auszubeuten..... »

(1)   *Ordre du jour du prince Frédéric-Charles.*
« Soldaten der 2 Armee ! Ihr betretet den französischen Boden.
Der Kaiser Napoléon hat ohne allen Grund an Deutschland den Krieg
erklärt, er und seine Armée sind unsere Feinde. Das Französische
Volk ist nicht befragt worden, ob es mit seinen deutschen Nachbarn
einen blutigen Krieg führen wollte, ein Grund zur Feindschaft ist nicht
vorhanden. Seid dessen eingedenk den friedlichen Bewohnern Frankreichs gegenüber, zeigt ihnen, dass in unserem Jahrhundert zwei
Culturvölker, selbst im Kriege mit einander, die Gebote der Mensch-
lichkeit nicht vergessen. Denkt stets daran, wie Euere Eltern in der
Heimath es empfinden würden, wenn ein Feind, was Gott verhüte,
unsere Provinzen überschwemmte. Zeigt den Franzosen, dass das
deutsche Volk nicht nur gross und tapfer, sondern auch gesittet und
edelmüthig dem Feinde gegenüber ist. »

grandes nations appelées, suivant les paroles de l'empereur, à une lutte plus salutaire que celle des sanglantes batailles.

L'école fut considérée, et avec raison, comme un des moyens les plus puissants de germanisation. On se méfiait un peu des instituteurs alsaciens, et l'on songea à l'importation de maîtres d'école allemands. Ainsi, en mars 1871, la *Strassburger Zeitung* (alors le journal officiel) se fit écrire de Mulhouse : « Sans vouloir blesser l'honorable corps des instituteurs alsaciens, on peut néanmoins affirmer que beaucoup d'entre eux ne savent pas écrire correctement une lettre allemande...

« Il est de l'intérêt de la population alsacienne qu'au moins une langue, et comme de raison, la langue maternelle, soit enseignée à fond...

« ...... L'Alsace n'offrant pas les ressources suffisantes à cet effet, il lui faut des secours de l'extérieur, etc. (1). »

En même temps, le traitement des instituteurs fut notablement augmenté, ainsi que celui des curés, des pasteurs, etc. ; par contre, au grand mécontentement des populations, le français resta banni des écoles primaires ; dans les institutions supérieures, les heures d'enseignement du français furent réduites à 4 par semaine (2).

Une irritation plus vive encore fut causée par l'ordre donné un peu plus tard, d'incorporer à l'armée allemande les jeunes gens nés depuis 1851 en Alsace-Lorraine. Beaucoup d'entre eux avaient servi comme mobiles pendant la guerre ; la paix de Francfort fixant au 1er octobre 1872

(1) *Courrier du Bas-Rhin* du 3 mars 1871.
(2) *Strassburger Zeitung* du 26 avril 1871.

le délai d'option, ceux qui étaient nés avant le 1ᵉʳ octobre 1852 comptaient, au plus, être recherchés pour l'armée française, où tous avaient des frères, des parents, des amis.

On aurait à la rigueur compris que les jeunes gens nés à partir de 1853 fussent astreints au service militaire allemand, mais pourquoi vouloir mettre la main sur ceux nés déjà en 1851 ?

L'émigration en masse fut la réponse à cette mesure vexatoire autant qu'impolitique ; elle sema la haine, sans aucun profit pour l'Allemagne dont l'armée, même pendant quelques années suivantes, ne s'accrut guère par les jeunes Alsaciens-Lorrains. En s'approchant de l'âge de 20 ans, ils passaient généralement en France.

En 1815, un délai de six années avait été accordé pour l'option aux habitants des territoires de la Sarre et de la Bavière rhénane cédés par la France à la Prusse et à la Bavière.

En 1871, le délai d'option fut réduit à 16 mois !

M. Thiers avait dit avec raison à l'Assemblée nationale à Bordeaux : « Mais, messieurs, je sais le dire, la victoire n'est pas toujours plus sensée que la défaite » (voir page 254).

<hr/>

Le traité de paix fut signé à Francfort le 10 mai 1871, par MM. de Bismarck et d'Arnim pour l'Allemagne, par MM. Jules Favre, de Goulard et Pouyer-Quertier pour la France. Ce dernier, manufacturier à Rouen, semble avoir eu hâte de se débarrasser de ses concurrents alsaciens ; c'est là ce qui explique que l'article 9 du traité réduit à six mois, à partir du 1ᵉʳ mars 1871, le délai accordé pour un traitement de faveur aux produits alsaciens à leur entrée en France.

Si les plénipotentiaires français avaient invoqué le précédent de 1815, ils auraient probablement obtenu un délai plus long pour l'option ; en tous cas, ils auraient dû insister pour soustraire à l'incorporation dans l'armée allemande les jeunes gens nés en 1851 et 1852. Mais M. Pouyer-Quertier avait d'autres intérêts à cœur que ceux des Alsaciens-Lorrains !

La question des indemnités pour les dommages occasionnés par la guerre, et à Strasbourg spécialement par le bombardement, fut enfin résolue à la satisfaction des intéressés. Un premier acompte de 20 p. 100 fut payé dans le courant du mois de juin ; le solde fut payé en deux acomptes successifs de 40 p. 100.

Ce fut un immense soulagement pour les habitants de Strasbourg. Beaucoup d'entre eux avaient été complètement ruinés ; tous avaient souffert de grands dommages. La commission pour l'estimation était composée en partie de membres de la municipalité, auxquels on avait adjoint des experts pour l'estimation des dommages. Plus tard, pour la révision des déclarations des pertes, l'autorité allemande forma une commission mixte dont fit partie M. Momy, alors notaire à Strasbourg.

Le total payé pour les indemnités à Strasbourg a été de 49,988,002 fr. 28 c.

Toutes ces questions et d'autres encore avaient été discutées dans une réunion de délégués des plus importantes communes du Bas-Rhin, convoquée pour le 16 avril 1871 à notre hôtel de ville, par M. Jules Klein, faisant fonctions de maire de Strasbourg.

M. Klein, qui présidait, avait résumé en 22 articles les questions soulevées par la future organisation de l'Alsace.

Les articles I à IV traitent de l'intégrité du territoire et réclament pour l'Alsace-Lorraine l'autonomie la plus large ; l'article V exprime le désir du maintien de juges alsaciens, plus aptes à prononcer dans des questions d'usages, de tradition, et qui connaissent la langue du pays. On réclame par l'article XIX « un délai de 5 ou de 6 ans « pour la faculté d'opter entre les deux nationalités », et par l'article XX « l'usage facultatif des deux langues « dans les actes authentiques et les assemblées délibé- « rantes, pendant le délai le plus long possible. L'ins- « truction acquise par de longues études étant une pro- « priété qui doit être respectée. »

Par l'article XXI, « l'affranchissement, pendant le « délai le plus long possible, du service militaire en fa- « veur des Alsaciens qui seraient astreints à ce service « par l'organisation allemande. »

La réunion nomma au scrutin secret quatre délégués, MM. J. Klein, J. Kablé, Édouard de Turckheim et Blum- stein, avocat, avec la mission de faire connaître à Berlin, où l'organisation de l'Alsace-Lorraine allait être discutée au Reichstag, « les droits et les vœux des habitants du département du Bas-Rhin (1) ».

C'était assurément des vœux légitimés par la si- tuation anormale dans laquelle nous avions été jetés. Le prince de Bismarck accueillit les délégués avec bienveil-

(1) *Courrier du Bas-Rhin* des 20 et 21 avril 1871.

lance, et je suis assez porté à croire que si l'Alsace-Lorraine
avait été sous ses ordres immédiats, nous nous en serions
mieux trouvés. Mais le grand chancelier avait à s'occuper
d'autres questions, au moins aussi importantes que celles
de notre petit pays, qui devint alors le domaine de cette
quantité de fonctionnaires de tous genres, conseillers,
docteurs, professeurs, etc., qui traitaient l'Alsace-Lorraine en province conquise. A cette époque, une véritable
invasion d'Allemands eut lieu chez nous ; je n'en citerai
comme exemple que l'article suivant, publié dans le
Courrier du Bas-Rhin du 18 mai 1871 : « *Du pays de Bade*, le
« 15 mai. — Des magistrats *badois*, environ 10 à 12,
« parmi lesquels d'excellents jurisconsultes, se sont pré-
« sentés pour occuper les emplois de juges en Alsace-Lor-
« raine. L'organisation de la justice sera probablement
« introduite la première dans l'Alsace-Lorraine (1). »

Une invasion allemande, d'une nature toute diffé-
rente, eut encore lieu à cette époque. Des ouvriers, principalement des journaliers, arrivant de tous les coins de
l'Allemagne, s'abattaient sur l'Alsace comme sur une

---

(1) Depuis le commencement d'octobre 1870, la justice était rendue par un conseil de guerre siégeant à Strasbourg ; il connaissait
de toutes les causes tant civiles que criminelles. Mais en grande partie, c'étaient des délits politiques que le conseil avait à juger ; je
prends au hasard la séance du 11 août 1871.

« Charles Berdellé, ancien garde général à Haguenau, condamné
« à une semaine de prison pour avoir refusé de remettre au com-
« missaire de police une liste de souscription pour un souvenir à
« offrir par l'Alsace à Gambetta.

« Michel Motz, ancien zouave, condamné à une semaine de prison
« pour avoir été rencontré à Barr portant l'uniforme français, malgré
« la défense de l'autorité.

« Édouard Zaepfel, étudiant en médecine, condamné à 20 thalers
« d'amende pour avoir tenu dans un hôtel des propos offensants pour
« les fonctionnaires français passés au service de l'Allemagne, etc.,
« etc. ». (*Courrier du Bas-Rhin* du 18 août 1871.)

terre promise. Après y avoir trouvé de l'occupation, ils faisaient venir leurs familles ; plus tard, celles-ci tombaient à la charge du bureau de bienfaisance, qui vit le nombre de ses pauvres augmenter dans une progression effrayante. Avant 1870, il y avait de 1,800 à 2,000 ; en 1872, 2,573 ; en 1873, 2,777 ; en 1874, 3,042 ; en 1875, 3,811 familles inscrites !

Le 24 mars déjà, il y avait eu une réunion des notables de l'arrondissement de Colmar, sous la présidence du maire M. de Peyerimhof ; elle avait pour but de désigner des délégués qui plaideraient à Berlin les intérêts des Alsaciens. Furent nommés MM. Ignace Chauffour et Fréd. Hartmann ; ce dernier avait exposé, en excellents termes, « que l'abandon de l'Alsace à l'Allemagne étant un fait accompli, il est urgent de discuter les mesures à prendre pour sauvegarder autant que possible les intérêts des populations alsaciennes qui seraient gravement lésées par une transition et une transformation trop soudaines, dans notre législation, dans l'enseignement, dans les administrations, dans nos usages et nos mœurs (1) ».

Mais ce ne fut pas seulement à ces points de vue que la séparation d'avec la France avait été cruellement ressentie par les Alsaciens-Lorrains, elle le fut également sous le rapport industriel.

L'industrie alsacienne avait la France pour principal marché. Ce débouché allait lui être enlevé brusquement, sans compensation, car pour l'écoulement de ses produits, elle ne pouvait compter sur l'Allemagne qui était habi-

(1) *Courrier du Bas-Rhin* du 28 mars 1871.

tuée au bon marché, « *quand même c'était mauvais* » [*Billig aber schlecht*] (1).

On a vu que le délai pour l'importation en France des marchandises alsaciennes, au tarif de faveur, avait été réduit à six mois par le traité de paix signé le 10 mai, et encore M. Pouyer-Quertier avait-il fait partir ce délai du 1er mars ! (page 392). Il s'agissait donc d'obtenir de la France une prolongation de ce terme fatal, en lui offrant en même temps des garanties contre une fraude possible : celle de l'importation en France de marchandises étrangères comme produits alsaciens.

Par les soins des chambres de commerce de Mulhouse et de Strasbourg, des syndicats composés des manufacturiers et négociants les plus honorables et les plus compétents, furent établis à Mulhouse, à Colmar, à Strasbourg et à Bischwiller. Leur mission consistait à délivrer des certificats d'origine constatant la provenance alsacienne des produits destinés à l'importance en France.

Malgré ces garanties, la question de la prolongation du délai fatal — 1er septembre — n'avançait pas. Parmi les points à régler par les plénipotentiaires, qui continuaient à siéger à Francfort, se trouva celui de l'importation en France des produits alsaciens ; M. Pouyer-Quertier n'était pas pressé. Aux intéressés de la Normandie se joignirent les Vosgiens pour empêcher la prolongation. Ainsi le député des Vosges, M. Claude (aujourd'hui sénateur), publia dans le *Mémorial des Vosges* (2) une lettre où, après des éloges au caractère des Alsaciens et en par-

---

(1) Ce sont les termes dont s'est servi, dans ses rapports sur les produits allemands publiés dans la *National-Zeitung* de Berlin, M. F. Reuleaux, professeur à l'institut industriel de Berlin, comme délégué de l'Allemagne à l'Exposition universelle à Philadelphie en 1875.

(2) *Courrier du Bas-Rhin* du 18 août 1871.

ticulier à la députation mulhousienne se trouvant à Versailles pour obtenir la prolongation, il dit : « Mais la
« députation sait que la prolongation du délai du 1er sep-
« tembre exposerait la France à une infiltration ruineuse
« de produits étrangers. Elle a loyalement recherché
« elle-même les moyens d'obvier à cette infiltration.....
« Elle ne les a pas trouvés, parce qu'ils n'existaient pas,
« etc..... »

Ces manœuvres firent que le 12 septembre seulement, M. de Rémusat, le ministre des affaires étrangères,
put présenter à l'Assemblée les bases du traité d'après
lequel les produits alsaciens entreraient en franchise jusqu'au 31 décembre 1871. Ils payeraient le 1/4 du droit
du 1er janvier au 1er juillet 1872, — la moitié du 1er juillet 1872 au 1er juillet 1873. Par contre, les troupes allemandes quitteraient immédiatement sept départements,
et l'armée allemande d'occupation serait réduite à 50,000
hommes. Le ministre demanda l'urgence qui fut votée
presque à l'unanimité, et la discussion fixée au 16 septembre. Elle fut longue et très animée. M. Raoul Duval, défenseur de l'industrie rouennaise, proposa l'ajournement
de la question. M. Buffet, des Vosges, demanda qu'elle fût
au moins examinée avec beaucoup de soins. La séance fut
suspendue à 6 heures et reprise à 9 heures du soir. Le
président de la République, M. Thiers, intervint alors.
Répondant aux craintes exprimées, il dit : « Le maintien
« du quart et plus tard de la moitié du tarif pendant l'an-
« née 1872, empêchera suffisamment une trop forte im-
« portation de produits alsaciens contre lesquels on a
« soutenu la concurrence, alors qu'ils ne payaient pas de
« droits..... »

Après le discours de M. Thiers, accueilli par de
nombreux applaudissements, on procéda au vote. La con-

vention fut adoptée par 533 voix contre 31, et la séance
levée après minuit.

J'ai pu assister à cette mémorable séance, grâce à
Mme la maréchale de Mac-Mahon, à laquelle ce même
jour j'étais allé faire visite à Versailles, et qui voulut
bien m'offrir des billets pour sa loge.

Nos relations avec la maréchale remontaient au mois
de novembre 1870.

En novembre, nous reçûmes d'elle à Bâle une première lettre datée de Pourru-aux-Bois, par Bouillon,
Belgique, où le maréchal, blessé à Sedan, avait été transporté. Mme la maréchale nous écrivit en se référant à la
générale Colson (1). Sachant par elle que nous étions à
Bâle, elle nous priait, comme compatriote, d'avoir soin
d'une grande voiture de voyage, de dix colis de bagage et
de trois chevaux du maréchal, le tout arrivé à Bâle, après
Frœschwiller, sous la conduite de trois ordonnances. Nous
trouvâmes les trois soldats très confortablement logés
dans une des bonnes auberges de Bâle, et ils y auraient
certainement absorbé la valeur de la voiture, des bagages
et des chevaux, si on n'y avait mis bon ordre.

Après avoir reçu notre rapport, la maréchale nous
pria de faire vendre les trois chevaux, de mettre en remise
la voiture et les bagages, et de dire aux soldats que, d'ordre de son mari, ils avaient à rejoindre les dépôts de leurs
régiments. — A cette époque troublée, cela n'était pas

---

(1) La veuve du général Colson tué à Frœschwiller. Mme Colson
est une née Kühlmann, de Lille, où son père, Alsacien de naissance,
avait fondé de grandes fabriques de produits chimiques, qui comp-
tent encore aujourd'hui parmi les établissements importants du département du Nord.

très facile ; les troupiers ne tenaient pas à quitter leur bon gîte ; l'aubergiste présentait une note exagérée, et la vente des chevaux était difficile ; appartenant à un maréchal de France, ils ne devaient pas servir à la remonte allemande. La police de Bâle nous prêta son concours. Elle taxa la note de l'aubergiste, et fit déguerpir les soldats. Quant aux chevaux, ils furent vendus à des marchands français.

Notre correspondance, assez suivie, avec la maréchale, fut continuée de Wiesbaden, où, selon la capitulation de Sedan, le maréchal avait à se rendre après son rétablissement. — Plus tard, de Versailles, la maréchale nous pria d'expédier la voiture et les bagages à Paris, où tout fut rendu en parfait état dans le courant d'août. La maréchale nous écrivit pour annoncer la bonne arrivée de ces colis, et nous remercia en termes chaleureux des soins que nous avions apportés à ses intérêts.

Devenu Président de la République française après la chute de M. Thiers (mai 1873), le maréchal de Mac-Mahon reçut une lettre d'un homme de loi de Bâle chargé de lui réclamer une centaine de francs qu'il prétendait dus à l'aubergiste par une des ordonnances. Ce drôle, avait jugé bon, contrairement à l'ordre de la police de déguerpir, de rester pendant quelques jours caché à l'auberge, puis de lever le pied sans payer. L'aubergiste espérait sans doute que le Président de la République française ne se refuserait pas à acquitter la dette de son ancienne ordonnance.

On nous envoya la lettre avec prière de payer si la demande était juste. Mais la police voulut bien encore une fois intervenir. Elle signifia à l'effronté aubergiste qu'il avait eu tort de garder l'individu après l'ordre d'expulsion, et que le maréchal ne lui devait absolument rien.

— Il se le tint pour dit et ne réclama plus. — Notre correspondance avec la maréchale continua ainsi pendant quelque temps.

En novembre 1875, mon fils Alfred me rendit attentif à un jugement inséré dans la *République française,* par lequel le conseil de guerre avait condamné un sieur François Kieffer, Messin de naissance, à 20 années de détention, pour participation à la Commune. Il résulta des débats qu'en 1864, Kieffer, mécanicien de son état, après 8 ans de bons services militaires, avait trouvé du travail dans une usine à Paris. Il s'était marié et était père de quatre enfants, quand, pendant le siège de Paris, son usine vint à chômer. Ancien soldat, il entra dans la garde nationale et se distingua à diverses sorties. Pendant la Commune, qui suivit la capitulation, le travail ne reprit pas. Il fallait vivre ; Kieffer resta naturellement dans la garde nationale, où il toucha 3 fr. par jour. Vers le 15 mai, voyant la mauvaise tournure des affaires, il sortit de Paris et trouva de l'ouvrage dans une fabrique de bascules près Bar-le-Duc. Contremaître depuis quelque temps, il fut obligé, dans le courant de 1875, de renvoyer un ouvrier pour inconduite. Celui-ci se vengea en le dénonçant comme ancien communard, et le malheureux fut traîné par la gendarmerie devant le conseil de guerre. Malgré d'excellents témoignages, sans égard pour la femme et les quatre enfants — dussent-ils mourir de faim, — et bien que près de cinq années eussent passé, le conseil prononça ce jugement, prouvant une fois de plus que la réaction quand elle s'estime maîtresse est implacable dans sa haine, impitoyable dans sa vengeance.

J'écrivis immédiatement à mon ami Edmond Valentin, alors député de Seine-et-Oise, pour le prier de s'occuper de ces pauvres gens. Son dévouement pour toutes

les infortunes les lui fît découvrir dans un taudis à un
7ᵉ étage ; un seul lit pour les cinq, et une caisse vide
pour tout meuble. Les malheureux enfants crurent que
c'était un ange qui leur venait du ciel.

Valentin, dès le lendemain, les recommanda à la
Société d'Alsace-Lorraine ; Mᵐᵉ Charras, notamment,
voulut bien s'en occuper. « Nous allons demander une
commutation de peine », m'écrivait M. Valentin, et,
ajouta-t-il, « comme vous connaissez la maréchale, priez-
la d'intervenir. » Je le fis. A ma joie inexprimable je
reçus trois mois plus tard un télégramme de M. Valentin : **Kieffer** gracié. Le lendemain, Mᵐᵉ la maréchale me
confirma cette bonne nouvelle par la lettre qui suit :

« Paris, le 9 mars 1876.

« Monsieur,

« Vous m'avez écrit au mois de décembre dernier
pour appeler mon intérêt sur un Lorrain condamné à 20
ans de détention, le nommé Kieffer. Je me suis occupée
de cette demande ; les motifs d'indulgence invoqués en
sa faveur ont paru mériter une sérieuse attention, et je
suis heureuse de vous annoncer qu'il va être mis en liberté. J'ai pensé que vous seriez satisfait d'en être informé
de suite.

« Recevez, etc.

« Signé : Maréchale de Mac-Mahon. »

Dans le courant de 1876, les communes riveraines
du Rhin souffrirent terriblement d'une formidable crue
du fleuve. Me trouvant en affaires à Paris à ce moment,

je m'étais rendu à Versailles pour faire mes remerciements à la maréchale. Au cours de la conversation, elle
me dit : « J'apprends que l'Alsace est dévastée par des
« inondations. Je pense pouvoir vous adresser des fonds.
« Dites à vos concitoyens que nous ne les oublions pas. »
Sur un meuble de son salon, se trouvait un grand bronze,
« *l'Alsace en deuil* ». Huit jours plus tard, arrivèrent
80,000 fr., dont 50,000 fr. pour le comité de l'évêché ;
30,000 fr. pour le comité central formé par des citoyens
de Strasbourg, sous la présidence de M. Koerttgé, ancien
notaire.

Durant les quatre années de présidence du maréchal,
où la réaction se donna libre carrière, on a souvent parlé
de l'influence de Mme la maréchale de Mac-Mahon sur les
affaires. Je n'y ai jamais cru. Simple, modeste, elle a dû
préférer aux intrigues gouvernementales la vie de famille.
Lors de ma première visite, je la trouvai assise au piano
à côté d'un de ses enfants dont elle surveillait les études.
Fervente catholique, elle écoutait peut-être volontiers son
confesseur ; cela n'empêcha pas la maréchale d'avoir un
cœur noble, généreux, patriotique ; je crois en avoir
fourni la preuve, et suis heureux de pouvoir lui témoigner
ici publiquement ma sincère reconnaissance.

———————

Des élections municipales eurent lieu à Strasbourg
le 28-29 juillet 1871 ; elles furent complétées le 6 août.
Le nouveau conseil avait des sentiments français. Il ne
pouvait guère en être autrement.

Une ville qui depuis près de deux siècles faisait
partie de la France, « qui a traversé avec elle les mêmes
vicissitudes, qui a partagé les mêmes joies, les mêmes

douleurs », pour me servir du langage de M. Thiers
(page 195), ne pouvait changer de sentiments politiques
d'un jour à l'autre. L'Allemagne, ou n'a pas pu, ou n'a
pas voulu s'en rendre compte ; ses victoires inouïes l'a-
vaient enivrée. Les journaux des nationaux-libéraux faisaient chorus avec ceux de l'aristocratie prussienne pour
pousser le gouvernement à plus de rigueur envers l'Alsace-Lorraine, en y introduisant une autorité dictatoriale.

« Le parti progressiste prit alors la défense des
« frères nouveaux, dit la *Volkszeitung* de Berlin du 21 oc-
« tobre 1871, et il a fallu l'intervention décisive du prince
« de Bismarck, partisan de vues humanitaires, pour éloi-
« gner du Reichsland les projets draconiens des natio-
« naux-libéraux (1). »

Mais cette mansuétude n'était pas vue d'un œil favorable par la nuée de fonctionnaires qui venaient de tous
les coins de l'Allemagne s'abattre sur le « *Reichsland* ».
Dans la distribution des nombreux emplois déjà existants
ou qu'on créerait encore, il n'y aurait pas eu de place pour
eux en même temps que pour les Alsaciens-Lorrains. Ces
derniers, les vaincus, devaient céder.

Le nouveau conseil municipal de Strasbourg avait
désigné M. Ernest Lauth pour les fonctions de maire.
Un décret impérial du 15 octobre, publié à Berlin dans le
Reichsanzeiger du 16, approuva ce choix. Le même décret
nomma M. Bezanson, maire de Metz, et M. de Peyerimhoff, maire de Colmar.

(1) *Courrier du Bas-Rhin* du 24 octobre 1871.

Dans la séance du conseil municipal de Strasbourg du 18 octobre, M. Jules Klein qui depuis près d'un an, et dans des circonstances bien difficiles, avait rempli provisoirement les fonctions de maire, installa M. Lauth.

L'allocution que le dernier prononça en cette circonstance se terminait par les paroles suivantes :

« Avant de commencer nos travaux, je me rends l'interprète des sentiments de nos concitoyens en exprimant leur vive et profonde gratitude aux membres de la dernière administration municipale ; ils ont accepté une mission périlleuse ; ils l'ont conservée au milieu des dangers et des déboires qui ont miné la santé de leur chef regretté.

« Aux récentes élections, notre population a déjà témoigné de sa reconnaissance et de ses respects de leur haute intégrité, leur activité infatigable et leur abnégation exemplaire.

« Nous manquerions aussi à un devoir impérieux si nous ne faisions remonter l'expression de notre gratitude à l'administration antérieure à la proclamation de la République.

« La gestion économe et prévoyante de M. Humann, tout en donnant satisfaction à tous les besoins sérieux, avait amassé un fonds de près d'un million de francs, qui, pendant le siège et jusque vers la fin de l'année, a fourni une ressource précieuse dans un moment où un emprunt n'eût pu se conclure qu'à des conditions usuraires.

« Je vous propose en conséquence de voter des remercîments à nos honorables prédécesseurs, pour les services signalés qu'ils ont rendus à la ville de Strasbourg. »

A ce discours vivement applaudi, M. Klein répond

par une improvisation dont j'extrais les passages suivants :

« Messieurs,

« Je suis profondément touché des paroles bienveillantes que M. le maire vient de prononcer à l'éloge de mon administration, et celle-là, j'ai le sentiment de l'avoir faite au mieux des intérêts de la cité. Je laisse à mon successeur le patrimoine de la ville entièrement intact et la situation financière dans un état plus que satisfaisant.

« Dans mes rapports avec les autorités, je suis entré dans la voie des transactions amiables, à mon avis, la seule possible au point de vue des intérêts municipaux que j'avais à défendre et qui, à chaque instant, menaçaient d'être compromis aux dépens de mes concitoyens. Je le sais, la critique toujours facile et le plus souvent ignorante de la marche des affaires et des difficultés de la situation, ne m'a point ménagé. Mais j'affirme que je prends très volontiers sur moi la responsabilité des actes de mon administration, et je me hâte d'ajouter que si j'avais à continuer mes fonctions, je ne changerais en rien, absolument en rien, ma ligne de conduite. Avant de terminer, permettez-moi, Messieurs, d'exprimer à mes chers collègues de l'administration et de la commission municipale l'hommage de ma parfaite reconnaissance, pour l'appui bienveillant qu'ils n'ont cessé de me donner dans la période difficile que nous avons traversée ensemble.

De chaleureux applaudissements accueillent ces paroles. M. le maire donne ensuite avis au conseil, qu'il a choisi dans son sein, et désigné comme adjoints MM. Imlin, Hueber, Weyer et Goguel.

La nouvelle administration se trouva ainsi installée, mais elle n'eut qu'une courte durée. Bien que nos concitoyens ne pussent être sympathiques au changement de nationalité imposé par la force, ils avaient cependant le désir sincère d'éviter des conflits avec les autorités supérieures. Cette intention était d'autant plus sérieuse qu'on avait pleine confiance dans les mémorables paroles du chancelier à la séance du Parlement du 25 mai 1871, par lesquelles le prince de Bismarck affirmait que le Gouvernement de l'Allemagne désirait vivement « *voir les Alsaciens-Lorrains arriver le plus tôt possible à se gouverner eux-mêmes* ».

Mais avec ce système les emplois lucratifs n'auraient plus été le partage exclusif des nombreux aspirants immigrés, dont Strasbourg surtout fut le point de mire. On disait alors que le président supérieur, M. de Möller, qui avait remplacé M. de Bismarck-Bohlen, était parfois débordé par ces sollicitations, et qu'elles paralysaient son désir d'agir selon les vues du prince de Bismarck.

Était-ce par principe ou pour se faire valoir? Les nouveaux venus renforcèrent tellement la note de la germanisation, que même le *Courrier du Bas-Rhin*, rédigé exclusivement par des Allemands purs, les invita parfois à la modération. De nombreux conflits devaient nécessairement surgir. Ainsi le conseil repoussa à l'unanimité une demande de remboursement de 7,800 fr. faite à la ville par le Gouvernement, pour frais de changement des plaques indicatrices des noms des rues en allemand. Le Gouvernement invoquait à cet effet la *loi française* qui met à la charge de la ville les dépenses de voirie. « Or, c'est en vain, dit le *Courrier*, qu'on a cherché comme rentrant dans cette catégorie la désignation des rues, et d'ailleurs un règlement récent n'avait-il pas rangé l'appellation des voies publiques dans les attributions du directeur de la police, c'est-à-dire du Gouvernement (1) ? »

Nous aurions compris que pour plaire aux immigrés, l'on eût posé des plaques allemandes au-dessous, ou au-dessus des plaques françaises, mais enlever ces dernières sans consulter l'administration municipale, puis lui présenter la note à payer, c'était une de ces nombreuses vexations qui aigrissaient les esprits les mieux disposés à la conciliation.

A la même époque, un conflit fut créé au sujet de la commission administrative des hospices. Le *Courrier du Bas-Rhin* du 4 avril 1872, en parle dans les termes suivants :

« Au conflit qui existait entre le Gouvernement et le conseil municipal au sujet du théâtre, est venu s'ajouter un nouveau dissentiment entre une branche de l'administration communale et l'administration départementale. Celle-ci a nommé de son propre chef, à la place de M. Petiti père, obligé de se démettre de ses fonctions de membre de la commission des hospices civils de Strasbourg, M. Waldeyer, professeur d'anatomie à l'Université.

« Nous voulons à cette occasion rappeler quelques faits historiques. La commission administrative des hospices civils de Strasbourg est une institution antique, ayant fait ses preuves.....

« ..... De tout temps, cette commission a joui d'une indépendance très étendue vis-à-vis du Gouvernement.

« ..... En 1852, sous le régime bonapartiste, le droit de présentation fut enlevé à la commission et le préfet se réserva le droit exclusif de nomination. Cependant, de

---

(1) *Courrier du Bas-Rhin* du 9 avril 1872.

fait, même à l'époque la plus rigoureuse du régime bonapartiste, le droit de nomination n'a jamais été exercé de cette manière, et le préfet a choisi toujours l'un des candidats proposés par la commission.

« C'est la première fois que la loi de 1852 *a été appliquée* de fait par l'administration actuelle. M. le président du département non seulement n'a choisi aucun des candidats proposés par la commission, mais il a nommé de sa propre autorité M. Waldeyer, sans consulter d'abord la commission ; l'administration départementale n'a pas pu ignorer quelles seraient les conséquences de ce procédé. En effet, tous les membres de la commission ont donné immédiatement leur démission, et ce n'est que sur les instances pressantes de l'autorité municipale qu'ils ont repris leurs fonctions pour ne pas enrayer l'administration hospitalière de la ville.....

« Quel est le motif qui a poussé l'administration départementale à un acte dont elle a dû prévoir les conséquences ? Peut-on reprocher à la commission administrative des hospices de faire de l'opposition ?... Non...

« Le Gouvernement veut-il introduire maintenant déjà l'élément allemand dans toutes les branches de l'administration ? C'est possible... La commission n'a pas voulu donner sa démission parce qu'on avait nommé un Allemand, mais parce qu'elle s'était sentie offensée...

« En présence de la conduite de l'administration du département, on peut faire observer que sous le régime français il s'est passé un siècle et demi avant qu'un Français, non Alsacien, ait été nommé membre de cette commission.

« Si l'on prétend que la commission comptait toujours dans son sein un membre de la Faculté de médecine,

on peut répondre que ce besoin se trouve complètement
satisfait parce qu'un médecin, et même un médecin célèbre, M. le professeur Schützenberger fait partie de la
commission.

« Une courte observation avant de finir. Si en agissant ainsi, l'administration départementale avait atteint un
grand but politique, on pourrait encore s'expliquer qu'elle
se soit mise au-dessus de tous les scrupules. Mais comme
la mesure qu'elle a prise n'a pas eu d'autre conséquence
visible que de provoquer des regrets et de l'agitation dans
l'esprit des Alsaciens, même de ceux enclins à la conciliation, nous renonçons à l'expliquer. »

A cette époque on commença à discuter sérieusement
l'agrandissement de la ville. Les uns parlaient du Contades seulement ; d'autres désiraient qu'on allât jusqu'à
y englober l'Orangerie. La question fut ajournée ; une
grave maladie ayant retenu chez lui le maire, M. E. Lauth,
pendant tout l'hiver de 1872.

Le préfet, M. d'Ernsthausen, étant allé voir M. Lauth
pendant sa maladie, celui-ci lui fit, en mars 1873, une
visite de convalescence au cours de laquelle on parla politique. M. Lauth, avec une franchise qui l'honore, mais
que la prudence eut dû modérer, dit au préfet qu'en acceptant les fonctions de maire, il n'avait pas caché au président supérieur, M. de Möller, lors d'une première entrevue en 1871, ses sympathies pour la France, et qu'il
espérait bien qu'un jour nous redeviendrions Français.
La conversation fut rapportée à M. de Möller qui, lors
d'une visite que lui fit M. Lauth, lui dit qu'avec ses sympathies françaises, il ne devrait pas rester maire d'une
ville devenue allemande ; qu'il ferait donc bien de donner
sa démission. M. de Möller réitéra son opinion dans une
lettre autographe à M. Lauth, datée du 2 avril 1873. A

cette lettre M. Lauth répondit le 3 avril par écrit, qu'appelé aux fonctions de maire par la confiance du conseil municipal, il ne pourrait démissionner que si celui-ci lui en exprimait le désir. M. Lauth ajouta que ne s'occupant pas de politique, administrant avec loyauté, il ne pensait pas qu'une simple expression de sympathie dans une conversation toute privée, fût pour lui un motif de se retirer.

La réponse ne se fit pas attendre. Par décision du 12 avril, le préfet, M. d'Ernsthausen, fit signifier à M. Lauth un décret impérial du 7 avril 1873 par lequel, en vertu de l'article 2 de la loi (française) du 5 mai 1855 — il était relevé de ses fonctions de maire. — La même décision du préfet nomma le directeur de police, M. Back, commissaire extraordinaire chargé de l'administration municipale.

Le conseil municipal crut devoir protester immédiatement contre cette révocation. Le *Courrier du Bas-Rhin* du 16 publia cette pièce d'après l'*Industriel alsacien* du 15 avril, mais à la même date du 15 avril M. d'Ernsthausen suspendit temporairement le conseil, et par décret du Président supérieur, M. de Möller, du 27 mai 1873, toujours en vertu de la loi française du 5 mai 1855, la suspension fut étendue à un an. Enfin le 8 avril 1874 intervint un décret impérial du 3 avril 1874 par lequel le conseil municipal était complètement dissous.

Dès lors l'administration allemande crut pouvoir gérer nos intérêts en maîtresse absolue, et par contrat passé à Berlin le 5 décembre 1875 entre M. de Pommer-Esche, conseiller du Gouvernement, et M. Back, directeur de police et administrateur municipal, le dernier acheta de l'Empire, pour la ville de Strasbourg, au prix de 17 millions de marks, 188,404 hectares de terrains devenant disponibles (1) par le déplacement d'une partie des anciens remparts de la ville.

Un pareil agrandissement dépassa de beaucoup les vues les plus hardies des 82 citoyens qui, par une pétition au prince de Bismarck, d'ailleurs sans y être nullement autorisés par leurs concitoyens, avaient émis le désir de voir la ville élargie.

Quand les détails du contrat, par la discussion à laquelle il donna lieu à la séance du Reichstag du 7 février 1876, furent enfin connus, et que l'on eut appris que par l'article 7 (2) la fortune immobilière et mobilière de la ville servait de gage au prix d'achat à payer à l'Empire, la population fut unanime à protester contre un marché qui, sans qu'elle eût été seulement consultée, engagea pour de longues années les finances de la ville. Le contrat ayant été communiqué au Reichstag pour en prendre connaissance, un de nos députés alsaciens, M. l'abbé Guerber, déposa une interpellation dont j'extrais les passages suivants :

« Dem Reichstage ist der Vertrag zur Kenntnissnahme mitgetheilt worden, welcher am 2. December 1875 zwischen dem Geheimen Ober-Regierungsrath Herrn von Pommer-Esche im Namen des Deutschen Reiches und dem Polizei-Direktor und Bürgermeisterei-Verwalter Herrn Back, betreffend den Verkauf der durch die Erwei-

---

(1) Verhandlungen über die Stadterweiterung von Strassburg, Buchdruckerei von Schultz et Cie, 1876, page 27.

(2) Für die Sicherheit der Kaufgelder haftet die Stadtgemeinde mit ihrem gesammten unbeweglichen und beweglichen Vermögen.

. . . .

Berlin, den 2. Dezember 1875.

Gez. v. Pommer-Esche,   Gez. Back,
geheimer Ober-Regierungsrath.   Polizei-Direktor und
                        Bürgermeisterei-Verwalter.

terung der Festung Strassburg entbehrlich werdenden
Grundstücke an die Stadtgemeinde Strassburg, abgeschlossen worden ist. Aus diesem von dem Reichskanzler-
amte und von dem Herrn Bezirks-Präsidenten bereits ra-
tifizirten Vertrag ist ersichtlich, dass der Stadt Strassburg,
vermittelst der Unterschrift des Herrn Polizei-Direktors
Back, die Verpflichtung auferlegt werden soll, eine
Summe von 17 Millionen Mark zu bezahlen, ohne dass
eine Gemeindevertretung der Stadt darüber ihr Votum
abgegeben hat.

« Es widerspricht eine derartige Belastung der Ge-
meinden, ohne Mitwirkung einer gesetzlichen Gemeindevertretung, dem allgemein geltenden Recht, und weist
desshalb das stattgehabte Verfahren auf die Dringlich-
keit einer baldigen Wiederherstellung des unterm 27. Mai
1873 aufgelösten Gemeinderaths hin. »

M. Guerber montra tout ce que le contrat avait d'arbitraire, dans un vigoureux discours dont voici quelques
passages :

« .....Ich und der allergrösste Theil der Bevöl-
kerung Strassburg's kann in dem in Rede stehenden
Vertrag nichts anderes erblicken, als einen gewaltsamen
Eingriff in die Selbstverwaltung und die Rechte der
Stadt Strassburg. Es herrscht in der Bevölkerung nur eine
Stimme der Entrüstung über die Art und Weise, wie der
Vertrag abgeschlossen wurde. Ohne die Gemeindever-
tretung der Stadt nur im Geringsten zu hören, ist die
Regierung auf der einen Seite als Verkäufer, vertreten
durch den Ober-Regierungsrath von Pommer-Esche, auf
der anderen Seite, vertreten durch den Polizei-Direktor,

jetzigen Bürgermeistereiverwalter Herrn Back, als Käufer
aufgetreten und das Resultat dieses Geschäftes ist, dass
der Stadt eine Last von 17,000,000 Mark aufgebürdet
wird. Während man sonst sagt: wenn zwei mit einander
streiten, lacht der Dritte, muss man hier sagen: wenn
zwei mit einander paktiren, weint der Dritte und dieser
Dritte ist die Stadt Strassburg. Für sie ist dieser Vertrag
eine Erneuerung des Rufes: *Væ victis !* Ich kann nur
wünschen und hoffen, dass der dringende Nothschrei,
dem meine Interpellation Ausdruck gibt, an der entschei-
denden Seite gehört werde. »

M. Sonnemann, député de Francfort, soutint
M. Guerber et traita en outre la question au point de
vue financier, il dit entre autres :

« .....In Strassburg ist man über den Abschluss
des Vertrages im Unklaren geblieben, bis derselbe dem
Reichstag vorgelegt worden ist (Hört!) Hätte man den
Abschluss des Vertrages vom 2. Dezember nicht so geheim
gehalten, so würden gewiss Petitionen der Bevölkerung
eingelaufen sein. Denn selbst von den 82 Petenten um die
Erweiterung der Stadt-Enceinte sind einige entrüstet über
die Art des Abschlusses.

« Mehrere Punkte werden von kompetenter Seite in
Strassburg selbst gegen diesen Vertrag geltend gemacht.
Erstens sei das abgetretene Terrain viel zu gross, das
Terrain der Stadt wird nahezu verdoppelt, und so, eine
allgemeine Entwerthung des Terrains herbeigeführt.
Zweitens beanstandet man, dass man den ungesundesten
und am wenigsten bewohnten Theil der Aussenstadt in
die Enceinte hineingezogen habe, nicht den gesundesten

und von den grösseren Industriellen bewohnten. Es mögen hierbei militärische Rücksichten massgebend gewesen sein, ob man hieraus aber eine Belastung der Stadt herleiten kann, ist fraglich. Drittens sei das Terrain viel zu theuer bezahlt worden. Zu dem Kaufpreis von 17 Mill. kommen erfahrungsmässig noch 13 Millionen Mark, um das Terrain baufähig zu machen und es mit Kanalisation, Wasserleitung etc. zu versehen. Diese Summe muss die Stadt sogleich aufbringen und ausserdem von 1879 an jährliche Raten bezahlen. Die Aussichten für den Verkauf sind auch nicht die günstigsten.

« In Strassburg findet nun ein Zuzug von wohlhabenden Leuten fast gar nicht statt und eine grosse Zahl der Eingeborenen suchen möglichst ihre Häuser zu verkaufen. Selbst wenn das Geschäft ein besseres wäre, hat man nicht das Recht, der Stadt wider ihren Willen einen derartigen Vertrag aufzuzwingen.

« Was die Wiederanstellung des Gemeinderathes betrifft, so sollte die Regierung dazu den Verlauf der fünf Jahre nicht abwarten. Was hat man ihm denn vorzuwerfen? Der Maire hat die von dem Kommissär angeführte Aeusserung gethan und die Gemeinde hat ihren Maire nicht im Stiche lassen wollen — das darf man den Leuten nicht so hoch anrechnen. Es muss hier constatirt werden, dass von Seiten der Stadt seit ihrer Annexion keine gesetzwidrige Handlung stattgefunden hat und die ganze Verwaltung von dem Gemeinderath in loyalster Weise geführt worden ist. Nach fünf Jahren muss man es des grausamen Spieles genug sein lassen. Eines schickt sich nicht für Alle, man kann nicht eine politische Diktatur üben und gleichzeitig grossartige Geschäfte machen. Wenn es nöthig sein sollte die Diktatur zu verlängern, müssen Sie auf dieses Geschäft mit Strassburg verzichten.

Sollten Sie aber das Geschäft machen wollen, so können Sie es nicht anders, als indem Sie es den gewählten Vertretern vorlegen. »

———

M. Herzog, commissaire fédéral, M. le maréchal de Moltke, et *M. Löwe,* député national-libéral, répondirent. Le dernier dit avoir visité Strasbourg, il parle donc *de visu;* et soutient que l'affaire n'était pas mauvaise pour la ville. Arrivant à la question de la non-existence d'un conseil municipal, M. Löwe émet l'opinion qu'il serait impolitique d'en faire constituer un, à seule fin de discuter le contrat en question ; cela détruirait le prestige de l'autorité imposée, « mais, ajouta-t-il, en principe il est désirable de revenir à une administration régulière ; le plus tôt sera le mieux, et d'après mes propres observations, cela pourra se faire dès maintenant (1) ».

Après ce discours l'interpellation fut déclarée close.

———

(1) Voici d'après la *Frankfurter Zeitung* du 8 février 1876, des passages du discours de M. Löwe :

« Der Abg. Sonnemann sagte, die Stadt würde nach einer schlechten Seite erweitert. Ich habe das Terrain zu Fuss, kreuz und quer, durchschritten ; es ist eine *Hochebene,* die abgesehen von den noch vorhandenen Festungsgräben zu dem gesundesten Theile der ganzen Umgegend Strassburgs gehört. In geschäftlicher Beziehung will ich über die Meinung des Abgeordneten Sonnemann nicht urtheilen. Wenn wir die Berufung einer Vertretung der Stadt zum Zwecke der Prüfung und Genehmigung dieses einen Vertrages verlangten, wenn wir im Widerspruch mit den Befugnissen, die wir in Anbetracht der ausserordentlichen Verhältnisse den Behörden ertheilt haben, in diesem Falle die Behörden invalid machen und sagen wollten, die von uns geschaffenen Behörden haben nicht die moralische Befugniss, einen solchen Akt zu vollziehen, so würden

A M. Back, nommé en 1880 préfet de la Basse-Alsace, succéda M. Stempel, d'abord comme directeur de police, puis comme administrateur municipal.

En 1879, après la retraite de M. de Möller, Président supérieur, l'empereur nomma le feld-maréchal de Manteuffel statthalter d'Alsace-Lorraine. La mort le surprit en 1885 à Carlsbad, pendant qu'il y faisait une cure.

A sa place l'empereur nomma statthalter le prince de Hohenlohe (de 1874 à 1885 ambassadeur d'Allemagne à Paris). Le prince prit possession de ses hautes fonctions en novembre 1885, et sous son administration il y eut enfin, en juillet 1886, des élections municipales.

Mais l'éloignement systématique des citoyens de la gestion de leurs intérêts pendant près de quatorze années, leur a été d'autant plus sensible qu'au moment même où ont surgi les nombreux conflits, dont je n'ai cité qu'une faible partie, le *Courrier du Bas-Rhin* (1) donnait des extraits d'un discours de M. Henry de Sybel, où le célèbre historien dit entre autres :

« Les Allemands aiment le système qu'ils nomment « *Selbstverwaltung* (le système de s'administrer eux-mê-« mes) ; ils désirent pouvoir élire leurs administrateurs « comme il leur plaît ; ils veulent prendre part eux-mêmes « à la chose commune pour la conduire d'après leur propre « goût. »

wir einen ganz unbegreiflichen politischen Fehler begehen, das Ansehen jener Behörden geradezu vernichten. Nicht *ad hoc,* sondern überhaupt wieder eine regelmässige Vertretung der Stadt zu schaffen, würde ich, je eher dies geschieht, für eine um so bessere und weisere Handlung der Regierung halten. Nach meinen Wahrnehmungen *könnte es jetzt schon* geschehen. Die Wiederholung der früheren Demonstrationen, die man nicht ernsthaft gemeint haben wollte, wird wohl unterbleiben, nachdem man gesehen hat, dass sie ernsthaft genommen werden. »

(1) Du 11 mai 1872.

Les Alsaciens professaient ces principes. A Strasbourg surtout, vieille cité républicaine, ils n'ont jamais
pu s'émousser, pas même sous le régime despotique des
Napoléons. En blessant au plus vif ces sentiments, on n'a
certainement pas gagné les cœurs.

1872

Inauguration de l'Université de Strasbourg. Fin tragique du professeur d'Aufsess. — Les dernières heures des loges maçonniques
françaises de l'Alsace-Lorraine. — Le 1er octobre 1872.

Le 1er mai 1872 avait été fixé pour les fêtes d'inauguration de la nouvelle Université.

Le gouvernement disposant de puissantes ressources
financières s'était assuré, pour les différentes chaires, du
concours des professeurs les plus distingués de l'Allemagne. Mais il manquait une bibliothèque. Celle de Strasbourg, d'ailleurs propriété de la ville, avait été détruite
par le bombardement. Ce qui est brûlé est irrévocablement perdu. C'était une tache indélébile, mais que l'Allemagne s'est efforcée de laver autant que possible, et elle
y a en partie réussi. M. le Dr Barrack, nommé bibliothécaire de la bibliothèque à créer, fit des appels si chaleureux aux Allemands, puis aux Sociétés savantes, aux
libraires, etc., des autres pays, que bientôt des dons considérables affluèrent de différents points du globe (1).

Strasbourg voulut également se reconstituer une bi-

(1) Il en arriva d'Athènes, de Caracas (Vénézuela), de Saint-Pétersbourg, de Calcutta, des États-Unis, etc. (*Courrier du Bas-Rhin*
du 30 avril 1872.)

bliothèque. Grâce aux soins de son jeune et infatigable bibliothécaire, M. Rod. Reuss, professeur au Gymnase, elle se développa bientôt d'une façon très satisfaisante, quoique dans des proportions plus modestes que celle de l'Université, qui, en dehors des dons, s'enrichissait par d'importants achats.

De grands efforts avaient été faits par les autorités, par les professeurs et les étudiants, et en général par tous les immigrés, pour donner à ces fêtes un éclat extraordinaire.

La nouvelle et grandiose Université — elle compte aujourd'hui parmi les plus beaux monuments de la ville — n'existant pas encore en 1872, on avait choisi pour la cérémonie d'inauguration le château (1) dont à cet effet la cour spacieuse avait été transformée en un vaste salon à ciel ouvert.

A onze heures (2), le président supérieur d'Alsace-Lorraine, M. de Möller, ouvrit la fête en quelques paroles simples, il constata que l'Empereur Guillaume, répondant en ceci aux traditions de sa maison, ainsi qu'aux vœux de tout le peuple allemand, a fait don à l'Alsace, comme de la plus belle dot que l'Empire germanique pouvait lui apporter, de la nouvelle Université.... M. de Möller en lut alors l'acte de fondation, et le remit au recteur désigné, M. le professeur Bruch, ancien doyen de la Faculté de théologie.....

« La voilà donc achevée heureusement, dit M. Bruch, la grande et belle œuvre.... Il n'y a pas un d'entre nous, qui ne comprenne la haute portée de cet acte pour l'Al-

(1) La bibliothèque universitaire y est installée depuis une dizaine d'années.
(2) Voir : *Einweihung der Kaiser-Wilhelm's-Universität,* 1er et 2 mai 1872.

sace, l'Allemagne, le monde entier ; mais personne n'en pourrait ressentir une joie plus vive que la ville de Strasbourg. ». . . . .

. . . .

Que les immigrés, que les savants accourus de tous les points de l'Allemagne aient éprouvé la joie la plus vive, cela se comprend. Mais que M. Bruch, lui qui avait été généreusement accueilli par la France (1), qui pendant près de 50 ans avait émargé au budget, lui qui portait la décoration de la Légion d'honneur, qui avait été comblé de distinctions par son pays d'adoption ainsi que par Strasbourg, ait pu à tel point méconnaître les sentiments de ses concitoyens — et, arrivé au terme d'une longue et honorable carrière, donner un pareil démenti à tous ses actes, et à tout ce qu'il avait dit et écrit — c'était triste, bien triste — tout au plus pourrait-on admettre comme circonstance atténuante que le vieillard n'avait plus la force de résister aux sollicitations dont certainement il avait été l'objet.

Les Alsaciens, à très peu d'exceptions près, n'ont pris aucune part à ces fêtes ; les étudiants en théologie, au nombre de quarante, autrement fermes que leur ancien doyen, écrivirent même au *Courrier du Bas-Rhin* que ce n'étaient pas les étudiants en théologie *alsaciens* qui avaient pris part à une réunion préparatoire pour les fêtes (2)....

Les dames allemandes, voulant s'associer à l'inauguration de l'Université, décidèrent de faire hommage à cet

(1) M. Bruch était né à Pirmasens ; au moment de sa naissance 1792, cette petite ville était française ; mais elle avait déjà été réunie à la Bavière rhénane à l'époque où M. Bruch vint se fixer à Strasbourg.

(2) *Courrier du Bas-Rhin* du 2 mai 1872.

établissement d'un Mémorial chronique de tous les événements importants qui le concernaient. Ce livre, orné
par le célèbre peintre Scheuren de Dusseldorf, fut remis
le 11 janvier 1873 aux recteur et prorecteur de l'Université, MM. Bruch et de Bary, par les dames du comité,
Mesdames de Hartmann, d'Ernsthausen, de Sybel, Ben-
gerel et Sengenwald (1).

———

Une scène qu'on pourrait appeler comique si elle ne
montrait, sous un jour réellement hideux, où la passion
politique peut pousser les hommes, même parmi ceux
auxquels leur position doit inspirer une tenue exemplaire,
a failli terminer la fête d'une façon tragique.

Parmi les savants distingués venus pour y assister
se trouvait un vieillard, le baron d'Aufsess, le fondateur
du musée germanique de Nuremberg.

Étant lié avec le bibliothécaire, M. le Dr Barrack, il
avait été logé par lui dans une dépendance du château.

Après les discours du matin, et un grand banquet à
3 heures de l'après-midi, on passa la soirée dans les salons du château. La société était gaie. Une partie de la
population profitant de la belle soirée de mai défilait en
groupes devant les fenêtres occupées par les convives.

M. d'Aufsess était maladif et se retira de bonne heure ;
ayant l'habitude d'appeler son valet de chambre au moyen
d'un sifflet il y donna plusieurs vigoureux coups. Quelques-uns de MM. les Professeurs, furieux de ce qu'ils ju-
geaient être une méchante démonstration du public strasbourgeois, suivirent le son strident du sifflet et trouvant

(1) *Courrier du Bas-Rhin* du 18 janvier 1873.

M. d'Aufsess, dans la cage d'escalier, ils se jetèrent sur lui et le rouèrent tellement de coups, que le malheureux vieillard, indigné, quitta Strasbourg, quoique très malade, dès le lendemain matin. Il s'arrêta à Münsterlingen près de Constance, chez un ami, médecin, où il mourut peu de jours après.

On espérait pouvoir faire le silence sur ce lugubre épisode ; mais les journaux du dehors en donnèrent les détails. Alors seulement on permit aux feuilles locales d'en parler. Elles le firent dans des termes plus ou moins voilés. Aussi n'était-ce pas à elles qu'il fallait s'en rapporter pour connaître la vérité.

Voici des fragments du récit qu'en fit la *Neue badische Landeszeitung,* reproduit par les *Basler Nachrichten* du 15 mai 1872 :

Nürnberg, 11 mai. — *Der fränkische Courrier* schreibt: Ueber den so unsäglich peinlichen Vorfall, der, in mittelbarer Weise, den Tod des Gründers unseres germanischen Museums, des greisen Freiherrn *Hans v. Aufsess,* herbeigeführt hat, erhalten wir von berufener Seite Mittheilungen, die aus den Tagebuch-Aufzeichnungen des Verblichenen selbst geschöpft sind. Wir theilen dieselben in ihrer ganzen, wir möchten fast sagen, märchenhaften Entsetzlichkeit mit.

Herr v. Aufsess war in offizieller Weise zu den Strassburger Festen eingeladen, etc. . . . . bei dem schrillen Ton der Pfeife zeigten sich plötzlich zwei Herren in Frack und Cylinder, welche ihn kurz fragten ob er es sei der gepfiffen habe. Herr v. Aufsess hatte kaum Zeit mit aus kranker Brust kommenden Stimme zu antworten « Freilich », als einer der beiden Helden den zweiundsiebenzigjährigen gebrechlichen Mann von hinten packte und ihn zu Boden warf, während der andere mit beiden Fäusten ihn auf den Kopf schlug, sodass, wie er in seinem Tagebuch schreibt, « ich glaubte, er wollte mich ganz todt schlagen » . . . . Herr v. Aufsess wurde bewusstlos und blutend in sein Zimmer getragen.... ein Arzt gerufen.... gleich den folgenden Morgen verliess er Strassburg.... er begab sich nach Münsterlingen bei Konstanz zu einem ihm seit langen Jahren befreundeten Arzte, wo er leider bald nach seiner Ankunft verschied. Die Sektion ergab, dass die gewaltige Aufregung den Tod des greisen Gelehrten wenn nicht verursacht, sodoch beschleunigt hatte. — Und die Thäter! — Man höre und staune! Nicht etwa Studenten waren es, die sich in tollem, jugendlichem Uebermuth, in angetrunkenem Zustande, zu der verhängnissvollen That hinreissen liessen; — nein zwei Lehrer der deutschen Jugend, wohlbestallte deutsche Professoren der Kaiserlich deutschen Universität zu Strassburg waren es, die in ihrer blinden Nationalwuth einen verdienten deutschen Mann um den Rest seines Lebens betrogen haben, etc. . . . .

Ce n'est certes pas par amour du scandale que j'évoque le souvenir de ce triste épisode, mais parce qu'il prouve à quelle extrémité la passion politique avait été poussée dans certains esprits par le succès et les idées de gloire. — D'ailleurs la « *Deutsche Allgemeine Zeitung* » de Leipzig, dans son numéro du 8 octobre 1870, nous avait déjà menacés d'extermination..... « Die Elsæsser und « Lothringer, — dit le pieux journal, — trauen wir uns « zu, in wenigen Jahrzehnten zu germanisiren. Und wenn « nicht, nun, dann mögen die Bewohner dieser Lænder « unsere Heloten bleiben, *bis sie vertilgt sind*..... »

Ces lignes cruelles sont du professeur *Hans Blum*, le fils de *Robert Blum*, du grand patriote allemand, qui a souffert le martyre pour la liberté et pour l'émancipation des peuples, à Vienne, en novembre 1848! (Voir mon premier volume, page 340.)

On comprend que les esprits étant montés à un tel diapason, l'œuvre de germanisation ne chôma pas. On n'eut pas même la patience d'attendre jusqu'au 1er octobre, terme fatal fixé pour l'option. Voici pour citer un exemple comment on traita les loges maçonniques d'Alsace-Lorraine. Les détails se trouvent dans le numéro de décembre 1872 du journal de la Maçonnerie universelle *Chaîne d'Union*, sous le titre : *les dernières heures des Loges Maçonniques françaises de l'Alsace et de la Lorraine.*

D'abord invitées, puis sommées, d'avoir à cesser leurs relations avec le Grand Orient de France et de ne continuer leurs travaux qu'à la condition de s'affilier à une Grande Loge allemande, elles refusèrent. La Loge de Metz, *les Amis de la Vérité*, écrit le 17 septembre 1872 au G.·. O.·. de Fr.·. « que toutes les démarches étant épuisées, elle se trouve dans la douloureuse nécessité de se mettre en sommeil... »

Le 18 août 1872, la Loge de Colmar *la Fidélité*, prend la résolution suivante : « Vu les dépêches du Président de la Haute-Alsace du 21 février et du 23 juillet 1872 enjoignant à la Loge de Colmar de cesser incontinent toutes relations avec le Grand Orient de France ;....

« Considérant que la Maçonnerie étant universelle a pour devoir fondamental l'affirmation du Droit et de la Justice ; que ceux-là seulement sont dignes du nom et des prérogatives maçonniques qui demeurent invinciblement fidèles à ce principe....

« En ce qui concerne les Maçons allemands :

. . . .

. . . .

« Considérant qu'il importe à la Loge *Fidélité* d'anéan-tir en son *germe* la solidarité pouvant naître entre elle et toute association qui s'instituerait ultérieurement en ses lieu et place ...... arrêtons :

« 1° La Loge constituée à l'Orient de Colmar, sous le titre distinctif de *la Fidélité* est et demeure dissoute à partir de ce jour. »

Les articles 2, 3, 4, disent que les documents ma-çonniques, etc., seront déposés au Grand Orient de France, que la bibliothèque sera confiée à l'une des Loges fran-çaises limitrophes du Haut-Rhin, et que les fonds restant disponibles seront versés à l'Association d'Alsace-Lor-raine à Paris.

L'article 5 stipulait :

« La présente délibération sera notifiée à chacune des Grandes Loges d'Allemagne, et ensuite rendue publi-que par la presse (1). »

Les loges de Mulhouse, *la Parfaite Harmonie* et *l'Es-pérance*, furent dissoutes de la même façon. Celle de Stras-bourg, *les Frères réunis*, avait été particulièrement l'ob-jet des tentatives allemandes. Le *Courrier du Bas-Rhin*, la *Frankfurter Zeitung*, la *Grenzpost de Bâle*, publièrent des articles disant que la Loge de Strasbourg s'affilierait à l'une des Loges allemandes, etc. Ce ne furent que des faux bruits destinés à jeter la désunion entre les Maçons alsaciens. A la date du 22 septembre 1872, la Loge des *Frères réunis* inséra dans le *Courrier du Bas-Rhin* une

(1) Voir aussi *Journal d'un habitant de Colmar,* par Julien Sée, page 260.

déclaration finissant par ces mots : « Nous tenons à cons-
« tater que *jamais* nous n'avons songé à nous séparer du
« Grand Orient de France, et qu'il n'a jamais été ques-
« tion d'affiliation à un Pouvoir Maçonnique allemand. »

Le 11 juillet 1872 le directeur de police, M. Back, si-
gnifie à la Loge *les Frères réunis* que toute activité ultérieure du Grand Orient de Paris ne sera plus tolérée en
Alsace, etc., enfin le 11 octobre 1872, un arrêté du préfet
M. d'Ernsthausen ordonne la fermeture de la Loge. Celle-
ci adresse à ses membres la convocation suivante :

« Samedi prochain, 2 novembre, la Loge se réunira
pour la dernière fois à l'effet d'entendre lecture de l'arrêté
de dissolution, nommer une commission de liquidation
et s'ajourner à des jours meilleurs.

« Le Vén.˙. G. Wolff. »

La Loge, après avoir entendu lecture de l'arrêté qui
la dissout, rédigea la protestation suivante :

« Attendu que la fermeture a été ordonnée parce que
ses membres, à l'unanimité, ont, à deux reprises différentes, refusé de cesser leurs relations avec le Grand
Orient de France ;

« Attendu qu'on ne discute plus, lorsque la *Force*
seule est employée comme argument ;

« La Loge persistant dans les sentiments qui l'ont
toujours animée, proteste à l'unanimité contre la violence
qui lui est faite, et ajourne ses séances à des temps meilleurs (1). »

Voici au sujet de ces actes un article du *Morning
Post,* reproduit par le *Journal des Débats* du 30 septembre
1872 :

« Les Francs-Maçons de la Loge *la Fidélité* de

(1) Journal *la Chaîne d'Union,* page 14.

Colmar viennent de publier un manifeste qui apporte une preuve nouvelle et frappante du patriotisme fervent qui anime les habitants des provinces arrachées à la France, en même temps qu'il démontre la ferme résolution des gouvernants allemands d'écraser ce patriotisme partout où ils en soupçonnent l'existence. La Loge maçonnique de Strasbourg avait été prévenue antérieurement par l'autorité allemande que les relations des Francs-Maçons d'Alsace avec le Grand Orient de France ne pouvaient être tolérées plus longtemps et la Loge maçonnique de Strasbourg avait bravement préféré l'alternative d'une dissolution à celle d'une subordination quelconque aux Loges allemandes approuvées et recommandées à l'acceptation des Français conquis. Les Francs-Maçons de Colmar, sous le coup d'une intimation analogue, n'ont pas hésité à faire le même choix, en annonçant de plus leur résolution dans des termes aussi catégoriques que l'ordre du conquérant avait été péremptoire. Ils repoussent comme contraire à la liberté maçonnique, l'ordre qui leur enjoint de rompre leurs relations avec la Franc-Maçonnerie française. Ils invoquent le principe, disant que « la Maçonne- « rie étant universelle, a pour devoir fondamental l'affir- « mation de la vérité et de la justice, et que ceux-là seuls « sont dignes du nom et des prérogatives de Maçon, qui « remplissent invinciblement ce devoir et dénoncent sans « crainte les violations du droit ». Ils refusent de re- connaître comme dignes membres de leur association fraternelle les Maçons allemands, complices actifs ou passifs de la violence exercée contre l'Alsace et la Lor- raine. Plutôt la dissolution que le déshonneur ! . . . .

« Il serait à désirer, dans l'intérêt des malheureux Alsaciens-Lorrains, que le joug de fer qu'on vient de leur imposer n'eût pas de conséquences plus dures que ces durs procédés. A l'approche du terme fatal du 1er octobre (date à laquelle tout Alsacien-Lorrain qui ne se sera pas volontairement exilé, deviendra irrévocablement Allemand), nous nous figurons la calamité qui se prépare pour ces populations que le verdict impitoyable de la guerre a inféodées à une puissance étrangère.

« Les Alsaciens et les Lorrains, dit-on, ne sont pas d'origine française. Mais qui donc prétendrait s'enquérir de l'origine des nations et des peuples, après les transformations des six mille ans de l'histoire du monde ? Cette grande nation anglaise, à laquelle nous appartenons tous, et dont nous sommes tous si fiers, qui est-ce qui voudrait la réduire à ses éléments constitutifs et forcer ce mélange d'origines saxonnes, normandes, celtiques et danoises, d'oublier notre commune histoire, les vicissitudes communes qui les ont modifiées et façonnées en un seul et harmonieux état ? Cette idée est puérile, et l'application d'une pareille théorie à l'Alsace et à la Lorraine, ne saurait provoquer que la répudiation indignée de tout observateur de sang-froid exempt de parti pris. Deux siècles de communion, dans l'adversité comme dans la prospérité, deux siècles de soumission aux mêmes lois, de trépas sur les mêmes champs de bataille, ont rendu les Alsaciens et les Lorrains aussi foncièrement Français que les Bourguignons et les Bretons, les Provençaux et les Normands.

« Accordons même que la conquête de l'Alsace-Lorraine, quoique absolument en contradiction avec toutes les assurances pacifiques d'une politique purement défensive, avec lesquelles on a endormi les appréhensions de l'Europe au commencement de la guerre franco-prussienne, accordons que cette conquête doive être acceptée comme un de ces faits accomplis que le génie pratique de notre époque tend à respecter, est-il nécessaire qu'un acte peu délicat soit continué par les moyens les moins délicats possibles? La Prusse tient l'Alsace et la Lorraine. Le fait n'est malheureusement que trop certain. Il peut se lire dans l'inquiétude de l'Europe. Mais est-il absolument nécessaire que la Prusse cherche à rendre son pouvoir dans les provinces annexées aussi désagréable, aussi intolérable qu'une domination étrangère puisse l'être. Comme nous l'avons dit, nous ne lui parlons pas aujourd'hui de renoncer à l'Alsace et à la Lorraine. Nous demandons seulement quelle raison au monde, hors l'exercice de la force, il peut y avoir pour les mesures qu'on va adopter à l'égard des Alsaciens? Quel bénéfice y a-t-il à avoir promis solennellement en face de l'Europe, de permettre aux Alsaciens de rester Français, quand aujourd'hui on déclare que l'Alsacien qui veut conserver la nationalité française sera obligé de s'exiler lui-même de l'Alsace? Il n'y a là pour ce malheureux peuple pas le plus petit biais pour échapper. Alors même que les parents trop pauvres et trop dépourvus d'amis pour pouvoir abandonner leurs foyers, voudraient néanmoins conserver à leurs enfants la nationalité française, le Gouvernement prussien refuse rigoureusement d'accepter l'option de ces enfants, quoique validée par l'autorité de leurs tuteurs naturels, à moins que la famille entière ne parte pour l'exil. ». . . . .

. . . .

J'arrive enfin à la date fatale du 1er octobre 1872 où je clorai mon récit.

Après avoir passé par deux années d'angoisses, les Alsaciens-Lorrains se trouvaient acculés, s'ils voulaient rester Français, à l'alternative de quitter le pays natal, de se séparer de tout ce qui leur était cher — ou, s'il ne leur était pas possible de transférer leurs pénates en France — d'être considérés comme Allemands à partir du 2 octobre 1872.

Grand fut le nombre des émigrants. Plus grand celui de ceux qui auraient voulu et qui ne pouvaient émigrer. « Quel sera à la fin de la grande semaine, comme on appelle ici les huit derniers jours de septembre, le chiffre de la population française de Metz, voilà ce que nous nous demandons, dit l'*Indépendant de l'Est* du 29 septembre, et ce que nul ne peut prévoir aujourd'hui. Que le mouvement qui se fait depuis trois jours continue pendant les deux jours qui nous restent, et la ville sera déserte. »

La patriotique Alsace fournit également son large contingent. Si des localités avoisinant les nouvelles frontières, si des vallées de la Zorn, de la Bruche, de Sainte-Marie, etc., partaient des caravanes entières, l'émigration des villes, depuis Wissembourg jusqu'aux frontières de Belfort, fut, elle aussi, très considérable (1).

---

(1) Au déchirement des familles, aux tortures morales, vinrent se joindre les pertes matérielles dont notre pays eut à souffrir par le transfert au delà des Vosges de beaucoup de ses industries. La petite ville de Bischwiller, par exemple, qui dans les dernières années précédant la guerre avait pris un essor si considérable que, après Mulhouse, elle serait devenue la ville la plus industrieuse de l'Alsace, est aujourd'hui ruinée par le départ de presque tous ses fabricants de drap et de la population ouvrière qu'ils occupaient.

Strasbourg perdit un de ses établissements les plus marquants et les plus anciens par le transfert à Nancy de l'imprimerie Berger-Levrault et Cie. Fondée vers 1684, la maison eut, naturellement, à traverser des phases prospères et adverses, et sa situation était devenue presque critique lorsqu'en 1850 M. Oscar Berger-Levrault, très jeune encore (24 ans), arriva à la direction des affaires.

Il avait distingué dans les bureaux un autre jeune homme,

Les journaux allemands avaient si souvent annoncé
que l'option n'était valable qu'en transférant son domicile
effectif en France, que la plupart des émigrants quittaient
sans esprit de retour. D'autres s'imaginaient qu'après un
séjour de quelques mois en France, ils pouvaient revenir
demeurer en Alsace comme Français. Ils se trompaient.
Leur option fut annulée.

Le 1er octobre 1872 restera une date tristement célèbre dans les annales de l'Alsace-Lorraine.

M. Norberg, qui se faisait remarquer par son activité, son intelligence, et il se l'attacha particulièrement.

À eux deux, ils entreprirent la régénération de la Maison : bientôt
M. Norberg en devint la cheville ouvrière, notamment pour la partie
technique. Sous sa vigoureuse impulsion, l'outillage se transforma.
Les locaux se trouvant trop petits, on dut songer à la création d'un
nouvel établissement ; les plans furent arrêtés ; en octobre 1868, on
commença les travaux, et le 1er mai 1870 on prit possession du nouveau et superbe local ; la Maison espérait enfin toucher à une ère de
prospérité qui eût été la juste récompense d'un travail opiniâtre,
lorsque la guerre, le siège et le bombardement de Strasbourg vinrent brusquement compromettre son existence et menacer d'un effon-
drement complet l'édifice élevé au prix de vingt années d'une persé-
vérance infatigable. (Voir la très intéressante notice : *l'Imprimerie
Berger-Levrault et Cie. Nancy, 1878.)

APPENDICE

—

1886

—◦◦◦◦◦—

Ce n'était pas au point de vue, le seul logique, de considérer, en cas d'une nouvelle guerre, l'Alsace-Lorraine comme une sorte de glacis, de tampon, entre les deux grandes nations, que les Allemands avaient demandé à grands cris l'annexion. C'était pour ravoir le « pays volé, les frères perdus (*das geraubte Land, die verlornen Brüder*) ».

Mais dès lors pourquoi traiter ces *frères regagnés* (*die wieder gewonnenen Brüder*) avec tant de dureté ? Pourquoi semer une haine qui devait infailliblement produire ses fruits ?

En accordant six années aux populations annexées en 1815 à la Prusse et à la Bavière rhénane, on a été mieux inspiré. — Il est certain que l'immense majorité des familles qui ont émigré, y ont été poussées, non seulement par leur attachement à la France, mais encore par leur répugnance invincible, d'ailleurs très naturelle, de voir leurs fils nés à partir du 1er janvier 1851 réclamés pour l'armée allemande, tandis que leurs frères, leurs amis nés en 1850 servaient dans l'armée française !

M. le secrétaire d'État de Hofmann, répondant à un
vœu du Landesausschuss (1) [séance du 16 décembre 1883]
d'obtenir enfin une constitution pour l'Alsace-Lorraine, a
dit que la dictature était surtout dirigée contre les agitateurs qui ont leur résidence en France et qui empêchent
les Alsaciens-Lorrains de devenir sympathiques à l'Allemagne.

Mais pas n'était besoin ni des agitateurs français, ni
de leurs journaux, ni de la Ligue des patriotes, etc., pour
combattre chez les Alsaciens-Lorrains des sentiments
sympathiques à l'Allemagne. Ils n'ont jamais pu naître.

Et il ne pouvait en être autrement, le nombre des
fonctionnaires allemands qui venaient se partager les
emplois si bien rétribués dans le pays annexé, grossissant
sans cesse, et les Alsaciens-Lorrains ne disposant d'aucun moyen pour défendre leurs intérêts, si ce n'est le
Courrier du Bas-Rhin. Bien que foncièrement allemand,
il élevait de temps en temps la voix. Ainsi dans son numéro du 11 avril 1873, il dit :

« Le 25 mai 1871 le prince de Bismarck a prononcé
au sein du Parlement allemand le discours que les Alsaciens n'ont pas oublié et dans lequel il a déclaré que le
gouvernement de l'Allemagne désirait vivement voir les
Alsaciens arriver le plus tôt possible à se gouverner eux-
mêmes. Et aujourd'hui, lorsqu'on jette un regard sur le
pays et qu'on examine l'attitude actuelle du gouvernement, on se demande involontairement : Qu'est-il donc
arrivé en Alsace depuis ce discours prononcé par le prince
de Bismarck au mois des fleurs de 1871 pour que tout pa-

(1) C'est par décret impérial du 29 octobre 1874 qu'a été institué
le Landesausschuss, sorte de chambre de députés, mais dont le rôle
principal consiste dans l'examen et le vote du budget annuel de
l'Alsace-Lorraine proposé par l'administration allemande.

raisse changé et que cette année à l'approche du mois de
mai un courant d'air glacial souffle dans toutes les sphères
de la société ? »

Après l'énumération de quelques faits qui ont pu
provoquer cette situation, le *Courrier* dit : « Au lieu de
poursuivre nous-mêmes les conclusions, nous donnerons
la parole à des Alsaciens qui ont échangé avec nous
mainte parole sérieuse sur la situation.

« Le gouvernement, disent les Alsaciens, non seulement ne paraît pas vouloir éviter les conflits, mais
même ne pas voir d'un mauvais œil, s'il en surgit. Car
de cette manière, lorsque la question de l'introduction de
la constitution allemande dans l'Alsace-Lorraine sera
portée devant le Parlement, le gouvernement ne man-
quera pas d'arguments pour demander une nouvelle prolongation de la dictature ...

« Quiconque s'occupe sérieusement de la chose publique, continue le *Courrier,* concédera que les conclusions des Alsaciens ne sont pas des propos en l'air ; en
tous cas, elles répondent aux faits, etc. »

Cette situation, créée aux Alsaciens-Lorrains par la
constante immigration de l'élément allemand, n'a pu que
s'aggraver avec le temps, malgré les autonomistes qui
s'efforçaient par la soumission aux caprices des vainqueurs
d'améliorer le sort du pays.

Ce parti qui s'était formé dès les premières années
de l'annexion, en vue de conserver l'Alsace aux Alsaciens,
avait gagné peu à peu du terrain. La suite a dû lui prouver
combien ses espérances étaient illusoires.

Lorsque à la séance du *Reichstag* du 25 mai 1871, le
prince de Bismarck disait « que le gouvernement désirait
vivement voir les Alsaciens arriver le plus tôt possible à se
gouverner eux-mêmes », les intentions du chancelier fu-

rent sans doute très bonnes, mais elles n'étaient pas du
goût des immigrants allemands. Ceux-ci avaient tout intérêt à ce que l'élément alsacien fût tenu à l'écart, et pour
mieux y réussir, ils allaient jusqu'à soutenir, aux élections, le parti de la protestation, dans la pensée que si
celui-ci l'emportait, le gouvernement irrité ferait sentir
sa mauvaise humeur à tous les Alsaciens, même aux autonomistes, en leur fermant l'accès aux fonctions admi-
nistratives.

Ainsi aux élections de 1877 où le parti autonome
opposa M. G. Bergmann à M. Ernest Lauth, le député
de la protestation élu en 1874, la *Gazette de Francfort* du
10 janvier 1877 inséra l'article suivant :

« Comme nous avons déjà publié les passages les
plus importants de la lettre dans laquelle M. E. Lauth a
posé sa candidature, nous reproduisons aujourd'hui le
principal passage d'un appel électoral des Allemands immigrés qui nous a été envoyé et qui est très curieux :

« Si nous croyons devoir renoncer à l'abstention
électorale que la logique semble nous commander, nous
sommes uniquement guidés par notre *intérêt purement
allemand,* qui, d'après notre conviction, a été, en maintes
occasions, *violé* de la manière la plus sensible par la conduite *du gouvernement local* (1). Aussi avons-nous toujours
et encore dans ces derniers temps, chaque fois que la main
ferme et puissante du prince de Bismarck a redressé ce
que les mesures prises à Strasbourg présentaient de dé-
fectueux, salué avec la plus vive joie ces décisions répa-
ratoires (2).

(1) Inutile de faire observer que « ce gouvernement local » si
vivement blâmé par les Allemands, n'était autre que celui du président
supérieur et de ses ministres, tous envoyés de Berlin en Alsace.

(2) *Journal d'Alsace* du 11 janvier 1877.

« Nous sommes intimement convaincus que le résultat des élections en Alsace-Lorraine contribuera à
débrouiller la situation (*die Situation zu klären*) et à introduire un *nouveau système* que nous attendons depuis longtemps sans espoir.

« Électeurs allemands, présentez-vous tous devant
l'urne électorale et votez tous, bien que le cœur gros
(*wenn auch mit schwerem Herzen*), par patriotisme allemand, *pour notre adversaire*, E. Lauth (1). »

Quand les promoteurs de cet appel parlent de leur
intérêt violé, ils entendaient probablement dire, que M. le
gouverneur n'avait pas daigné obtempérer à des exigences inavouables ; certains d'entre eux souhaitaient peut-
être que l'Alsace-Lorraine fût traitée de la façon dont
usaient les Anglais sous Cromwell envers les Irlandais !
En tous cas cet appel prouve que le système des immigrants avait pour but, d'une part, d'empêcher par tous les
moyens possibles que l'Alsace-Lorraine n'arrivât au self-
government, de l'autre à se réserver à eux-mêmes les emplois, du moins ceux quelque peu importants.

MM. de Möller et de Manteuffel ont dû avoir à
lutter souvent contre cet esprit envahisseur de certains de
leurs compatriotes, et comme il tend à se perpétuer il se
pourrait que le gouverneur actuel, M. le prince de Hohenlohe, à moins qu'il n'arrive à mettre un terme à ces tendances, ne réussît guère mieux que ses devanciers à se
concilier les sympathies des Alsaciens-Lorrains.

En effet, aujourd'hui même, quinze années après
l'annexion, un nouveau cas assez significatif se produit,
venant confirmer ce qui est dit ci-dessus. Ce fait est re-
laté dans la *Gazette de Francfort* du 7 juin 1886 comme

(1) *Journal d'Alsace* du 11 janvier 1877.

suit :...... « On s'entretient beaucoup en ce moment de
la prochaine nomination du président du tribunal civil,
(*Landgericht*) de Strasbourg.

« M. Lautz qui l'occupait a été, sur sa demande, appelé à la présidence du tribunal de Metz où il a de grandes propriétés. Pour le remplacer il avait été question de
M. Gunzert, vice-président, un Alsacien, qui, peu après
l'annexion, c'est-à-dire à l'époque la plus difficile, était
entré au service allemand (*in der schwierigsten Zeit in den
deutschen Staatsdienst getreten ist*).

« Après plus de deux mois d'attente, on apprend que
M. Gunzert est éliminé (*dass Gunzert fallen gelassen*) et qu'il
est certain que ce sera M. Pauli, président du tribunal de
Mulhouse, qui sera nommé. L'explication la plus désagréable de ce fait (*die unangenehmste Auslegung*) est celle-
ci : que pour un Alsacien il est excessivement difficile,
sinon impossible, d'arriver à une position supérieure
(*höchst schwierig wenn nicht unmöglich*), et qu'il se passera
du temps jusqu'à ce que les Alsaciens auront les mêmes
droits que les Allemands (*bevor überhaupt die Elsässer,
thatsächlich, als gleichberechtigt behandelt werden*). »

Peut-être quelque sympathie se serait-elle montrée
si la presse avait été plus libre et si, à la place de la dictature napoléonienne subie avec tant de répugnance, on
avait accordé un peu de cette autonomie dont parlait le
prince de Bismarck en mai 1871. Mais l'article 10 de la
loi du 30 décembre 1871 sur l'organisation de l'Alsace-
Lorraine renforça encore cette dictature par l'adjonction
de l'article 9 de la loi française du 9 août 1849 (1) votée

_____

(1) Loi allemande du 30 décembre 1871.

§ 10. Bei Gefahr für die öffentliche Sicherheit ist der Oberpräsident ermächtigt, alle Massregeln ungesäumt zu treffen, welche er zur Abwendung der Gefahr für erforderlich erachtet. Er ist

par la majorité réactionnaire de l'Assemblée nationale de cette époque, à la suite de la tentative de Ledru-Rollin de la renverser (1).

Depuis quinze ans les Alsaciens-Lorrains réclament inutilement l'abolition de cette dictature. Elle est maintenue tout comme on maintient celles des lois françaises datant d'une époque de réaction et qui sont ainsi plus ou moins vexatoires. Comment dès lors s'étonner que la population ne soit pas devenue sympathique à l'Allemagne?

Puis l'annexion péchait par la base. Au lieu d'appeler les Alsaciens-Lorrains à voter comme l'ont été les habitants de la Savoie et du comté de Nice en 1860 (2), l'Allemagne s'empara d'eux comme rançon, semblable à un troupeau de bétail, qu'on ne consulte pas sur ses destinées. Ce fut un nouvel acte à ajouter au martyrologe des

insbesondere befugt, innerhalb des der Gefahr ausgesetzten Bezirkes diejenigen Gewalten auszuüben, welche der § 9 des Gesetzes vom 9. August 1849 (Bulletin des lois, n° 1511), der Militärbehörde für den Fall des Belagerungszustandes zuweist. Von der erlassenen Verfügungen ist dem Reichskanzler ohne Verzug Anzeige zu machen. — Zu polizeilichen Zwecken, insbesondere auch zur Ausführung der vorbezeichneten Massnahmen ist der Oberpräsident berechtigt, die in Elsass-Lothringen stehenden Truppen zu requiriren.

Loi française du 9 août 1849.
Art. 9. — L'autorité militaire a le droit :
1° De faire des perquisitions de jour et de nuit, dans le domicile des citoyens ;
2° D'éloigner les repris de justice et les individus qui n'ont pas leur domicile dans les lieux soumis à l'état de siège ;
3° D'ordonner la remise des armes et munitions, et de procéder à leur recherche et à leur enlèvement ;
4° D'interdire les publications et les réunions qu'elle juge de nature à exciter ou à entretenir le désordre.

(1) Voir *Histoire de* 1830 à 1852, page 350.
(2) Voir page 84.

peuples qui contient déjà tant d'exemples de la force primant le droit.

Si du moins l'Allemagne s'en était trouvée plus heureuse ! — Mais loin de là. — La nécessité de « rester l'arme au bras pendant cinquante ans et au delà, pour défendre ce qu'elle a conquis en six mois » (1), les sacrifices énormes que cette paix armée lui impose, sont pour beaucoup dans les nombreuses difficultés que le prince de ·Bismarck rencontre dans sa politique intérieure. Il est certain que si le budget militaire, au lieu d'être de six cents millions, n'était que de trois cents millions, nous ne verrions pas ces nombreux projets d'impôts nouveaux défiler depuis dix ans devant le Reichstag, tantôt acceptés, tantôt rejetés par la haute Assemblée.

Quant à la politique extérieure, M. de Bismarck est apparemment souvent gêné par cette question d'Alsace-Lorraine. C'est elle qui l'oblige à porter continuellement ses regards vers les frontières occidentales de l'Empire, tandis que si l'Allemagne et la France étaient unies par les liens d'une paix *réelle*, le grand chancelier serait certainement l'arbitre incontesté des destinées de l'Europe entière.

Un membre de la ligue de la paix a fait répandre en Allemagne en 1877 une petite brochure où il disait en résumé. « Aucune paix réelle n'étant possible entre l'Allemagne et la France tant que l'Alsace-Lorraine formera une pomme de discorde entre elles, l'Allemagne ferait une magnifique opération en revendant l'Alsace-Lorraine à la France pour deux milliards et elle pourrait le faire sans s'humilier, puisqu'elle ne rentrerait que dans ses

(1) Paroles du feld-maréchal de Moltke à la séance du Reichstag du 18 février 1874.

dépenses faites pour chemins de fer stratégiques, constructions de forts, etc., etc.

« L'Allemagne s'assurerait du coup un boni de quatre cents millions par an. Cent millions d'intérêts annuels et trois cents millions de réduction sur ses dépenses militaires. La France, elle aussi, y gagnerait. En déduisant des trois cents millions dont elle réduirait son budget de la guerre, les cent millions d'intérêts qu'elle aurait à payer pour les deux milliards, prix de rachat de l'Alsace-Lorraine, elle économiserait encore deux cents millions par an.

« Une paix réelle basée sur une entente réciproque, voire même une alliance entre les deux grandes nations, deviendrait pour elles une source de prospérité inconnue jusqu'à ce jour et leur assurerait une telle prépondérance que la paix de l'Europe ne pourrait plus être sérieusement troublée.

« Débarrassée du cauchemar d'une conflagration générale, soulagée du fardeau écrasant des dépenses militaires exagérées, l'Europe pourrait dès lors appliquer ses ressources à des travaux utiles à l'humanité, et entreprendre avec des chances de succès autrement sérieuses que les barrières douanières la lutte sur le terrain économique contre la concurrence des États-Unis d'Amérique, de l'Australie, etc. N'ayant presque pas de dépenses militaires, ces pays nouveaux utilisent toutes leurs ressources à l'avancement de leur bien-être matériel, alors que la vieille Europe paralyse ses forces vives, en tenant constamment quatre millions de soldats sous les armes et en immobilisant la meilleure partie de ses ressources financières en casernes, ou en canons, fusils et autres engins de destruction.

« Mais cette ère de prospérité viendra-t-elle jamais ?

La saine raison, la conscience, les idées généreuses auront-elles jamais le pas sur les mauvaises passions ?

« L'Allemagne et la France auront-elles jamais le
bon esprit de mettre en pratique les belles paroles de
l'Empereur Guillaume « les deux grandes et paisibles nations du centre de l'Europe sont appelées à une lutte plus
utile que celle des armes » (Voir page 389) ?

« Peut-être — Oui. Si l'Alsace-Lorraine cesse d'être
une pomme de discorde entre elles ! »

En janvier 1881, un patriote wurtembergeois, M. de
Bühler, membre du Parlement de Berlin, adressa à
M. Gambetta une lettre, publiée quelques mois plus tard
par l'auteur en brochure, sous le titre : *Krieg oder Frieden*
(guerre ou paix).

M. de Bühler, frappé sans doute de l'idée du tort in-
calculable que se font les nations par leurs dépenses militaires exagérées, adjurait le grand patriote français « d'u-
« ser de son immense influence sur ses concitoyens pour
« les déterminer à faire une vraie paix avec l'Allemagne
« au lieu de cette paix boiteuse et trompeuse » (*diesem
trügerischen Halb- und Scheinfrieden*).

L'intention était bonne, mais le moyen d'exécution
imaginé par M. de Bühler dénotàit pour le moins une
grande naïveté de sa part. Il flétrit en termes éloquents
la guerre, « cette peste, dit-il, reste des temps barbares...
« l'humanité souffre de maux innombrables qu'il n'est
« pas en son pouvoir d'écarter, les guerres par contre,
« avec leur cortège de misères, ne viennent que de la vo-
« lonté humaine, donc il est du devoir de cette même
« volonté de les éviter..... »

Puis il n'hésite pas à signaler l'Alsace-Lorraine comme

le nœud de la question, mais tout son raisonnement tend
à prouver les droits de l'Allemagne. « Tous les gouverne-
« ments, tous les Parlements et hommes d'État, en géné-
« ral tous les Politiciens qui raisonnent (*alle denkenden*
« *Politiker*) sont d'accord qu'avant tout la possession doit
« être respectée. De quelle époque partirait-on? Faudra-t-il
« remonter aux temps des Hohenstaufen, ou de Louis XIV
« ou de Napoléon Ier? Faudra-t-il reconstituer les cartes
« du moyen âge? Ou jouera-t-on jour par jour aux dés
« sur la possession de l'Alsace-Lorraine? » *Soll Tag für
Tag um den Besitz von Elsass-Lothringen gewürfelt werden?*

Après avoir élucidé la question sous toutes ses phases, après avoir prouvé le bien immense qui résulterait
du désarmement, il conclut par engager M. Gambetta
d'amener la France à renoncer à l'Alsace-Lorraine.

En écrivant à Gambetta, M. de Bühler ne se serait
pas mal adressé si sa conclusion avait été autre. Elle
prouve en tous cas, qu'il n'avait aucune idée de la grandeur d'âme de l'illustre patriote français.

C'est à tort que Gambetta passait aux yeux des Allemands pour l'homme de la Revanche. Il n'avait qu'un objectif : l'Alsace-Lorraine. Pour la ravoir, il comptait sur
une justice immanente et — sur le bon sens. Il espérait que, fatiguées par l'entretien d'une immense armée
sur un pied de guerre formidable pour conserver l'Alsace-Lorraine, les classes dirigeantes en Allemagne
reconnaîtraient enfin que, en se l'annexant, elles avaient
fait fausse route. Gambetta ayant en très haute estime
le génie de M. de Bismarck, pensait que si l'opinion
publique se prononçait pour une entente, il ne trouverait pas d'obstacle auprès du grand chancelier pour la
réalisation d'un pareil projet. A ce point de vue la
mort prématurée de Gambetta n'était pas seulement un

deuil pour la France, mais encore pour l'humanité. Il n'était pas l'homme de la guerre, mais celui de la justice et du bon droit et s'il s'est beaucoup occupé de l'armée, c'était dans la pensée, qu'étant forte, la France obtiendrait le redressement des injustices commises à son égard.

Un des amis de M. Gambetta se chargea de la réponse à M. de Bühler. Elle fut publiée en novembre 1881 sous forme de brochure ayant pour titre *Frieden oder Kriege* (1). Passant en revue les arguments de M. de Bühler, l'auteur lui fait remarquer qu'au lieu de dire : la guerre est uniquement provoquée par la volonté humaine, il eût dû préciser et reconnaître, l'histoire en mains, que sur dix guerres, il y en a au moins neuf causées par l'égoïsme, par l'intérêt dynastique, ou par les intrigues d'une église militante. Que sans remonter à l'époque romaine, ou au moyen âge, les 250 dernières années en fournissent des preuves irrécusables. La guerre de Trente ans, les guerres de Louis XIV, de Frédéric le Grand, des Napoléons ne dépendaient pas de la volonté des peuples, et la guerre — cette peste — durera en tout cas aussi longtemps qu'il dépendra de la volonté d'un seul de la faire.

« S'il était admissible de placer au-dessus du droit imprescriptible des nations de disposer d'elles-mêmes, l'axiome « Possession vaut titre », ce serait assurément la France qui pourrait l'invoquer. Elle était en possession de l'Alsace depuis 222 ans et de celle de Strasbourg depuis 190 ans ! Elle aurait pu d'autant mieux s'en prévaloir que la population tout entière *voulait* rester française.

(1) *Frieden oder Kriege* — Offene Antwort an Herrn v. Bühler, Mitglied des deutschen Reichstages, auf dessen Schreiben an Herrn L. Gambetta.

« Qu'il ne soit donc plus question de pays volé, de
frères retrouvés. Du reste, ajoute l'auteur, où commence
le vol de pays ; où finit-il ? Quel est l'État qui sous ce
rapport n'aurait rien à se reprocher ? Ce qui est certain,
dit-il en terminant, c'est que la France pourra oublier les
milliards et les défaites — elle n'oubliera jamais l'Alsace-Lorraine ! »

Mais le Reichstag fit la sourde oreille, tant à l'égard
de la polémique soulevée par M. de Bühler qu'envers
d'autres manifestations, dans le même ordre d'idées, qui
lui furent adressées de différents côtés.

Ainsi la ligue internationale de la paix et de la liberté
dans ses assemblées générales, tenues annuellement au
mois de septembre à Genève, vota à plusieurs reprises
des résolutions tendant à inviter l'Allemagne à faire une
vraie paix avec la France dans le but d'arriver à un désarmement général.

En 1876-1877, le socialisme paraissait devenir menaçant en Allemagne, le Reichstag fut saisi d'un projet de
loi tendant à le combattre. Rejetée une première fois, la
loi ne fut votée en 1878 qu'après de longs et irritants
débats. A ce moment, l'ami de la paix déjà mentionné
adressa à tous les membres du Parlement une brochure
sous le titre : *Zür Lösung der socialen Frage.*

Parlant des socialistes, l'auteur y dit entre autres
que s'ils se sont opposés à l'annexion ils ne sont pas les
seuls à s'inscrire contre, mais que déjà dans la séance du
Reichstag du 7 novembre 1876, le député bavarois Joerg
(du Centre) a rappelé que le prince chancelier lui-même
avait dit que lui, personnellement, considérait l'annexion
comme une faute politique.

« L'Allemagne, dit en résumé la brochure, sera obligée de payer à l'armée en cinquante années une solde de 25,000 millions, sans compter les frais considérables pour les casernes, les canons, la poudre, etc. — et les intérêts de cette somme, à eux seuls, suffiraient à entretenir 100,000 gendarmes pour se garer des socialistes, dont, sans le militarisme, le sort pourrait d'ailleurs être tellement amélioré que bientôt ils ne compteraient plus. »

En 1878 le gouvernement parlait de l'introduction du *monopole du tabac*, en vue de procurer à l'Empire les millions exigés par le budget sans cesse grossissant de la guerre. La simple annonce de ce projet provoqua un déluge de réclamations. Notre ami de la paix envoya à cette occasion à tous les membres du Reichstag une brochure (1) non contre le monopole, mais pour prouver qu'il serait facile de s'en passer.

« En résumé, y est-il dit, si, il y a sept ans (en 1871) au lieu de prendre l'Alsace-Lorraine à la France, l'Allemagne avait reçu d'elle au lieu de cinq — sept milliards, l'Empire serait aujourd'hui (1878) de dix milliards plus riche ; à la place des forts et de nouvelles casernes, on aurait construit des chemins de fer, des routes, des canaux, des cités ouvrières, des écoles, on aurait considérablement augmenté la flotte ; et au lieu d'enrayer l'émigration pour retenir constamment 500,000 jeunes gens, et des plus valides, sous les armes, on aurait facilité leur émigration en des pays lointains en vue d'y créer des colonies qui seraient devenues une nouvelle source de richesses pour la mère patrie. »

(1) Sous le titre : *Zur Tabaksteuer und das Mittel solche entbehrlich zu machen.*

Dix années se sont écoulées depuis lors. Si l'Allemagne a des luttes intérieures, elles ont presque toutes
leur source dans la création de nouveaux impôts pour entretenir l'armée sur un pied formidable, surtout en vue
du dessein prêté à la France de vouloir un jour reprendre
l'Alsace-Lorraine. Donc en la rétrocédant, l'Allemagne
aurait le beau rôle ; elle rétrocéderait, contre restitution
des sacrifices faits depuis quinze ans pour la garder.

Enfin la saine raison l'a emporté. — L'Allemagne a
reconnu que son véritable intérêt gît dans une paix réelle
avec la France. L'Alsace-Lorraine n'est plus une pomme
de discorde entre les deux pays. — Les armées sont réduites de moitié. — La mère ne tremble plus ; l'enfant
qu'elle a élevé avec tant de peine n'est plus exposé, arrivé
à vingt ans, à lui être enlevé. — Des casernes sont con-
verties en cités ouvrières. Le bouge, le taudis, ne font
plus partie obligée du triste lot du pauvre. — Les impôts
qui le frappent sont abolis ou réduits. — L'instruction
primaire, ce moteur indispensable de tous progrès, n'est
pas seulement obligatoire, mais gratuite. — La solution
de la question sociale est trouvée !

Hélas ! — Ce n'est encore qu'un beau rêve. — Peut-
être nos fils en verront-ils un jour la réalisation ! — Espérons !

TABLE ALPHABÉTIQUE

DES

NOMS ET FAITS PRINCIPAUX

MENTIONNÉS DANS CET OUVRAGE

———

A

B

D

G

H

I J

K

L

M

N

O

P Q

R

S

T

U

V W

Z

TABLE DES MATIÈRES

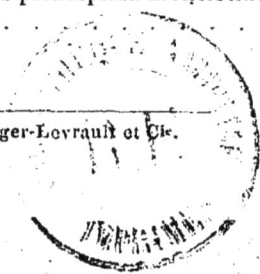

Nancy, imprimerie Berger-Levrault et Cie.

www.ingramcontent.com/pod-product-compliance
Lightning Source LLC
Chambersburg PA
CBHW031626210326
41599CB00021B/3321